U0197465

穿甲/侵彻力学的理论建模与分析
(上册)

Modelling on the Perforation and Penetration
I

陈小伟 著

科 学 出 版 社

北 京

内 容 简 介

本书(上、下册)共 18 章,主要基于作者及其合作者近 20 年的研究成果,给出穿甲/侵彻力学的理论建模和相关分析。内容包括刚性弹侵彻和靶体等效的一般理论,针对不同厚度金属靶考虑不同模式的侵彻/穿甲模型,素/钢筋混凝土靶侵彻与穿甲的建模分析,深侵彻弹体的质量侵蚀,侵彻弹体结构的力学设计,弹体结构和侵彻弹道的稳定性与弹体破坏失效,以及陶瓷靶侵彻/穿甲的界面击溃分析,并分别给出了金属靶、素/钢筋混凝土靶和陶瓷靶侵彻/穿甲以及深侵彻弹体质量侵蚀的比较全面的文献综述。

本书可以作为爆炸与冲击力学、弹药工程、兵器科学与技术、防护工程等专业的本科生或研究生教材;也可作为相关学科领域的研究人员的参考书。

图书在版编目(CIP)数据

穿甲/侵彻力学的理论建模与分析.上册/陈小伟著. —北京:科学出版社, 2019.9
　ISBN 978-7-03-062190-0

　Ⅰ.①穿…　Ⅱ.①陈…　Ⅲ.①终点弹道学-研究　Ⅳ.①O315

中国版本图书馆 CIP 数据核字(2019)第 190091 号

责任编辑:刘信力　田轶静 /责任校对:彭珍珍
责任印制:徐晓晨　/封面设计:无极书装

科 学 出 版 社 出版
北京东黄城根北街 16 号
邮政编码:100717
http://www.sciencep.com

北京市金木堂数码科技有限公司 印刷
科学出版社发行　各地新华书店经销
*
2019 年 9 月第 一 版　开本:720×1000　B5
2025 年 3 月第四次印刷　印张:18 1/2
字数:370 000
定价:198.00 元
(如有印装质量问题,我社负责调换)

前　言

　　《穿甲/侵彻力学的理论建模和分析》(上、下册) 终于定稿, 即将付梓出版, 我内心百感交集。本书呈现的是我进入穿甲/侵彻动力学领域近 20 年来, 与合作者共同开展的相关科研工作的部分成果, 主要给出穿甲/侵彻力学的理论建模和相关分析。

　　全书 (上、下册) 共 18 章, 实际上可分为 7 个部分, 即刚性弹侵彻和靶体等效的一般理论 (第 1 章和第 2 章), 针对不同厚度金属靶考虑不同模式的穿甲/侵彻模型 (第 3 章 ∼ 第 6 章), 素/钢筋混凝土靶侵彻与穿甲的建模分析 (第 7 章 ∼ 第 9 章), 深侵彻弹体的质量侵蚀 (第 10 章 ∼ 第 12 章), 侵彻弹体结构的力学设计 (第 13 章和第 14 章), 弹体结构和侵彻弹道的稳定性与弹体破坏失效 (第 15 章和第 16 章), 以及陶瓷靶穿甲/侵彻的界面击溃分析 (第 17 章和第 18 章)。特别是, 分别给出了金属靶、素/钢筋混凝土靶和陶瓷靶穿甲/侵彻以及深侵彻弹体质量侵蚀的比较全面的文献综述。

　　本书可以作为爆炸与冲击力学、弹药工程、兵器科学与技术、防护工程等专业的本科生或研究生教材; 也可作为相关学科领域的研究人员的参考书。

　　这本书可以认为是我先前工作的一个总结。随着国家的发展以及个人研究兴趣的转移, 我目前愈加关注超高速碰撞, 如长杆侵彻和空间碎片云等。虽同为穿甲/侵彻事件, 但其物理机制更加复杂, 理论建模更加困难。但我相信, 超高速碰撞依然有广阔天地, 大有可为。

　　必须指出的是, 全书内容是我和相关老师、合作者及学生的共同工作的成果。撰写前言的同时是一个岁月回忆和真诚感谢的过程。

　　1.3 节 ∼1.5 节, 第 3 章, 4.1 节和 4.4 节, 5.1 节 ∼5.5 节, 6.1 节、6.2 节及 6.4 节, 7.1 节 ∼7.4 节, 8.1 节 ∼8.5 节, 以及 16.1 节等, 主要内容是我在新加坡南洋理工大学的博士学位论文, 是在李庆明教授 (现在英国曼彻斯特大学工作) 和范寿昌教授指导下完成的。我 2000 年 9 月初前往南洋理工, 2003 年 1 月提交博士论文后离开, 一共两年零四个月, 2003 年 5 月回学校答辩, 2003 年 10 月获得博士学位。在这期间, 李庆明教授一直单独指导我至 2002 年 4 月, 然后又与范寿昌教授共同指导我至毕业。李教授和范教授在科研指导之余, 还为我提供了当时学校的最高奖学金 (Top-up Scholarship) 以及相当自由的休假时间 (每年比其他博士生多休假 1∼2 月)。我至今还记得当时最富有创意的就是和李教授的闲谈讨论, 科研想法源源不断地涌来, 只恨时间不够用。这种讨论在我的课题组里延续至今, 我的理解就是一种传承，去发掘学生最大的创造力和学术敏锐力。同时感谢李庆明教授和夫人亲自操办的家庭聚会，令前往新加坡短暂探亲的我的家人至今仍记忆犹新。

非常自豪的是，我的博士学位论文是由国际冲击工程界三个著名教授审阅的，他们是香港科技大学余同希、利物浦大学 Norman Jones 和剑桥大学 W.J. Stronge。

余同希教授是我 1997 年 6 月至 1999 年 7 月在香港科技大学 (HKUST) 的硕士生导师，也是他专门推荐我到南洋理工大学读博士的。1996 年仲夏，应陈裕泽教授邀请，余老师来绵阳挑选研究生，我很随意地穿一件红太阳文化衫，后背还写着 "烦着呢，别理我"，面试时东拉西扯地谈了若干，结果居然被余老师录取了，后来才知还是母校北京大学的背景给了我这个机会。虽然之前在中国工程物理研究院总体工程研究所 (四川绵阳，简称中物院总体所) 从事结构强度分析等技术工作，但真正领我进科研之门的，可以说是余同希教授。一直到现在，我仍然认为，余老师的学术洞察力和理论简约之美，是我辈艳羡和难以超越的。事实上，本书有关穿甲/侵彻的理论建模的风格，也是步余老师的后尘。最典型的例子，第 5 章 "金属中厚靶及薄靶的穿甲分析" 就是阅读余老师专著后的即兴之作。我非常享受在香港的两年，余老师和李世莺老师带领我们去爬山野餐、南丫岛游船和到澳门旅游，已记不清余老师和李老师邀请我们去家里聚会多少次了。余老师的组会加早/午茶方式在我的绵阳课题组得到进一步发扬，改变为组会加四川火锅。指导研究生，最重要的是理解和认知学生，为学生着想，在这一点上，余老师绝对是一个好老师。

在 2001 年下半年，Norman Jones 已邀请我为 *Int J Impact Eng* 审稿；2004 年夏在剑桥召开 ISIE 国际冲击工程会议后，我得以顺访 Norman Jones 的实验室，尚记得 Jones 教授赠送我很多书籍，由于太多只好邮寄回国；稍后在 2016 年夏去韩国釜山为 Norman Jones 庆贺 80 寿诞 (可惜他应医生要求未能成行)。和 W.J. Stronge 的直接交流是在他 2002 年访问南洋理工和 2004 年的剑桥会议，我当时一直希望有机会去剑桥做博士后，因为 Stronge 教授经费不够，只好作罢。在这里我必须特别感谢以色列 RAFEL 的 Zvi Rosenberg 教授，一直以来，Zvi 对我的研究工作非常支持，他来华讲学两次，点名让我陪同翻译讲课。

本书第 2 章和第 18 章是我和学生李继承博士合作的成果。李继承是北京大学物理学院 2006 届本科毕业生，推免保送为我的第一个硕士研究生，稍后又跟黄风雷教授和我攻读博士学位，由我直接指导。李继承在其硕士阶段业已显现出优秀的研究能力，他的博士论文名是《金属玻璃及其复合材料的剪切变形与破坏》，获得北京理工大学的 "优秀博士" 称号。在此之外，我们合作在国内率先开展了陶瓷靶穿甲/侵彻的界面击溃研究，国内多家单位跟进，现在界面击溃在国内已成为一研究热点。

本书的 8.6 节，第 10 章，11.1 节和 11.2 节，第 12 章，14.3 节 ~14.5 节，是我和学生何丽灵博士合作的成果。何丽灵是中国科学技术大学近代力学系 2006 届排名前三的本科毕业生，推免保送给中科大 夏源明 教授，直接攻读博士学位。两年半后夏老师因身体原因，安排我直接指导她的学位论文工作。由此，我和何丽灵合作，在国际上几乎同步且在国内率先开展侵彻弹体的质量侵蚀研究，相关工作已成为业内之先导。夏老师健谈开朗，严格认真，斯人已去，特在此怀念之。

　　本书的 4.2 节、4.3 节和 4.6 节，以及 6.3 节和 6.5 节，是我分别和西南科技大学土建学院的硕士生梁冠军、黄徐莉、高玉波、刘兵等合作的成果。另外，9.5 节 ~9.9 节是我和学生邓勇军博士合作的成果，邓勇军是来自西南科技大学土建学院的在职博士生。自 2006 年开始，我一直在西南科技大学作为兼职导师，指导研究生并讲授研究生课程"材料与结构的冲击动力学"，现在仍担任西南科技大学土建学院的学术院长和工程材料与结构冲击振动四川省重点实验室主任，得到学校和学院领导及老师的一贯支持，特别感谢王汝恒教授和姚勇教授。可以说，本书也是北京理工大学爆炸科学与技术国家重点实验室和西南科技大学工程材料与结构冲击振动四川省重点实验室的共同作品。

　　本书的 1.6 节 ~1.9 节，4.5 节，9.1 节 ~9.4 节，是我和中物院总体所李小笠博士合作的成果，得到了北京理工大学黄风雷教授和武海军博士的协助，以及爆炸科学与技术国家重点实验室开放基金的支持，李小笠博士后来调动工作到南京工程学院。5.6 节是我与深圳大学周晓青教授合作的成果，她是范寿昌教授的学生，因此也是我在南洋理工大学的同门师姐妹。5.7 节是我与中物院总体所杨云斌高工的合作成果。另外，7.5 节 ~7.8 节是我与黄风雷教授、太原理工大学王志华教授的合作成果，源于申请 NSF 重大计划的子课题，后收录在庆贺王礼立先生 80 寿诞的专辑里。

　　本书的 11.3 节以及 15.1 节 ~15.3 节是我和学生赵军博士的合作成果。11.4 节以及 15.4 节 ~15.6 节是我和博士后吴昊的合作成果。吴昊是解放军理工大学 (现陆军工程大学) 方秦教授的学生，方秦教授推荐他到我课题组做博士后 (2012 年 6 月至 2014 年 6 月)，出站后回到原单位表现非常优秀，获得国家优秀青年基金并被人才引进到同济大学。赵军也是解放军理工大学的博士生，通过查阅文献后主动联系我，接受我的直接指导，其学位论文也获得校优博称号。需指出的是，由于大量的国防需求牵引，侵彻弹体结构的稳定性及侵彻弹道的稳定性正是目前穿甲/侵彻动力学的前沿热点。

　　本书的第 13 章和第 14 章是我 2003 年回国后针对相关需求，及时将博士论文工作应用于实际，分别开展 2~2.5 马赫和更高速的深侵彻弹体结构的力学设计。相关工作在行业内影响甚广，对产品设计有指导意义，曾获得了军队科技进步二等奖。其中主要合作者有中物院总体所的金建明研究员、张方举研究员、高海鹰高工和学生梁斌博士、姬永强高工和何丽灵博士等。

本书的 16.2 节 ～16.5 节是我和中物院总体所的陈刚研究员、张方举研究员和届明高工等同事的合作成果。弹体的破坏与失效一直是穿甲/侵彻力学在工程应用时必须正视的实际问题，随着撞击初条件愈加严酷，也成为目前穿甲/侵彻动力学的前沿热点，并与侵彻弹体结构的稳定性及侵彻弹道的稳定性密切相关。

本书的第 17 章是我和中物院总体所陈裕泽研究员的合作成果。陶瓷作为装甲防护常用的脆性靶材，其侵彻特性与传统靶材非常不同，这也是我回国后将其作为研究对象的重要原因。陈裕泽研究员和余同希教授都是北京大学 王仁 先生的学生。作为我的老师、师伯和校友学长，陈老师一直在帮助我成长，推荐我去香港科技大学跟随余老师，并在各方面提携后进。

我还要特别感谢北京大学陈耀松先生。1989 年我于北京大学力学系本科毕业，原已考取耀松先生的研究生且已在他的实验室开展研究工作，因特殊原因留校审查半年，情绪非常低迷。耀松先生乐观豁达，特别关照我的学习生活，坚定了我从事科研工作的信心，并为我写了多封推荐信，介绍我去中物院工作。2018 年 12 月 28 日我有幸参加了先生的 90 华诞典礼，在这里恭祝耀松先生和马瑜老师吉祥如意。

自 1989 年底分配到四川绵阳，除去 4 年半在外学习，我在中物院总体所工作近 23 年，在那里成家立业，心怀感激、感谢、感恩。我想对刘新民研究员、陈儒研究员、韦日演研究员、郁向东研究员、周德惠研究员和陈忠富研究员等各位前辈老师说：如果再年轻一次，和各位前辈讨论问题时，我一定会轻言慢语，而不是当初的年少莽撞。还记得 2004 年去英国开会，和 王懋礼 研究员同屋而居半个月，老所长对我的谆谆教诲，使我坚持科研毫不动摇。感谢何颖波研究员、张光军研究员、邓克文研究员、羊海涛研究员和刘彤研究员等多位领导对我性格的包容和工作上的支持。感谢赵宪庚院长的特别挽留，让我在绵阳多工作 4 年，也感谢刘仓理院长对我离开中物院的理解宽容。另外，我还要感谢中物院总体所人事处范瑛女士，在研究生管理中给予我的特别支持。感谢陈茂斌、杨晴夫妇近 30 年的至深友情。当然，人这一辈子，最开心的是有一群兄弟朋友，互相打趣折腾几十年，感谢你们：郝子、伟哥、思忠、肖哥、海总、荣建和建哥。

自 2017 年 1 月至今，我调到北京理工大学工作已两年半。在学校领导、人事处、国资处、科研院、研究生院、前沿交叉院和爆炸科学与技术国家重点实验室等部门单位的大力支持下，我能够心无旁骛地待在实验室，专注于学术研究和指导学生，完成本书写作。感谢方岱宁院士的特别关心，感谢阎艳教授、施瑞博士、王博教授、黄风雷教授、张庆明教授、宁建国教授、陈鹏万教授、王成教授、刘彦教授和武海军教授以及无法一一列举姓名的老师、同事们。

自 2003 年回国后，在爆炸力学界前辈和同行支持下，我得以能一直专注于穿甲/侵彻这个非常小众的领域。感谢王礼立先生、 经福谦 院士、钱七虎院士、孙承纬院士、朱建士 院士、孙锦山 研究员、谈庆明教授、段祝平教授、任辉启院士、郝洪院士、虞吉林教授、胡时胜教授、唐志平教授、李永池 教授、刘凯欣 教授、赵隆茂教授、方秦教授、李玉龙教授、戴兰宏研究员、卢芳云教授、王明洋教授、周刚研究员、刘瑞朝研究员、周风华教授、王志华教授、罗胜年教授以及其他漏列的各位老师。

感谢杨嘉陵教授、赵亚溥研究员、周青教授、薛璞教授、陈发良研究员等师兄师姐的长期关照。感谢陈璞教授、杨黎明教授、卢国兴教授、马国伟教授、王清远教授、张雄教授、刘占芳教授、蒋文涛教授、龚自正研究员、庞宝君教授、张伟教授、姚小虎教授、许骏教授、张先锋教授等各位朋友的关心支持。特别指出的是，陈璞教授是我的大学班主任，马国伟教授是我的大学同班同学。

非常感谢科学出版社的责任编辑刘信力和责任校对彭珍珍等非常耐心细致的工作，将本书的错误降低到最少。我们都有一个共同的心愿，呈现给读者的必须是可以传承下去的精品。所以这一年多来，我们共同努力，认真校对，不放过任何差错。尽管如此，我还得郑重声明，文责自负。

特别感谢国家自然科学基金 NSF/NSAF 的支持 (10672152、10976100、11172282、11225213、11390361、11390362、11627901、11872118)，特别感谢北京理工大学"引进人才专项"经费和爆炸科学与技术国家重点实验室出版基金对本书出版的支持。

我非常感谢我的团队，永远充满着青春的活力。无论是在四川绵阳还是北京海淀，自 2006 年我开始指导研究生，每年都有非常聪明的年轻人加入这个集体。虽然这前言写了很长，相关工作也未写进本书，我仍愿意不吝文字地罗列出这 13 年指导的其他学生的名字：宋文杰博士、吕太洪博士、焦文俊博士、陈成军高工和汪宝旭工程师，在读博士生欧阳昊、王军、翟成林、秦毅、文肯、何起光、杜伟伟、李干，已毕业硕士郎林、宁菲、杨友山、王杰、李双江、杨涛、焦敏、吴晓凤、邸德宁、牛振坤、孙加超、张紫裕，在读硕士生张春波、伍一顺、陈辉、陈履坦、陈莹、王家轩、唐群轶。感谢你们！

家人永远是我最坚实的靠山。陶萍老师已为我付出了太多太多，几乎所有的家务活都归了她，其实她的科研本是不错的，在行业内也有影响。儿子劲夫受我的影响，专注于量子物理，希望他学有所成。父母辛苦了一辈子，依然天天念叨我们。感谢妹妹对家的辛勤照顾，让父母可以幸福地颐养天年。

陈小伟

北京理工大学求是楼 307 室

2019 年 6 月 20 日

目　　录

上　　册

下　　册

第 1 章　刚性弹侵彻动力学理论

1.1　引　　言

刚性弹指弹头在侵彻过程中不变形或变形甚小可忽略。在刚性弹侵彻力学的分析模型发展中，Bishop et al.(1945) 首先将准静态的柱/球形空腔膨胀理论方程应用于尖锥体对金属靶的压入阻力求解，给出了关于金属的柱/球形空腔准静态膨胀的公式。Hill(1948) 进一步推导出不可压弹塑性材料的动态空腔膨胀方程。Chadwick (1959) 将其应用到理想土壤材料。Hopkins(1960) 详细综述了弹塑性材料中球形空腔膨胀理论的相关工作。Goodier(1965) 考虑了靶板的惯性效应，将 Hill(1948) 和 Hopkins(1960) 提出的不可压靶材的动态空腔膨胀方程应用于求解刚性球撞击金属靶的侵彻深度。Hunter and Crozier(1968) 讨论了可压缩理想弹塑性材料的动态空腔膨胀理论。Hill(1980) 也利用空腔膨胀理论对刚性弹的侵彻问题开展研究。

自 20 世纪 80 年代起，Forrestal 将空腔膨胀模型应用于不同靶体 (如金属、混凝土及土壤等) 的深侵彻研究，开展了大量卓有成效的工作，如 Forrestal and Luk(1988，1992a，b)，Forrestal et al.(1994，1995)，Luk and Forrestal(1987)。同时由于军事应用的重要性及迫切性，如动能弹对地下掩体的深层侵彻，各国也开展了大量的深侵彻试验研究。

一般而言，刚性弹的深侵彻依赖于弹体的侵彻速度、几何形状及弹体质量，同时还依赖于靶材性质及弹靶界面的摩擦阻力。Backman and Goldsmith(1978)，Zukas(1982)、Corbett et al.(1996)、Goldsmith(1999)、Li et al.(2005) 以及陈小伟 (2009) 在各自的时期较好地总结了侵彻力学研究领域的新进展，并详细讨论了各参数对侵彻的影响及相关性。Young(1969) 总结并补充开展了大量的侵彻试验，以分析各参量 (包括弹头形状、质量、截面及侵彻速度等) 对侵彻深度的影响。

较长时间以来，人们尚不能完全认识不同靶体的侵彻机理。例如，工程应用中大量使用经验公式，但其中对弹头形状因子的定义因人而异，也必然带来分析结果的不确定性；绝大多数经验公式是根据不同试验结果进行拟合得到的，因此量纲相关而不具物理意义；同时，如何考虑侵彻过程中弹靶间的动态滑移仍未清晰。

Chen and Li(2002) 和 Li and Chen(2003) 针对刚性弹对金属靶和混凝土靶的深侵彻开展了量纲分析。相关研究表明，刚性弹对半无限靶体的深侵彻问题中，仅两个无量纲数 (即撞击函数 I 和弹体几何函数 N) 起主导作用，共同决定着最终的侵彻深度。随后，Chen et al.(2008) 进一步针对侵彻阻力的一般表达式，给出控制刚性弹侵彻过程的第三个无量纲物理量，即阻尼函数 ξ。分析表明，这三个无量纲物理量几乎可以完全表征不同形状刚性弹在不同速度下侵彻典型目标的试验数据。

本章将首先介绍动态空腔膨胀理论，并将其应用于刚性弹的深侵彻中，定义撞击函数 I，对各型弹头引入一通用的几何函数 N，据此给出无量纲的刚性弹深侵彻公式；并进一步针对侵彻阻力的一般表达式，给出控制刚性弹侵彻过程的第三无量纲物理量，即阻尼函数 ξ，研究并讨论阻尼函数 ξ 的应用范围及其作用效应。

1.2   动态球形空腔膨胀理论

柱/球形空腔膨胀理论应用于穿甲/侵彻问题，依赖于不同的靶材料模型。早期模型要么假设为不可压线性应变硬化，如 Hill(1948，1950)；要么假设为可压缩理想弹塑性，如 Forrestal and Luk(1988)。Luk et al.(1991) 针对幂次应变硬化的弹塑性材料给出了动态球形空腔膨胀模型，在不可压情形下，可求出封闭的理论解；但在可压缩情形下，只能对微分方程数值求解。这里我们参考 Luk et al.(1991)，先给出幂次应变硬化弹塑性材料的动态球形空腔膨胀理论的主要控制方程，然后主要针对不可压材料，简单给出相应的理论解。

1.2.1   问题描述

如图 1.2.1 所示，球形空腔从中心以常速 V_c 向外膨胀，空腔之外将分别产生塑性响应区和弹性响应区。在欧拉球坐标系中，塑性区边界由半径 $r = V_c t$ 和 $r = ct$

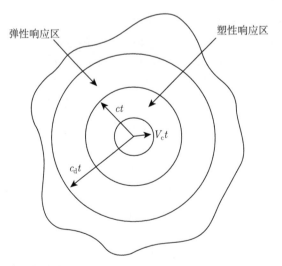

图 1.2.1   球形空腔膨胀理论在弹塑性材料中的响应区 (Luk et al, 1991)

确定，c 是弹塑性界面速度。针对不可压情形，弹性波前沿不存在，弹性区范围即 $r > ct$。相比较地，在可压缩情形下，弹性区边界由半径 $r = ct$ 和 $r = c_d t$ 确定，c_d 是弹性膨胀波波速。

下面分区给出响应控制方程，首先给出塑性区响应。

欧拉球坐标系下的动量和质量守恒方程是

$$\frac{\partial \sigma_r}{\partial r} + \frac{2\left(\sigma_r - \sigma_\theta\right)}{r} = -\rho \left(\frac{\partial v}{\partial t} + v \frac{\partial v}{\partial r} \right) \tag{1.2.1a}$$

$$\rho_0 \frac{\partial}{\partial r} \left[(r - u)^3 \right] = 3\rho r^2 \tag{1.2.1b}$$

σ_r、σ_θ 是径向和环向柯西 (Cauchy) 应力，以压为正；ρ 和 ρ_0 是靶材变形前后的密度，其中不可压时 $\rho = \rho_0$；u 和 v 分别是径向位移及质点速度，以向外为正，两者存在以下关系：

$$v \left(1 - \frac{\partial u}{\partial r} \right) = \frac{\partial u}{\partial t} \tag{1.2.2}$$

对于可压缩材料，有以下关系：

$$p = \frac{1}{3} \left(\sigma_r + 2\sigma_\theta \right) = K \left(\varepsilon_r + 2\varepsilon_\theta \right) \tag{1.2.3a}$$

$$K = E/[3\left(1 - 2\nu\right)] \tag{1.2.3b}$$

E 和 K 分别是杨氏模量和体积模量，ν 是泊松比，ε_r 和 ε_θ 是对数应变分量。参考 Hill(1950) 针对准静态问题给出的塑性流动描述，由于球形对称，主应力 $(\sigma_r,\ \sigma_\theta,\ \sigma_\theta)$ 由静水应力 $(\sigma_\theta,\ \sigma_\theta,\ \sigma_\theta)$ 和径向应力偏量 $(\sigma_r - \sigma_\theta,\ 0,\ 0)$ 组成。因此可利用单轴压缩试验数据，假设弹性应变可由静水应力产生。

利用修正的 Ludwik 幂次方程 (Chakrabarty, 1987) 描述材料屈服后行为：

$$\sigma = E\varepsilon, \quad \sigma \leqslant Y \tag{1.2.4a}$$

$$\sigma = Y \left(E\varepsilon/Y \right)^n, \quad \sigma > Y \tag{1.2.4b}$$

其中，σ 为 Cauchy(真) 应力，ε 为对数 (真) 应变，Y 为屈服应力，n 是应变硬化指数。图 1.2.2 给出 6061-T651 铝合金的应力–应变关系 (Luk et al, 1991)。

单轴径向应力 $(\sigma_r - \sigma_\theta,\ 0,\ 0)$ 可视为两项，其中空腔膨胀项 $(\sigma_r,\ \sigma_\theta,\ \sigma_\theta)$ 产生径向应变 ε_r，而静水应力项 $(-\sigma_\theta,\ -\sigma_\theta,\ -\sigma_\theta)$ 产生径向应变 $[-\left(1 - 2\nu\right)\sigma_\theta/E]$，因此总径向应变为 $[\varepsilon_r - \left(1 - 2\nu\right)\sigma_\theta/E]$。根据式 (1.2.4b)，空腔膨胀中塑性流动由下式控制：

$$\sigma_r - \sigma_\theta = E^n Y^{1-n} \left[\varepsilon_r - \left(1 - 2\nu\right)\sigma_\theta/E \right]^n \tag{1.2.5}$$

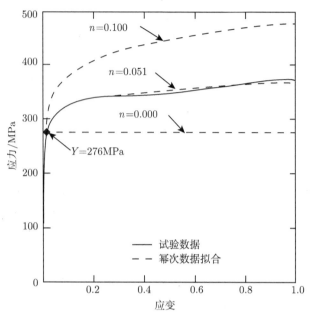

图 1.2.2   6061-T651 铝合金的应力–应变关系

其中 E=68.9GPa，ν=1/3，Y=276MPa

对数应变–位移关系是

$$\varepsilon_r = \ln\left(1 - \partial u/\partial r\right) \tag{1.2.6a}$$

$$\varepsilon_\theta = \ln\left(1 - u/r\right) \tag{1.2.6b}$$

下面给出边界及弹塑性界面条件。空腔与塑性区界面的边界条件是

$$u\left(r = V_{\mathrm{c}}t\right) = V_{\mathrm{c}}t \tag{1.2.7}$$

弹塑性区的响应通过雨贡纽 (Hugoniot) 跳跃条件衔接，以保证弹塑性界面的动量及质量守恒。特雷斯卡 (Tresca) 屈服判据 (球形对称时等同于米泽斯 (Mises) 屈服判据) $\sigma_r - \sigma_\theta = Y$，可应用于界面两侧，Forrestal and Luk(1988) 假设界面上径向应力及质点速度连续。

针对弹性区响应，Forrestal and Luk(1988) 给出了可压缩/不可压模型的弹性响应方程

$$\frac{\partial^2 u}{\partial r^2} + \frac{2}{r}\frac{\partial u}{\partial r} - \frac{2u}{r^2} = \frac{1}{c_{\mathrm{d}}^2}\frac{\partial^2 u}{\partial t^2} \tag{1.2.8a}$$

$$c_{\mathrm{d}}^2 = \frac{E\left(1 - \nu\right)}{\left(1 + \nu\right)\left(1 - 2\nu\right)\rho_0} \tag{1.2.8b}$$

其中 c_d 是弹性膨胀波波速, 不可压时为 ∞, 即弹性波前沿不存在, 故式 (1.2.8a) 右边项可忽略。而应力–位移关系为

$$\sigma_r = -\frac{E}{(1+\nu)(1-2\nu)}\left[(1-\nu)\frac{\partial u}{\partial r} + 2\nu\frac{u}{r}\right] \tag{1.2.9a}$$

$$\sigma_\theta = -\frac{E}{(1+\nu)(1-2\nu)}\left[\nu\frac{\partial u}{\partial r} + \frac{u}{r}\right] \tag{1.2.9b}$$

1.2.2 不可压幂次应变硬化弹塑性材料的理论求解

以下仅考虑不可压幂次应变硬化弹塑性材料。因此, $\rho = \rho_0$, 泊松比 $\nu = 1/2$, 而方程 (1.2.5) 中右边第 2 应变项可忽略。

在塑性区内, 由式 (1.2.5) 和式 (1.2.6a), 动量及质量守恒方程 (1.2.1a) 和 (1.2.1b) 可推出

$$\frac{\partial \sigma_r}{\partial r} + \frac{2}{r}E^n Y^{1-n}\left[\ln\left(1 - \frac{\partial u}{\partial r}\right)\right]^n = -\rho_0\left(\frac{\partial v}{\partial t} + v\frac{\partial v}{\partial r}\right) \tag{1.2.10a}$$

$$\frac{\partial}{\partial r}\left[(r-u)^3\right] = 3r^2 \tag{1.2.10b}$$

由式 (1.2.2) 的 u、v 关系, 可由 3 个方程解 3 个未知数: σ_r、u 和 v。分别引入相似变换和无量纲数

$$\xi = r/ct \tag{1.2.11a}$$

$$S_{\mathrm{f}} = \sigma_r/Y, \quad \bar{u} = u/ct, \quad U_{\mathrm{v}} = v/c, \quad \gamma = V_{\mathrm{c}}/c \tag{1.2.11b}$$

因此, 式 (1.2.2)、式 (1.2.10a) 和式 (1.2.10b) 可变换为

$$\frac{\mathrm{d}S_{\mathrm{f}}}{\mathrm{d}\xi} = -\frac{2}{\xi}\left(\frac{E}{Y}\right)^n\left[\ln\left(1 - \frac{\mathrm{d}\bar{u}}{\mathrm{d}\xi}\right)\right]^n + \frac{\rho_0 c^2}{Y}(\xi - U_{\mathrm{v}})\frac{\mathrm{d}U_{\mathrm{v}}}{\mathrm{d}\xi} \tag{1.2.12a}$$

$$\frac{\mathrm{d}}{\mathrm{d}\xi}\left[(\xi - \bar{u})^3\right] = 3\xi^2 \tag{1.2.12b}$$

$$U_{\mathrm{v}}\left(1 - \frac{\mathrm{d}\bar{u}}{\mathrm{d}\xi}\right) = \bar{u} - \xi\frac{\mathrm{d}\bar{u}}{\mathrm{d}\xi} \tag{1.2.12c}$$

边界条件式 (1.2.7) 则变化为

$$\bar{u}(\xi = \gamma) = \gamma \tag{1.2.13}$$

式 (1.2.12b) 满足式 (1.2.13) 的解是

$$\bar{u} = \xi - \left(\xi^3 - \gamma^3\right)^{1/3}, \quad \gamma \leqslant \xi \leqslant 1 \tag{1.2.14}$$

由式 (1.2.14) 及式 (1.2.12c), 可得质点速度

$$U_v = \gamma^3/\xi^2, \quad \gamma \leqslant \xi \leqslant 1 \tag{1.2.15}$$

其中 $\xi = 1$ 是弹塑性界面位置，将式 (1.2.14) 和式 (1.2.15) 代入式 (1.2.12a)，积分可得

$$S_f = S_{f2} + \frac{2}{3}\left(\frac{2E}{3Y}\right)^n I(\xi) - \frac{\rho_0 c^2 \gamma^3}{2Y}\left(4 - \frac{4}{\xi} + \frac{\gamma^3}{\xi^4}\right), \quad \gamma \leqslant \xi \leqslant 1 \tag{1.2.16a}$$

$$I(\xi) = \int_{1-(\gamma/\xi)^3}^{1-\gamma^3} \frac{(-\ln x)^n}{1-x}\mathrm{d}x \tag{1.2.16b}$$

其中，$S_{f2} = S_f(\xi = 1)$ 是界面处无量纲径向应力。式 (1.2.16b) 中积分项 $I(\xi)$ 通过连续变换 $\varsigma = (\gamma/\xi)^3$ 和 $x = 1 - \varsigma$ 可求解；当 $n = 1$ 时，$I(\xi)$ 有显式表达。

下面由弹性区和弹塑性界面反推求解式 (1.2.16a)，从而获得塑性区径向应力。对于界面条件，Forrestal and Luk(1988) 认为界面处应力和质点速度连续，因此有

$$S_{f2} = S_{f1}, \quad U_{v2} = U_{v1} \tag{1.2.17}$$

下标 1, 2 分别对应于界面的弹性及塑性两侧。因此，界面速度 c 可由界面方程 (1.2.17) 的质点速度求得

$$c = \left(\frac{2E}{3Y}\right)^{1/3} V_c \tag{1.2.18}$$

Forrestal and Luk(1988) 给出弹性区求解：

$$\bar{u} = \frac{Y}{2E} \cdot \frac{1}{\xi^2}, \quad \xi \geqslant 1 \tag{1.2.19a}$$

$$U_v = \frac{3Y}{2E} \cdot \frac{1}{\xi^2}, \quad \xi \geqslant 1 \tag{1.2.19b}$$

$$S_f = \frac{2}{3} \cdot \frac{1}{\xi^3} + \frac{3\rho_0 c^2}{E} \cdot \frac{1}{\xi}, \quad \xi \geqslant 1 \tag{1.2.19c}$$

因此，由式 (1.2.17)∼ 式 (1.2.19) 可求解塑性区的径向应力

$$S_f(\xi) = \frac{2}{3} + \frac{2}{3}\left(\frac{2E}{3Y}\right)^n I(\xi) + \frac{\rho_0 V_c^2}{Y}\left(\frac{3Y}{2E}\right)^{1/3}\left(\frac{2}{\xi} - \frac{3Y}{4E} \cdot \frac{1}{\xi^4}\right), \quad \gamma \leqslant \xi \leqslant 1 \tag{1.2.20}$$

因此，空腔表面 $\xi = \gamma$ 处的径向应力则为

$$S_f(\xi = \gamma) = A + B\rho_0 V_c^2/Y \tag{1.2.21a}$$

其中，

$$A = \frac{2}{3}\left[1 + \left(\frac{2E}{3Y}\right)^n I(\xi = \gamma)\right] \tag{1.2.21b}$$

$$B = 3/2 \tag{1.2.21c}$$

动态项 $B\rho_0 V_c^2/Y$ 与 Forrestal and Luk(1988) 关于理想弹塑性材料的求解是一致的，因此，应变硬化效应仅由准静态项，即式 (1.2.21b) 的 A 决定。

在可压缩情形或其他不同形式的材料本构关系下，弹塑性各区及各界面条件将更加复杂，已无法获得简单的理论解，必须通过数值方法求解。通常仍可由数值求解，近似获得式 (1.2.21a) 形式的空腔表面径向应力，也即侵彻阻应力，而区别在于系数不同。后续的分析将建立在式 (1.2.21a) 基础上。

1.3 刚性弹侵彻动力学的无量纲控制量

Chen and Li(2002) 和 Li and Chen(2003) 针对刚性弹对金属靶和混凝土靶的深侵彻开展了量纲分析，表明仅两个无量纲数，即撞击函数 (I) 和弹体几何函数 (N) 起主导作用，共同决定着最终的侵彻深度。本节将根据 Chen and Li(2002) 和 Li and Chen(2003)，给出刚性弹侵彻动力学的两个无量纲控制量。

1.3.1 刚性弹的头形几何

假设一般头形的刚性弹，如图 1.3.1 所示，以初始撞击速度 V_i 正侵彻一半无限靶，侵彻过程中瞬时速度为 V。

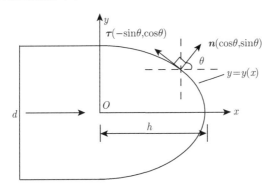

图 1.3.1 刚性弹的一般头形

根据 1.2 节介绍的动态空腔膨胀理论，在弹头表面的法向压缩应力 σ_n 及空腔法向膨胀速度 V_c 之间有以下关系：

$$\sigma_n = AY + B\rho V_c^2 \tag{1.3.1}$$

其中 Y 和 ρ 分别是靶材的屈服应力及密度，而 A 和 B 则是无量纲靶材常数。

由刚性弹速度 V 可推得弹靶界面的质点速度

$$V_c = V\cos\theta \tag{1.3.2}$$

弹头表面的切向应力通常可由界面的滑动摩擦力决定：

$$\sigma_t = -\mu_m \sigma_n \tag{1.3.3}$$

其中 μ_m 是撞击中的弹靶滑动摩擦系数。

可给出弹丸头部表面的侵彻总阻力的积分表达式

$$F = \oiint_{A_n} (\sigma_n \cos\theta - \sigma_t \sin\theta)\mathrm{d}A = \oiint_{A_n} \sigma_n (\cos\theta + \mu_m \sin\theta)\mathrm{d}A \tag{1.3.4a}$$

其中 A_n 代表弹丸头部表面积。通过对弹头表面的法向压缩应力及切向应力的积分可得到最终的轴向侵彻阻力：

$$F = \frac{\pi d^2}{4}\left(AYN_1 + B\rho V^2 N_2\right) \tag{1.3.4b}$$

其中 d 为弹径。引入两个与弹头形状几何及摩擦相关的无量纲因子：

$$N_1 = 1 + \frac{4\mu_m \oiint_{A_n} \sin\theta \mathrm{d}A}{\pi d^2} \tag{1.3.5a}$$

$$N_2 = N^* + \frac{4\mu_m \oiint_{A_n} \cos^2\theta \sin\theta \mathrm{d}A}{\pi d^2} \tag{1.3.5b}$$

其中，

$$N^* = \frac{4 \oiint_{A_n} \cos^3\theta \mathrm{d}A}{\pi d^2} \tag{1.3.5c}$$

相关积分都在弹丸头部表面积 A_n。特别地，若 $\mu_m = 0$，有 $N_1 = 1$ 和 $N_2 = N^*$。弹头因子 N^* 反映了弹头形状的几何特征，在弹头几何优化中起重要作用。

若通用弹头形状可用一母线函数 $y = y(x)$ 表示，如图 1.3.1，则可简化式 (1.3.5a) ~ 式 (1.3.5c) 如下：

$$N_1 = 1 + \frac{8\mu_m}{d^2} \int_0^h y\mathrm{d}x \tag{1.3.6a}$$

$$N_2 = N^* + \frac{8\mu_m}{d^2} \int_0^h \frac{yy'^2}{1+y'^2}\mathrm{d}x \tag{1.3.6b}$$

$$N^* = \frac{8}{d^2} \int_0^h \frac{yy'^3}{1+y'^2}\mathrm{d}x \tag{1.3.6c}$$

其中 h 是弹体头部高度。

一般地，刚性弹可由其质量 M、弹体直径 d 及头形函数 $y = y(x)$ 描述。图 1.3.2~ 图 1.3.5 分别给出了几种常用弹体头形和特征几何参数，即尖卵形、截卵形、尖锥形和钝头形。对较复杂的弹头形状，需要多个特征几何参数定义其头形函数。例如，截卵形弹，如图 1.3.3 所示，除参数 s 和 d 外，还须定义截面直径 d_1。可认为弹体长度对侵彻影响不大。但弹体质量，通常可用截面密度代表 M/d^3，对侵彻影响显著。针对上述弹体头形，可定义一无量纲的头形系数为

$$\psi = \frac{s}{d} \tag{1.3.7}$$

特别地，尖卵形时定义 ψ 为曲径比 CRH。因此，针对上述弹体头形，式 (1.3.6a)~ 式 (1.3.6c) 定义的无量纲头形因子可具体表达如下。

图 1.3.2 所示尖卵形弹：

$$N_1 = 1 + 4\mu_{\mathrm{m}}\psi^2 \left[\left(\frac{\pi}{2} - \phi_0 \right) - \frac{\sin 2\phi_0}{2} \right] \tag{1.3.8a}$$

$$N_2 = N^* + \mu_{\mathrm{m}}\psi^2 \left[\left(\frac{\pi}{2} - \phi_0 \right) - \frac{1}{3} \left(2\sin 2\phi_0 + \frac{\sin 4\phi_0}{4} \right) \right] \tag{1.3.8b}$$

$$N^* = \frac{1}{3\psi} - \frac{1}{24\psi^2}, \quad 0 < N^* \leqslant \frac{1}{2} \tag{1.3.8c}$$

$$\phi_0 = \arcsin\left(1 - \frac{1}{2\psi} \right), \quad \psi \geqslant \frac{1}{2} \tag{1.3.8d}$$

其中 ϕ_0 代表特定角。

图 1.3.4 所示尖锥形弹：

$$N_1 = 1 + 2\mu_{\mathrm{m}}\psi \tag{1.3.9a}$$

$$N_2 = N^* + \frac{2\mu_{\mathrm{m}}\psi}{1 + 4\psi^2} \tag{1.3.9b}$$

$$N^* = \frac{1}{1 + 4\psi^2}, \quad 0 < N^* \leqslant 1 \tag{1.3.9c}$$

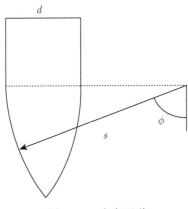

图 1.3.2　尖卵形弹

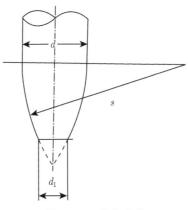

图 1.3.3　截卵形弹

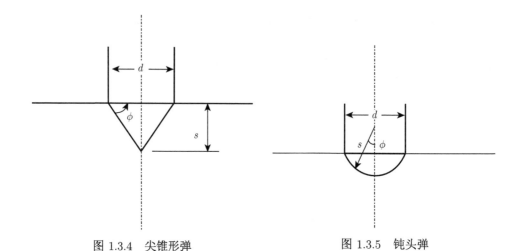

图 1.3.4　尖锥形弹　　　　　　　　图 1.3.5　钝头弹

图 1.3.5 所示钝头弹：

$$N_1 = 1 + 2\mu_{\mathrm{m}}\psi^2\left(2\phi_0 - \sin 2\phi_0\right) \tag{1.3.10a}$$

$$N_2 = N^* + \mu_{\mathrm{m}}\psi^2\left(\phi_0 - \frac{\sin 4\phi_0}{4}\right) \tag{1.3.10b}$$

$$N^* = 1 - \frac{1}{8\psi^2}, \quad \frac{1}{2} \leqslant N^* \leqslant 1 \tag{1.3.10c}$$

$$\phi_0 = \arcsin\left(\frac{1}{2\psi}\right), \quad \psi \geqslant \frac{1}{2} \tag{1.3.10d}$$

图 1.3.3 所示截卵形弹：

$$N_1 = 1 + 4\mu_{\mathrm{m}}\psi^2\left[\left(\frac{\pi}{2} - \phi_0\right) + \frac{\sin 2\phi_0}{2} - 2\left(1 - \frac{1}{2\psi}\right)\cos\phi_0\right] \tag{1.3.11a}$$

$$N_2 = N^* + \mu_{\mathrm{m}}\psi^2\left[\left(\frac{\pi}{2} - \phi_0\right) + \frac{\sin 4\phi_0}{4} - \frac{8}{3}\left(1 - \frac{1}{2\psi}\right)\cos^3\phi_0\right] \tag{1.3.11b}$$

$$N^* = \psi^2\left[2\cos^4\phi_0 - \frac{8}{3}\left(1 - \frac{1}{2\psi}\right)\left(2 + \sin\phi_0\right)\left(1 - \sin\phi_0\right)^2\right] + \zeta^2, \quad \zeta = \frac{d_1}{d} \tag{1.3.11c}$$

$$\phi_0 = \arcsin\left[1 - \frac{1}{2\psi}\left(1 - \zeta\right)\right], \quad \psi \geqslant \frac{1}{2} \tag{1.3.11d}$$

特别地，对于平头弹，有 $N_1 = N_2 = N^* = 1$；对于半球形弹，则有 $N_1 = 1 + \dfrac{\mu_{\mathrm{m}}\pi}{2}$，$N_2 = \dfrac{1}{2} + \dfrac{\mu_{\mathrm{m}}\pi}{8}$，$N^* = \dfrac{1}{2}$。一般而言，头形因子 $N^*(\psi)$ 在 $0 < N^* \leqslant 1$ 范围内，头形因子 N^* 值越小，头形越尖。

1.3.2 无量纲的侵彻深度

刚性弹侵彻半无限靶的运动和最终侵彻深度可通过求解式 (1.3.4) 获得。若不考虑初始撞击时形成前坑，侵彻深度可由式 (1.3.4b) 及牛顿第二定律得到

$$X = \frac{2M}{\pi d^2 B \rho N_2} \ln \left(1 + \frac{B \rho N_2 V_{\mathrm{i}}^2}{A Y N_1} \right) \tag{1.3.12}$$

引入无量纲撞击因子和无量纲质量比

$$I^* = \frac{M V_{\mathrm{i}}^2}{d^3 Y} \tag{1.3.13}$$

$$\lambda = \frac{M}{\rho d^3} \tag{1.3.14}$$

λ 不仅代表弹靶材料的相对密度，也反映弹体的几何特性，λ 值越大，弹头形状越细长。

可进一步定义弹头的几何函数为

$$N = \frac{\lambda}{B N_2} \tag{1.3.15}$$

较大的 N 值对应于细长尖削的弹体，反之则对应于短粗钝头的弹体。同时可定义弹头撞击函数：

$$I = \frac{I^*}{A N_1} \tag{1.3.16}$$

侵彻深度式 (1.3.12) 可简化为

$$\frac{X}{d} = \frac{2}{\pi} N \ln \left(1 + \frac{I}{N} \right) = \frac{2I}{\pi} \frac{\ln \left(1 + I/N \right)}{I/N} \tag{1.3.17}$$

若假设一细长尖削的刚性弹侵彻混凝土或岩石等脆性材料靶体，须考虑撞击前坑，其无量纲深度 $k_{\mathrm{c}} = 1.5 \sim 2.5$，且 $N \gg 1$，则可获得与 Li and Chen(2003) 一致的侵彻深度

$$\frac{X}{d} = \frac{2}{\pi} N \ln \left(1 + \frac{I}{N} \right) + \frac{k_{\mathrm{c}}}{2} \tag{1.3.18}$$

下面针对一般式 (1.3.17) 讨论。显然，仅两个无量纲数，即撞击函数 I 和弹体几何函数 N，控制并决定着刚性弹侵彻深度。图 1.3.6 给出 X/d 在 (I, N) 平面上的变化，显然，侵彻深度更敏感于撞击函数 I 而非弹头几何函数 N。

通常情况下，$I/N < 1$，因此可对式 (1.3.17) 进行泰勒展开，

$$\frac{X}{d} = \frac{2I}{\pi}\left[1 - \frac{I}{2N} + \frac{1}{3}\left(\frac{I}{N}\right)^2 + \cdots + (-1)^{n+1}\frac{1}{n}\left(\frac{I}{N}\right)^{n-1} + \cdots\right] \qquad (1.3.19)$$

若 $I/N \to 0$，则有

$$\frac{X}{d} = \frac{2I}{\pi} = 0.637I \qquad (1.3.20)$$

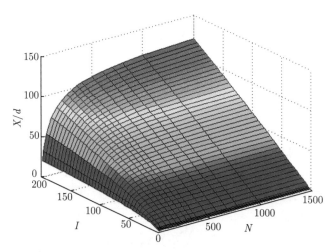

图 1.3.6   无量纲侵彻深度 X/d 在 (I,N) 平面上的变化

图 1.3.7 给出 $(X/d)/I$ 与 I/N 的函数关系。通常情况下，I/N 不可能太大，故 X/d 一般逼近其极限值，事实上 $I/N < 0.5$ 已基本包括其主要的刚性弹侵彻范围。进一步还可给出

$$\frac{I}{N} = \varPhi_{\rm J}\frac{B}{A}\frac{N_2}{N_1} \qquad (1.3.21)$$

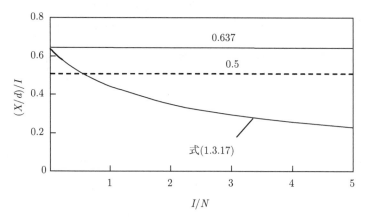

图 1.3.7 $(X/d)/I$ 与 I/N 的函数关系

其中 $\Phi_{\mathrm{J}} = \rho V_{\mathrm{i}}^2 / Y$ 是 Johnson 破坏数，其值大小可表征撞击事件的严重程度。通常，靶材参数 A 比 B 取值变化大，B 值常取 1.0 左右，如混凝土 $B = 1.0$，铝合金靶 $B = 1.1$，土壤 $B = 1.2$。弹靶撞击中，因摩擦系数较小，$\mu_{\mathrm{m}} \approx 0.1$，有 $N_2/N_1 \approx N^*$。可对式 (1.3.21) 简化：

$$\frac{I}{N} \propto \frac{\Phi_{\mathrm{J}}}{A} N^* \tag{1.3.22}$$

式 (1.3.22) 表明，若给定刚性弹撞击速度和靶材，则 Φ_{J} 和 A 固定，可通过优化弹头形状实现最大侵彻深度。

1.4 不同靶材的深层侵彻分析

1.4.1 金属靶中的侵彻深度

Forrestal et al.(1988，1991，1992b，2000) 和 Piekutowski et al.(1999) 针对不同头形刚性弹侵彻铝合金靶已进行了大量系统的试验研究。利用动态空腔膨胀理论，Forrestal and Luk(1988)，Luk et al.(1991) 和 Forrestal et al.(1995) 还推导出不同靶材参数 A 和 B 的解析解和数值解。下面将利用无量纲数 I 和 N 表征相关试验结果。

1. 理想弹塑性材料

无论是不可压 (泊松比 $\nu = 0.5$) 或可压缩 ($\nu \neq 0.5$) 的理想弹塑性材料，都可从准静态空腔膨胀理论中推导出靶材参数 (Forrestal and Luk, 1988)

$$A = \frac{2}{3} \left\{ 1 + \ln \left[\frac{E}{3 (1 - \nu) Y} \right] \right\} \tag{1.4.1}$$

对不可压理想弹塑性材料，则有 $B = 1.5$。可压缩材料的塑性求解复杂，一般需数值求解，也可根据动态空腔膨胀理论通过数据拟合得到。如 6061-T651 铝合金靶，$\nu = 1/3$，$Y = 400\mathrm{MPa}$，$E = 69\mathrm{GPa}$，$\rho_0 = 2710\mathrm{kg/m}^3$，则有 $A = 3.637$，$B = 1.041$ (Forrestal et al, 1988)。

根据两无量纲数的定义，表 1.4.1 重组给出 Forrestal et al.(1988) 的试验数据及由式 (1.3.17) 给出的理论预期，其中摩擦系数按原文献取值，即尖卵形弹 $\mu_{\mathrm{m}} = 0.02$，半球形弹和尖锥形弹 $\mu_{\mathrm{m}} = 0.10$。

表 1.4.1   Forrestal et al.(1988) 的无量纲试验数据

(6061-T651 铝合金靶，$A = 3.637, B = 1.041$)

	试验编号	λ	I^*	I	N	X/d-分析值	X/d-试验值
	6-1358	24.02	32.96	7.83	42.79	4.58	4.23
半球形弹	6-1357	24.02	94.00	22.34	42.79	11.44	10.14
($\psi = 1/2$,	6-1360	24.02	149.99	35.64	42.79	16.51	16.20
$\mu_m = 0.10$,	6-1355	24.02	169.33	40.23	42.79	18.06	15.77
$N^* = 0.5$,	6-1362	24.02	204.15	48.51	42.79	20.64	21.41
$N_1 = 1.16$,	6-1359	24.02	219.00	52.04	42.79	21.68	22.39
$N_2 = 0.54$)	6-1403	24.43	38.14	9.06	43.53	5.24	5.07
	6-1404	24.74	99.39	23.62	44.08	12.04	11.83
	6-1405	24.43	165.54	39.34	43.53	17.84	16.76
尖卵形弹	6-1366	25.67	33.67	8.49	219.99	5.31	6.20
($\psi = 3$,	6-1365	25.67	92.69	23.38	219.99	14.14	13.24
$\mu_m = 0.02$,	6-1372	25.47	107.68	27.16	218.22	16.30	14.79
$N^* = 0.106$,	6-1364	25.47	172.53	43.52	218.22	25.26	22.96
$N_1 = 1.09$,	6-1370	25.47	273.91	69.09	218.22	38.21	35.64
$N_2 = 0.11$)	6-1371	25.57	369.25	93.14	219.11	49.41	46.90
	6-1342	24.54	43.24	9.13	182.66	5.67	5.63
尖锥形弹	6-1329	24.44	72.11	15.23	181.89	9.31	9.30
($\psi = 1.507$,	6-1344	24.33	145.66	30.77	181.12	18.09	17.04
$\mu_m = 0.10$,	6-1334	24.43	165.54	34.97	181.89	20.36	20.42
$N^* = 0.099$,	6-1564	24.85	189.14	39.96	184.96	23.03	21.55
$N_1 = 1.30$,	6-1561	24.85	222.63	47.03	184.96	26.68	27.61
$N_2 = 0.13$)	6-1336	24.43	262.82	55.52	181.89	30.85	28.31
	6-1353	24.43	310.71	65.64	181.89	35.68	38.45

2. 应变硬化材料

应变硬化金属靶材可按修正的拉德韦克 (Ludwik) 方程给出

$$\sigma = E\varepsilon, \quad \sigma \leqslant Y \tag{1.4.2a}$$

$$\sigma = Y\left(E\varepsilon/Y\right)^n, \quad \sigma > Y \tag{1.4.2b}$$

对不可压应变幂次硬化材料 (Luk et al, 1991)，

$$A = \frac{2}{3}\left[1 + \left(\frac{2E}{3Y}\right)^n J\right], \quad B = 1.5 \tag{1.4.3a}$$

$$J = \int_0^{1-(3Y/2E)} \frac{(-\ln x)^n}{1-x}\mathrm{d}x \tag{1.4.3b}$$

应变硬化仅影响对靶材系数 A 的准静态求解，$n = 0$ 对应于不可压理想弹塑性材料。

同理，对可压缩应变硬化材料，因弹塑性区的复杂响应需数值求解，可根据数值结果的拟合得到靶材参数 A 和 B。

6061-T651 铝合金靶，$\nu = 1/3$，$Y = 276\text{MPa}$，$E = 68.9\text{GPa}$，$n = 0.051$，$\rho_0 = 2710\text{kg/m}^3$，因此有 $A = 4.407$，$B = 1.133$ (Forrestal et al, 1991)。7075-T651 铝合金靶，$\nu = 1/3$，$Y = 448\text{MPa}$，$E = 73.1\text{GPa}$，$n = 0.089$，$\rho_0 = 2710\text{kg/m}^3$，因此有 $A = 4.418$，$B = 1.068$ (Forrestal and Luk, 1992b)。Piekutowski et al.(1999) 和 Forrestal and Piekutowski(2000) 的 6061-T6511 铝合金靶，则有 $A = 5.04$，$B = 0.983$。

同理，表 1.4.2~ 表 1.4.5 重组给出上述文献的试验数据及理论预期。因为严重的弹体破坏不再满足刚性弹假设，相关文献的超高速侵彻部分的数据未包含在表 1.4.4 和表 1.4.5 中。

表 1.4.2 Forrestal et al.(1991) 的无量纲试验数据

(6061-T651 铝合金靶，$A = 4.407$，$B = 1.133$)

	试验编号	λ	I^*	I	N	X/d-分析值	X/d-试验值
	2037	23.98	30.35	5.95	39.25	3.53	2.95
半球形弹	1961	23.96	43.50	8.53	39.22	4.91	4.50
($\psi = 1/2$,	1960	23.96	56.49	11.08	39.22	6.21	5.63
$\mu_m = 0.10$,	1916	24.05	63.62	12.48	39.37	6.90	5.77
$N^* = 0.5$,	1914	24.02	106.84	20.95	39.32	10.69	10.23
$N_1 = 1.16$,	1915	24.06	148.21	29.07	39.39	13.86	11.95
$N_2 = 0.54$)	2059	23.94	216.20	42.40	39.18	18.29	15.33
	1912	23.94	239.33	46.94	39.18	19.64	18.14
	2041	33.10	20.80	4.08	54.18	2.50	2.36
半球形弹	2040	32.99	41.28	8.10	53.99	4.80	3.94
($\psi = 1/2$,	1936	33.07	58.66	11.50	54.13	6.64	5.31
$\mu_m = 0.10$,	1931	33.10	67.88	13.31	54.18	7.58	6.50
$N^* = 0.5$,	1928	33.05	116.42	22.83	54.08	12.13	11.02
$N_1 = 1.16$,	1932	33.27	178.89	35.08	54.45	17.24	15.75
$N_2 = 0.54$)	1933	33.35	245.61	48.17	54.59	21.98	20.08
	1935	33.05	311.62	61.11	54.08	26.03	23.03
半球形弹	2044	12.41	12.32	2.42	20.31	1.45	1.69
($\psi = 1/2$,	1956	12.39	27.22	5.34	20.28	3.02	3.23
$\mu_m = 0.10$,	1922	12.32	48.62	9.54	20.16	4.97	5.34
$N^* = 0.5$,	1957	12.39	67.17	13.17	20.28	6.46	6.61
$N_1 = 1.16$,	1920	12.40	79.11	15.51	20.30	7.34	7.88
$N_2 = 0.54$)	1918	12.41	108.84	21.34	20.31	9.29	9.56

表 1.4.3 Forrestal and Luk(1992b) 的无量纲试验数据

(7075-T651 铝合金靶, $A=4.418$, $B=1.068$)

	试验编号	λ	I^*	I	N	X/d-分析值	X/d-试验值
尖卵形弹	6-1397	25.46	21.31	4.43	212.67	2.79	3.66
($\psi=3, \mu_{\mathrm{m}}=0.02$,	6-1398	25.36	74.09	15.39	211.81	9.46	9.85
$N^*=0.106$,	6-1391	25.46	147.31	30.59	212.67	18.19	17.86
$N_1=1.09$,	6-1402	25.36	174.64	36.26	211.81	21.31	20.68
$N_2=0.11$)	6-1409	25.46	243.74	50.61	212.67	28.90	29.40

表 1.4.4 Piekutowski et al.(1999) 的无量纲试验数据

(6061-T6511 铝合金靶, $A=5.04$, $B=0.983$)

	试验编号	λ	I^*	I	N	X/d-分析值	X/d-试验值
	1-0394	23.44	119.30	20.46	44.21	10.70	9.54
	1-0398	23.44	149.51	25.64	44.21	12.87	10.51
半球形弹	1-0399	23.44	183.11	31.40	44.21	15.10	11.83
($\psi=1/2$,	1-0413	23.47	56.69	9.72	44.27	5.59	5.29
$\mu_{\mathrm{m}}=0.10$,	1-0416	23.44	75.30	12.91	44.21	7.21	6.77
$N^*=0.5$,	1-0405	23.45	140.44	24.08	44.23	12.24	10.23
$N_1=1.16$,	1-0417	23.45	155.19	26.61	44.23	13.26	11.86
$N_2=0.54$)	1-0400	23.44	162.77	27.91	44.21	13.77	12.86
	1-0402	23.45	199.99	34.29	44.23	16.16	13.57
	1-0409	23.45	190.24	32.62	44.23	15.56	15.41
	1-0407	23.42	271.19	46.50	44.18	20.22	17.76

表 1.4.5 Forrestal and Piekutowski(2000) 的无量纲试验数据

(6061-T6511 铝合金靶, $A=5.04$, $B=0.983$)

	试验编号	λ	I^*	I	N	X/d-分析值	X/d-试验值
	1-0415	20.92	66.51	12.11	189.88	7.47	8.16
	4-1805	20.97	66.90	12.18	190.31	7.51	7.74
	4-1806	20.96	94.87	17.27	190.17	10.52	10.13
	4-1796	20.96	138.71	25.25	190.20	15.09	14.35
尖卵形弹	4-1797	20.96	192.04	34.96	190.20	20.43	19.69
($\psi=3$,	1-0412	20.95	270.68	49.27	190.16	27.89	26.72
$\mu_{\mathrm{m}}=0.02$,	4-1798	20.92	314.34	57.22	189.87	31.84	31.50
$N^*=0.106$,	4-1829	21.38	391.12	71.19	194.01	38.61	35.02
$N_1=1.09$,	1-0426	21.47	132.87	24.19	194.80	14.51	14.49
$N_2=0.11$)	1-0424	21.45	243.81	44.38	194.63	25.45	22.50
	1-0425	21.46	331.93	60.42	194.78	33.50	32.21
	4-1840	21.47	383.09	69.73	194.85	37.95	35.72
	4-1841	21.45	498.10	90.67	194.62	47.38	46.69
	4-1842	21.43	575.63	104.78	194.47	53.36	54.71
	4-1843	21.47	672.42	122.40	194.83	60.46	63.57

针对不同弹头几何函数 N 值, 图 1.4.1 仅给出表 1.4.1 $\sim$ 表 1.4.5 试验数据的无量纲侵彻深度随撞击函数 I 的变化。尽管弹头形状、靶材及撞击速度等变化差异较大, 试验数据仍可由两无量纲数 I 和 N 完美表征。如表 1.4.1 $\sim$ 表 1.4.5 所示, 由于绝大多数试验数据都在 $I/N < 0.5$ 范围内, 无量纲侵彻深度随撞击函数 I 几乎线性增加, 与弹头几何函数 N 关系不大。考虑到 I/N 应用范围内 I/N 值都较小, 更简单的经验公式可建议为

$$\frac{X}{d} = 0.5I \tag{1.4.4}$$

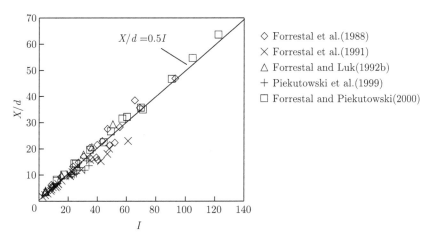

图 1.4.1 铝合金靶中无量纲侵彻深度 X/d 随撞击函数 I 的变化

如图 1.4.1 所示, 几乎所有试验点数据与式 (1.4.4) 吻合。须指出的是, 当式 (1.3.20) 或式 (1.4.4) 中无量纲数 N 不再出现时, 侵彻中靶材的惯性效应变得不显著, 这是因为上两式并未显示包含靶材密度。事实上, 混凝土侵彻的所有经验公式都未将混凝土密度作为影响参数。

1.4.2 混凝土靶及土壤靶的侵彻

Li and Chen(2003) 已给出混凝土靶深侵彻的无量纲分析, 其中将屈服强度 Y 选择为混凝土的无约束单轴压缩强度 f_c, 并忽略弹靶摩擦效应, 因此 $\mu_m = 0$, $N_1 = 1$ 且 $N_2 = N^*$。靶材参数 $A = S$, $B = 1$, 其中 $S = 82.6f_c^{-0.544}$ 或 $S = 72.0f_c^{-0.5}$。图 1.4.2 给出相关试验的无量纲侵彻深度 X/d 随撞击函数 I 的变化, 与金属靶侵彻相似, 两者呈线性关系, 弹头几何函数 N 影响甚微。所有数据与式 (1.4.4) 也非常吻合。

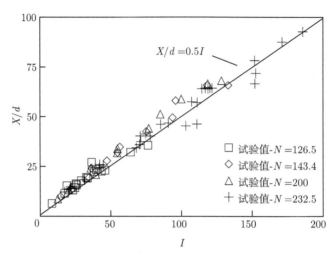

图 1.4.2   混凝土靶中无量纲侵彻深度 X/d 随撞击函数 I 的变化 (Li and Chen, 2003)

Forrestal and Luk(1992a) 开展了冻土靶的深侵彻试验研究，同理因未观察到弹头的侵蚀，弹靶界面摩擦被忽略 (即 $\mu_{\mathrm{m}} = 0$, $N_1 = 1$ 且 $N_2 = N^*$)。将屈服强度 Y 选择为土壤靶的剪切强度 τ_0，可由 Tresca 屈服准则近似得到。因此有

$$A = \frac{2}{3} \left\{ 1 - \ln \left[\frac{(1 + \tau_0/2E)^3 - (1 - \eta^*)}{(1 + \tau_0/2E)^3} \right] \right\} \tag{1.4.5a}$$

$$B = \frac{3}{2(1 - \eta^*)} + \frac{\left[(3\tau_0/E) + \eta^* (1 - 3\tau_0/E)^2 \right]}{\left[(1 + \tau_0/2E)^3 - (1 - \eta^*)^{2/3} \right]}$$

$$- \frac{\left[(1 + \tau_0/2E)^3 - (1 - \eta^*)^{1/3} \right]}{2(1 + \tau_0/2E)^4} \left[1 + \frac{3(1 + \tau_0/2E)^3}{1 - \eta^*} \right] \tag{1.4.5b}$$

参数 A 和 B 依赖于 η^* 和 τ_0/E，而 $\eta^* = 1 - \rho_0/\rho^*$ 是土壤的锁体积应变，其中 ρ_0 和 ρ^* 分别是土壤的初始密度和锁密度。通常 τ_0/E 值远小于 1，式 1.4.5(a) 和 1.4.5(b) 可简化为

$$A = \frac{2}{3} (1 - \ln \eta^*) \tag{1.4.6a}$$

$$B = (\eta^*)^{1/3} + \left[\frac{3 - (\eta^*)^{1/3} (4 - \eta^*)}{2(1 - \eta^*)} \right] \tag{1.4.6b}$$

图 1.4.3 给出理论分析和试验数据的比较, 其中, $A = 1.718$, $B = 1.227(\lambda = 14.39$, $I^* = 209.90$, $I = 122.21$, $N = 110.21)$。因为 $I/N > 1$, 试验结果和经验公式 (1.4.4) 存在一定偏差, 但仍在工程允许误差范围内。

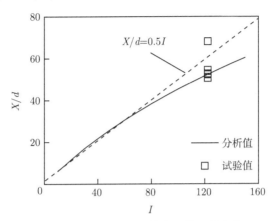

图 1.4.3 冻土靶中无量纲侵彻深度 X/d 随撞击函数 I 的变化 (Li and Chen, 2003)

1.5 关于撞击函数和弹头几何函数的讨论

1.3 节根据动态球形空腔膨胀理论, 推导出刚性弹对半无限靶侵彻深度的无量纲公式, 表明其仅依赖于两个无量纲数, 即撞击函数 I 和弹头形状函数 N。I 和 N 有清晰的物理含义, 对于缩比试验设计、试验数据分析甚至数值分析都非常有用, 可显著避免不必要的量纲意义上的重复。

刚性弹的几何特征, 如质量、弹径及头形等, 在穿甲/侵彻中有重要作用。弹体几何函数 $N = \dfrac{\lambda}{BN_2}$ 完全由无量纲质量比 $\lambda = \dfrac{M}{\rho d^3}$ 和无量纲参数 N_2 确定, 它们将弹体的几何特征完全归纳进单一的无量纲数。该一般性定义有助于讨论更复杂的弹头形状, 如截卵形弹头。原则上该模型可应用于刚性弹任意头形。

表 1.5.1 给出截卵形弹侵彻混凝土靶的试验数据 (Qian et al, 2000)。弹体质量为 $0.282\sim7.85$ kg, 撞击速度在 290m/s 和 613m/s 之间变化。图 1.5.1 给出表 1.5.1 的相关试验结果并与理论分析的比较, 两者吻合甚好。与之对应的, Qian et al.(2000) 为考虑截卵形弹对侵彻的影响, 人为假定一阻力常数 $c' = 1 + Kd_1^2/d^2$, 其中 d_1 和 d 分别是弹头截面直径和弹径, 系数 K 需要由相关试验数据经验确定, 同时需要假定一初始撞击力。因此, 相关公式无法推广至其他情形。

弹头形状优化对实现最大侵彻深度有重要影响, 但形状优化存在瓶颈。分析表明, 当 I/N 在一实际范围, 如 $1/5 \sim 1/2$ 时, 侵彻深度 X/d 可以逼近其理论上限。

因为 $I = I^*/AN_1$ 而 $I^* \propto 1/d^3$，故适当减小弹径 d 可增加侵彻深度。

表 1.5.1　Qian et al.(2000) 的无量纲试验数据

试验编号	N^*	I^*	λ	S	N	I	$\left(\dfrac{X}{d}\right)_{\text{anal}}$	$\left(\dfrac{X}{d}\right)_{\text{test}}$
1-I3-1	0.294	66.31	7.57	12.98	25.75	5.11	2.97	3.68
1-I3-2	0.294	66.71	7.57	12.98	25.75	5.14	2.98	3.75
1-I4-1	0.294	99.97	7.57	12.98	25.75	7.70	4.29	4.74
1-I4-2	0.294	100.93	7.57	12.98	25.75	7.78	4.33	4.74
1-I5-1	0.294	158.77	7.57	12.98	25.75	12.23	6.37	6.13
1-I5-2	0.294	139.94	7.57	12.98	25.75	10.78	5.73	5.73
1-I6-1	0.294	208.96	7.57	12.98	25.75	16.10	7.96	8.10
1-I6-2	0.294	218.12	7.57	12.98	25.75	16.80	8.23	7.71
HeYB	0.159	75.12	12.43	12.54	78.35	5.99	3.68	4.86

针对刚性弹正侵彻半无限靶的最大侵彻深度，Jones and Rule(2000) 开展了考虑摩擦的头形几何优化的分析。尽管本节假设常摩擦系数且使用简单摩擦准则，仍可表明摩擦对头形优化有重要影响，与 Forrestal et al.(1988) 观察一致，当摩擦系数由 0.02 变化到 0.1 时，侵彻深度可有 25% 的变化。因为高压高速时摩擦阻力非定常，原则上不能简单用常摩擦系数定义，因此如何估计侵彻过程中的摩擦阻力是非常复杂的。表 1.4.1~ 表 1.4.5 中摩擦系数来自 Forrestal 的相关论文，根据参数分析拟合试验数据获得，因此可认为分析模型采用了侵彻过程中摩擦效应的平均值。为估算侵彻中的摩擦效应，理论模型完全忽略摩擦重新计算给出侵彻深度，如图 1.5.2 所示。显然，与试验结果符合较好，因此可认为摩擦效应是二阶的，表明方程 (1.3.17) 或 $X/d = 0.5I$ 即使在不计摩擦时也是可用的。

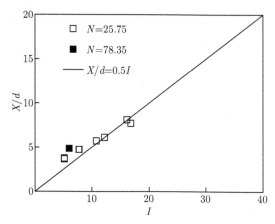

图 1.5.1　截卵形弹侵彻混凝土靶的无量纲侵彻深度 X/d 随撞击函数 I 的变化

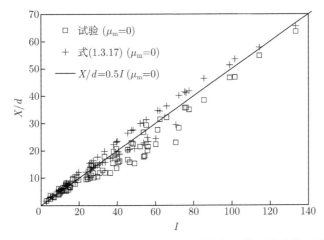

图 1.5.2 铝合金靶中无量纲侵彻深度 X/d 随撞击函数 I 的变化 (不计摩擦)

靶材应变率效应对侵彻应有影响, 但在动态空腔膨胀模型中未考虑。所有的经验公式在其显式表达中也忽略了应变率效应。但事实上, 如方程 (1.3.4b) 中材料参数 A 是由试验数据拟合得到的, 可认为间接包含了应变率及其他因素的影响。

金属靶侵彻试验多采用应变率不敏感的铝合金。另一方面, 侵彻过程中温升导致靶材软化也可能削弱应变率的硬化效应, 因此, 应变率硬化与热软化综合导致其在侵彻中作用不明显。但仍非常有必要在动态空腔膨胀理论中考虑应变率和热软化, 以分析在侵彻中各自的作用。

伴随撞击速度增加, 撞击函数增加, 但由于弹体破坏侵蚀等, 弹体的侵彻能力可能显著下降。大量的试验研究 (Piekutowski et al, 1999; Forrestal and Piekutowski, 2000; Hazell et al, 1998) 已证实了这种转变现象。为获得弹体最佳侵彻能力, 研究不同侵彻区域的转变现象有重要的理论和实际价值, 该工作将在本书第 16 章进行。

1.6 刚性弹侵彻阻力的一般表达式

1.6.1 引言

在刚性弹侵彻力学研究中, 动态球/柱形空腔膨胀模型是公认的最有效的理论分析方法之一。如前所述, 在 Forrestal 工作基础上, Chen and Li(2002) 以及 Li and Chen(2003) 指出, 刚性弹的侵彻力学仅由两个无量纲物理量 (即撞击函数 I 和弹头形状函数 N) 控制其侵彻过程。

更一般地, 由于侵彻问题的靶介质逐渐多样化, 动态空腔膨胀模型也已应用于金属、混凝土之外的岩石、泥土和陶瓷等介质的深层侵彻问题 (Hanagud and Rose, 1971; Norwood, 1974; Yankelevsky and Adin, 1980; Yankelevsky et al, 1980;

Forrestal et al, 1981, 1991, 1994, 1995, 1996; Luk and Forrestal, 1987; Forrestal and Luk, 1988, 1992a, b), 侵彻阻力已不仅仅包括靶材静强度项和流动阻力 (速度二次方)。

新近应用于混凝土和陶瓷等靶介质的动态空腔膨胀理论, 其侵彻阻力计算还包括靶材的粘性效应 (速度一次方); 其次, 当靶材为高聚物或多孔材料时, 靶板的粘性效应也很重要; 另外, 由于钻地武器的研制和弹材的改进, 刚性弹高速侵彻的速度上限已由原来的 $900 \sim 1000$ m/s 上升到接近 1500m/s, 高速侵彻导致的附加质量的作用更加明显, 而该项在动态空腔膨胀理论推导中因为数学简化而经常忽略。因此, 侵彻阻力 (应力) 表达式还应包括靶材的粘性项和附加质量项, 也即

$$\sigma = a + bV_c + cV_c^2 + d\dot{V}_c \tag{1.6.1}$$

其中 a、b、c 和 d 是材料系数。在数学上, 侵彻阻力还可更一般地表示为关于速度的级数展开式 (Li et al, 2005)。但通常认为, 式 (1.6.1) 就是侵彻阻力的一般表达式。自 20 世纪 50 年代给出侵彻阻力的一般表达式后, 伴随多种靶材的高速侵彻问题的研究, 人们越来越关注起它在侵彻力学研究中的应用。

以下分析将从侵彻阻力的一般表达式出发, 根据量纲分析、动态空腔膨胀模型及相关试验分析, 在已提出的撞击函数 I 和弹头形状函数 N 两个无量纲物理量之外, 建议给出控制刚性弹侵彻过程的第三无量纲物理量, 即阻尼函数 ξ, 同时给出无量纲侵彻深度的解析公式, 研究并讨论阻尼函数 ξ 的应用范围及其作用效应。分析表明, 这三个无量纲物理量几乎可以完全表征不同形状刚性弹在不同速度下侵彻典型目标的试验数据。

1.6.2 侵彻阻力的一般表达式

下面的侵彻阻力分析采用动态空腔膨胀理论的积分形式进行。仍如图 1.3.1 所示, 对于具有一般凸形头部形状的刚性弹垂直侵彻半无限靶的情形, 考虑作用在弹丸头部表面任一点的正向应力 σ_n 和空腔膨胀速度 V_c, 该点法向与弹丸轴向夹角为 θ。弹丸的初始撞击速度是 V_i, 其侵彻过程中的瞬时速度是 V。则该点的侵彻阻力 (应力) 的无量纲一般表达式为

$$\sigma_n = AY + C\sqrt{\rho Y} \cdot V_c + B\rho V_c^2 + D\rho d \cdot \dot{V}_c \tag{1.6.2}$$

方程右边第二项是粘性项, 最后一项是由弹丸高速侵彻的减速度效应产生的附加质量项。其中 Y、ρ、A、B 与 1.3 节的定义相同, 而 C 和 D 是另外定义的靶材无量纲常数。类似于 1.3 节, 可积分给出作用在弹丸头部的轴向总阻力为

$$F = \frac{\pi d^2}{4}\left[AYN_1 + B\rho V^2 N_2 + \left(C\sqrt{\rho Y} \cdot V + D\rho d \cdot \dot{V} \right) N_3 \right] \tag{1.6.3}$$

式中，N_1、N_2 和 N_3 都是与弹丸头部形状和摩擦系数有关的无量纲形状系数，且 N_1 和 N_2 已在 1.3 节定义，以下描述仍继续沿用。根据侵彻阻力的积分式，N_3 定义为

$$N_3 = N^{**} + \frac{4\mu_{\mathrm{m}} \oiint_{A_{\mathrm{n}}} \cos\theta \sin\theta \mathrm{d}A}{\pi d^2} \tag{1.6.4}$$

N^{**} 和 1.3 节定义的 N^* 同为弹头形状因子，用于描述侵彻过程中刚性弹头部形状的影响。如果用一般化的母线函数 $y = y(x)$ 来描述凸形弹头头部形状，式 (1.6.4) 可变化为

$$N_3 = N^{**} - \frac{8\mu_{\mathrm{m}}}{d^2} \int_0^h \frac{yy'}{\sqrt{1 + y'^2}} \mathrm{d}x \tag{1.6.5}$$

而对应的弹头形状因子是

$$N^{**} = \frac{4 \oiint_{A_{\mathrm{n}}} \cos^2\theta \mathrm{d}A}{\pi d^2} = \frac{8}{d^2} \int_0^h \frac{yy'^2}{\sqrt{1 + y'^2}} \mathrm{d}x \tag{1.6.6}$$

特别地，若不计侵彻过程的摩擦效应，即 $\mu_{\mathrm{m}} = 0$ 时，有 $N_1 = 1$，$N_2 = N^*$，$N_3 = N^{**}$，无量纲形状系数完全由弹丸头部形状决定。形状系数 N_1 和 N_2 分别出现在无量纲撞击函数 I 和弹头形状函数 N 中。从 1.7 节的分析中将看到，形状系数 N_3 将在修正质量项中体现。

1.7 刚性弹侵彻动力学中的第三无量纲数

1.7.1 典型弹头的形状参数

一般而言，较复杂的凸形弹头头部，其形状系数 N_1、N_2 与 N_3 与形状因子 N^*、N^{**} 都需要利用数值积分得到，而应用于武器工程的一些典型弹头形状则可显式给出。1.3.1 节已详细给出了相关弹头形状系数 N_1 和 N_2 以及形状因子 N^*，这里不再重复。读者可据此计算相应的 N_1、N_2 和 N^*。下面仅给出对应弹头头形的形状系数 N_3 和形状因子 N^{**}。

尖卵形弹头形状系数 N_3 和形状因子 N^{**} 为

$$N_3 = N^{**} + 4\mu_{\mathrm{m}}\psi^2 \left\{ \frac{1}{2\psi} - \frac{1}{3}\left[1 - \left(1 - \frac{1}{2\psi}\right)^3 \right] \right\} \tag{1.7.1a}$$

$$N^{**} = 4\sqrt{\frac{1}{\psi} - \frac{1}{4\psi^2}} \cdot \left(\psi^2 - \frac{1}{3}\psi + \frac{1}{12} \right) - 4\left(\psi^2 - \frac{\psi}{2} \right) \arcsin\sqrt{\frac{1}{\psi} - \frac{1}{4\psi^2}} \tag{1.7.1b}$$

尖锥形弹头的形状系数 N_3 和形状因子 N^{**} 为

$$N_3 = N^{**} + \frac{2\mu_{\mathrm{m}}\psi}{\sqrt{4\psi^2+1}} \tag{1.7.2a}$$

$$N^{**} = \frac{1}{\sqrt{4\psi^2+1}} \tag{1.7.2b}$$

钝头弹头的形状系数 N_3 和形状因子 N^{**} 为

$$N_3 = N^{**} + \frac{\mu_{\mathrm{m}}}{3\psi} \tag{1.7.3a}$$

$$N^{**} = \frac{8\psi^2}{3}\left[1-\left(1-\frac{1}{4\psi^2}\right)^{3/2}\right] \tag{1.7.3b}$$

由尖卵形弹和钝头弹可逼近得到半球形弹的形状系数 N_3 和形状因子 N^{**} 分别为 $N_3 = \frac{2}{3}(1+\mu_{\mathrm{m}})$，$N^{**} = \frac{2}{3}$，1.3.1 节已给出其 $N_1 = 1+\frac{\mu_{\mathrm{m}}\pi}{2}$，$N_2 = \frac{1}{2}+\frac{\mu_{\mathrm{m}}\pi}{8}$，$N^* = \frac{1}{2}$。另外，对于平头弹，有 $N_3 = N^{**} = 1$，$N_1 = N_2 = N^* = 1$。

1.3 节关于形状系数 N_1、N_2 和形状因子 N^* 已有讨论。即使考虑侵彻时的滑动摩擦，取值上也有 $N_1 \approx 1$，$N_2 \approx N^*$，且 $0 < N^* \leqslant 1$。同理也可推导得 $N_3 \approx N^{**}$，且有 $0 < N^{**} \leqslant 1$。与 N^* 相同，N^{**} 值越小，弹头形状越尖。

图 1.7.1～图 1.7.3 分别给出尖卵形弹、尖锥形弹和钝头弹的形状因子 N^*、N^{**} 和 N^{**2} 随各自定义的参数 ψ (见 1.3.1 节) 的变化。

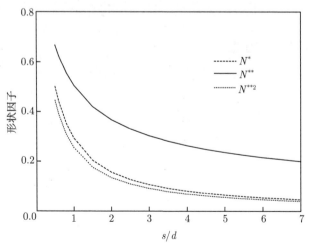

图 1.7.1　尖卵形弹的 N^*、N^{**} 和 N^{**2} 随 $\psi = s/d$ 的变化

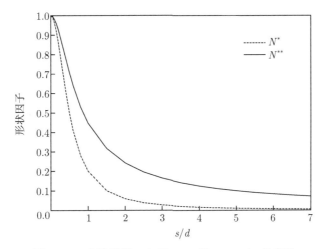

图 1.7.2 尖锥形弹 N^* 和 N^{**} 随 $\psi = s/d$ 的变化

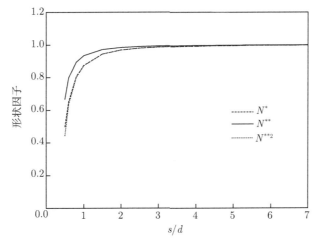

图 1.7.3 钝头弹 N^*、N^{**} 和 N^{**2} 随 $\psi = s/d$ 的变化

根据图 1.7.1~ 图 1.7.3，显然有 $0 < N^* \leqslant N^{**} \leqslant 1$。由尖锥形弹的形状因子 N^* 和 N^{**} 的数学关系 $N^{**} = \sqrt{N^*}$，可进一步推广假设所有的凸头弹头的形状因子 N^* 和 N^{**} 也存在近似的平方关系

$$N^* = N^{**2} \tag{1.7.4}$$

这可以从弹头形状因子的数学定义式 (1.6.6) 和式 (1.3.6c) 近似得到证明，图 1.7.1~ 图 1.7.3 也给出了相应佐证。

客观地说，无量纲形状系数 N_1、N_2 和 N_3 以及形状因子 N^* 和 N^{**} 的数学定义，避免了侵彻与穿甲动力学中各经验公式对弹体头部形状的含糊描述。

1.7.2 第三无量纲数和侵彻深度

利用牛顿定律，方程 (1.6.3) 可改写为

$$-M_{\mathrm{m}}\dot{V} = -M_{\mathrm{m}}V\frac{\mathrm{d}V}{\mathrm{d}x} = \frac{\pi d^2}{4}AYN_1\left(1 + \frac{BN_2}{AN_1}\frac{\rho V^2}{Y} + \frac{CN_3}{AN_1}\sqrt{\frac{\rho V^2}{Y}}\right) \tag{1.7.5}$$

其中，弹体质量 M 在计及附加质量项后修正为

$$M_{\mathrm{m}} = M + \frac{\pi\rho d^3}{4}DN_3 \tag{1.7.6}$$

式 (1.7.5) 与式 (1.3.4b) 的区别在于其右边增加了第 3 项。积分式 (1.7.5) 可以推导出刚性弹的无量纲侵彻深度。计及初始条件 $V = V_{\mathrm{i}}$，变换式 (1.7.5) 得

$$\frac{\pi d^2}{4}\frac{AYN_1}{M_{\mathrm{m}}}X = -\int_{V_{\mathrm{i}}}^{0} \frac{V\mathrm{d}V}{1 + \dfrac{BN_2}{AN_1}\dfrac{\rho V^2}{Y} + \dfrac{CN_3}{AN_1}\sqrt{\dfrac{\rho V^2}{Y}}}$$

$$= \int_{\frac{CN_3}{2BN_2}\sqrt{\frac{Y}{\rho}}}^{V_{\mathrm{i}}+\frac{CN_3}{2BN_2}\sqrt{\frac{Y}{\rho}}} \frac{U\mathrm{d}U - \dfrac{CN_3}{2BN_2}\sqrt{\dfrac{Y}{\rho}}\mathrm{d}U}{\dfrac{BN_2}{AN_1}\dfrac{\rho}{Y}U^2 + \left(1 - \dfrac{C^2N_3^2}{4ABN_1N_2}\right)} \tag{1.7.7}$$

其中定义变换 $U = V + \dfrac{CN_3}{2BN_2}\sqrt{\dfrac{Y}{\rho}}$，因此有

$$\frac{X}{d} = \frac{2}{\pi d^3}\cdot\frac{M_{\mathrm{m}}}{B\rho N_2}\left\{\ln\left(\frac{BN_2}{AN_1}\frac{\rho V_{\mathrm{i}}^2}{Y} + \frac{CN_3}{AN_1}\sqrt{\frac{\rho V_{\mathrm{i}}^2}{Y}} + 1\right)\right.$$

$$\left. -\int_{\frac{CN_3}{2BN_2}\sqrt{\frac{Y}{\rho}}}^{V_{\mathrm{i}}+\frac{CN_3}{2BN_2}\sqrt{\frac{Y}{\rho}}} \frac{\dfrac{CN_3}{AN_1}\sqrt{\dfrac{\rho}{Y}}\mathrm{d}U}{\dfrac{BN_2}{AN_1}\dfrac{\rho}{Y}U^2 + \left(1 - \dfrac{C^2N_3^2}{4ABN_1N_2}\right)}\right\} \tag{1.7.8}$$

下面的数学推导仍将用到 1.3 节已定义的控制刚性弹侵彻过程的两个无量纲物理量，即撞击函数 I 和弹头形状函数 N。前面关于撞击函数 I 和弹头形状函数 N 的讨论已非常详细，这里不再赘述。进一步假设 $\dfrac{BN_2}{AN_1} = \varsigma^2$，$\dfrac{CN_3}{AN_1} = \alpha$，式 (1.7.8)

可简化为

$$\frac{X}{d} = \frac{2}{\pi}N\left\{ \ln\left(1 + \frac{\alpha}{\varsigma}\sqrt{\frac{I}{N}} + \frac{I}{N}\right) - \int_{\frac{\alpha}{2\varsigma^2}\sqrt{\frac{Y}{\rho}}}^{V_i + \frac{\alpha}{2\varsigma^2}\sqrt{\frac{Y}{\rho}}} \frac{\alpha\sqrt{\frac{\rho}{Y}}\mathrm{d}U}{\varsigma^2\frac{\rho}{Y}U^2 + \left(1 - \frac{\alpha^2}{4\varsigma^2}\right)} \right\} \tag{1.7.9}$$

定义一无量纲数

$$\xi = \frac{\alpha^2}{4\varsigma^2} = \frac{C^2N_3^2}{4ABN_1N_2} \tag{1.7.10}$$

ξ 与方程 (1.6.3) 的粘性项密切相关，故定义 ξ 为由粘性项引起的无量纲阻尼函数。

根据 1.3 节和 1.6 节关于形状系数 N_1、N_2 和 N_3 的讨论，即使考虑侵彻时的滑动摩擦作用，也有关系式 $N_1 \approx 1$，$N_2 \approx N^*$，$N_3 \approx N^{**}$，在不计摩擦时上述三式的等号严格成立。将式 (1.7.4) 代入式 (1.7.10)，可得

$$\xi = \frac{C^2}{4AB} \tag{1.7.11}$$

由此可知，无量纲阻尼函数 ξ 与弹头几何无关，仅是靶材性质系数的反映。

进一步引入变换 $\bar{U} = \varsigma\sqrt{\frac{\rho}{Y}}U = \sqrt{\frac{BN_2}{AN_1}\frac{\rho}{Y}}\cdot U$，可以推导出刚性弹撞击的无量纲侵彻深度

$$\frac{X}{d} = \frac{2}{\pi}N\left\{ \ln\left(1 + 2\sqrt{\xi\frac{I}{N}} + \frac{I}{N}\right) - \int_{\sqrt{\xi}}^{\sqrt{I/N}+\sqrt{\xi}} \frac{2\sqrt{\xi}\mathrm{d}\bar{U}}{\bar{U}^2 + (1 - \xi)} \right\} \tag{1.7.12}$$

其中 $\bar{U}$ 仅是积分过程的中间变量。

由式 (1.7.12) 可知，仅三个无量纲物理量，即撞击函数 I、弹头形状函数 N 和阻尼函数 ξ，完全可以控制刚性弹的无量纲侵彻深度。除 I 和 N 之外，无量纲阻尼函数 ξ 是刚性弹侵彻动力学中的第三无量纲数。

根据 ξ 的定义和式 (1.7.12) 的积分区间，可知 $0 \leqslant \xi \leqslant \bar{U}^2$；因此在不同情形下，式 (1.7.12) 在数学上可分别得到最终的表达式。

如果不计粘性项，即 $C = 0$ 或 $\xi = 0$，无量纲侵彻深度表达式为

$$\frac{X}{d} = \frac{2}{\pi}N\ln\left(1 + \frac{I}{N}\right) \tag{1.7.13}$$

与式 (1.3.17) 完全一致。

当 $0 < \xi < 1$ 时，因为 $(1 - \xi) > 0$，式 (1.7.12) 简化为

$$\frac{X}{d} = \frac{2}{\pi}N\left\{ \ln\left(1 + 2\sqrt{\xi\frac{I}{N}} + \frac{I}{N}\right) \right.$$

$$- \frac{2\sqrt{\xi}}{\sqrt{1-\xi}} \left[\arctan \left(\frac{\sqrt{I/N}+\sqrt{\xi}}{\sqrt{1-\xi}} \right) - \arctan \left(\frac{\sqrt{\xi}}{\sqrt{1-\xi}} \right) \right] \Bigg\} \quad (1.7.14)$$

当 $\xi = 1$ 时，无量纲侵彻深度可表示为

$$\frac{X}{d} = \frac{4N}{\pi} \left[\ln \left(1 + \sqrt{I/N} \right) + \frac{1}{1+\sqrt{I/N}} - 1 \right] \quad (1.7.15)$$

而当 $\xi > 1$ 时，因为 $\xi - 1 > 0$，式 (1.7.12) 则简化为

$$\frac{X}{d} = \frac{2}{\pi} N \Bigg\{ \ln \left(1 + 2\sqrt{\xi \frac{I}{N}} + \frac{I}{N} \right) - \sqrt{\frac{\xi}{\xi-1}} \ln \left(1 + \frac{2\sqrt{\xi-1}}{\sqrt{I/N}+\sqrt{\xi}-\sqrt{\xi-1}} \right)$$

$$+ \sqrt{\frac{\xi}{\xi-1}} \ln \left(1 + \frac{2\sqrt{\xi-1}}{\sqrt{\xi}-\sqrt{\xi-1}} \right) \Bigg\} \quad (1.7.16)$$

更进一步，根据动态空腔膨胀理论和试验结果，一般有 $A > B$，$A > C$，$B \sim C$，因此必然有 $\xi < 1$。换言之，无量纲侵彻深度仅在 $\xi < 1$ 时成立，即仅有式 (1.7.13) 和式 (1.7.14) 有真实的物理意义。

1.8　考虑阻尼函数的试验分析

本节针对已公开发表的侵彻试验数据，考虑无量纲阻尼函数 ξ 的影响，利用 1.7 节的理论结果和作者先前的研究工作进行比较分析。所采用的试验数据均在刚性弹假设范围内。

1.8.1　对金属的侵彻

根据三个无量纲数 I、N、ξ 的定义，将 1.4 节铝合金靶侵彻的所有试验数据进行重新组合整理，类似地，分析未包括其中不满足刚性弹假设的高速撞击数据。

在考虑了应变硬化和应变率敏感性后，Warren and Forrestal(1998) 首次引入了速度一次项，给出了 6061-T6511 铝合金靶的 A、B、C 的值（$A = 5.04$，$B = 0.983$，$C = 0.94$）。本节分析的所有铝材都近似采用该 C 值，即 $C = 0.94$。表 1.8.1 给出相关文献的靶材参数。

表 1.8.1　侵彻试验材料参数

材料类型	密度ρ/ (kg/m^3)	泊松比 ν	屈服强度 Y/MPa	弹性模量 E/GPa	硬化指数n	A	B	C	数据来源
6061-T651 铝合金靶	2710	1/3	400	69		3.637	1.041	0.94*	Forrestal et al.(1988)
6061-T651 铝合金靶	2710	1/3	276	68.9	0.051	4.407	1.133	0.94*	Forrestal et al.(1991)
7075-T651 铝合金靶	2710	1/3	448	73.1	0.089	4.418	1.068	0.94*	Forrestal and Luk(1992b)
6061-T6511 铝合金靶	2710	1/3	276	68.9	0.051	5.04	0.983	0.94	Piekutowski et al.(1999)和 Forrestal and Piekutowski (2000)

* 号表示 C 值均采用 Warren and Forrestal(1998) 中提供的值

1.4 节利用撞击函数 I 和弹体几何函数 N 对以上试验数据已有分析, 本节仍沿用相应的 I 和 N, 但引入无量纲阻尼函数 ξ, 因此侵彻深度将有所不同, 这里同时给出两种理论分析值。

图 1.8.1 给出了对应于不同 N 值下铝合金靶侵彻深度 X/d 的试验结果 (Forrestal et al, 1988, 1991, 1992b, 2000; Piekutowski et al, 1999) 与计及无量纲阻尼函数 ξ 的理论预期随 I 的变化。尽管弹头形状、靶材和初速不同, 但图 1.8.1 仍较好地

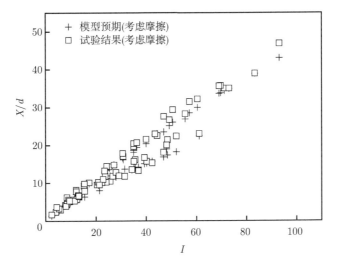

图 1.8.1　不同 N 值下 X/d 的试验结果与理论预期随 I 的变化

表示了全部试验数据。从图中可以看出，在 I 值较大时，无量纲侵彻深度的预期值要小于试验值。

图 1.8.2 和图 1.8.3 分别表示尖卵形弹和半球形弹侵彻 6061-T6511 铝合金靶的试验结果与理论预期的比较。图 1.8.4 是尖锥形弹侵彻 6061-T651 铝合金靶的试验结果与理论预期的比较，并与 Chen and Li(2002) 的计算结果进行对比。可以看出，Chen and Li(2002) 的分析基本是试验数据的上包络线，而考虑阻尼函数 ξ 的分析则基本是试验数据的下包络线，理论分析与试验结果相吻合。

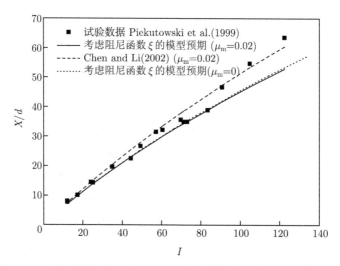

图 1.8.2　尖卵形弹侵彻 6061-T6511 铝合金靶的试验结果与理论预期

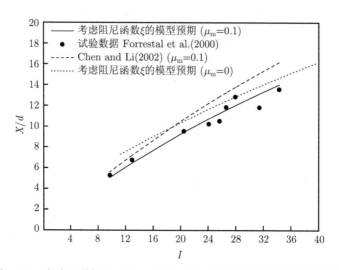

图 1.8.3　半球形弹侵彻 6061-T6511 铝合金靶的试验结果与理论预期

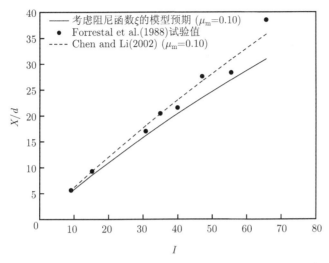

图 1.8.4   尖锥形弹侵彻 6061-T651 铝合金靶的试验结果与理论预期

分析可知,当靶材确定后,其无量纲阻尼函数 ξ 值也确定,弹头形状几何参数和摩擦对 ξ 值的影响非常有限。一般而言,侵彻深度试验值稍小于 Chen and Li(2002) 仅由撞击函数 I 和弹体几何函数 N 控制侵彻过程的分析,但也稍大于本节模型引入第三无量纲数后的分析值,尤其在较高速度 (撞击函数 I) 下更明显。

各次试验分析对应的 I 和 N 在 1.4 节和本节工作中是相互一致的。由图 1.8.1~图 1.8.4 可知,引入 ξ 后侵彻深度分析值的减少量较之 Chen and Li(2002) 不会超过 15%。因此可清晰得到,无量纲阻尼函数 ξ 对侵彻的影响没有 I 和 N 那么显著。在控制侵彻过程的三个无量纲数中,撞击函数 I 最敏感;弹体几何函数 N 次之,N 值较小时对侵彻深度影响显著,但当其足够大 $(N > 100)$ 时,N 不再敏感;ξ 的影响最小。无论浅层或深层侵彻,ξ 对侵彻深度结果的影响是小量且比较固定。

1.8.2 对混凝土的侵彻

本节对 Forrestal et al.(1996) 尖卵形刚性弹侵彻混凝土靶的试验数据进行分析。Li and Chen(2003) 利用反映混凝土冲击特性的无量纲材料常数的经验关系式 $S = 72 f_{\mathrm{c}}^{-0.5} (f_{\mathrm{c}}$ 单位为 MPa),忽略摩擦效应 (即 $\mu_{\mathrm{m}} = 0$,$N_1 = 1$,$N_2 = N^*$),引入混凝土侵彻的撞击函数 $I = I^*/S$ 和弹体几何函数 $N = \lambda/N^*$,对包括 Forrestal et al.(1996) 在内的大量混凝土侵彻试验进行了分析,其中 $B = 1.0$,A 值的计算用 $\tau_0 A = S f_{\mathrm{c}}$ 替代。

与之不同的是,本节利用 I 和 N 的一般定义,并考虑无量纲阻尼函数 ξ,忽略摩擦效应,即 $\mu_{\mathrm{m}} = 0$,有 $N_1 = 1$,$N_2 = N^*$,$N_3 = N^{**}$。将 Forrestal and Tzou(1997) 得到的混凝土在不同材料模型下的 A、B 和 C 值推广应用到 Forrestal et al.(1996)

的试验分析 (表 1.8.2)，而其他参数均为试验中的实际数据。

表 1.8.2   混凝土靶材 A、B 和 C 的值

模型	A	B	C
可压缩弹–塑性	4.5	1.29	0.75
可压缩弹–碎裂–塑性	3.45	1.12	1.60

　　图 1.8.5 是尖卵形弹侵彻混凝土的试验结果与理论分析，并与 Li and Chen (2003) 的计算结果相比较。同样，Li and Chen(2003) 的分析基本是试验数据的上包络线，而引入 ξ 的本节分析则是试验数据的下包络线。ξ 对侵彻深度结果分析值的影响也是小量且比较固定的，引入 ξ 后侵彻深度分析值的减少量较之 Li and Chen(2003) 不会超过 15%。理论分析与试验结果相吻合。另外，可压缩弹–塑性材料模型对应的计算结果要比考虑碎裂区的计算结果更接近试验数据。

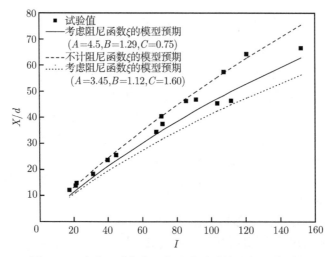

图 1.8.5　尖卵形弹侵彻混凝土的试验结果与理论预期

1.9　关于第三无量纲数的讨论

　　刚性弹假设常应用于深层侵彻的力学模型建立和试验结果分析，在实际应用中存在速度上限。若侵彻速度超过该上限值，弹体将严重侵蚀、破坏或失效，导致其侵彻能力显著下降，进入半流体侵彻范围，此时应采用 Alekseevskii-Tate 模型。不同靶介质对应的刚性弹适用的速度上限是不同的。一般认为，对常规混凝土深层侵彻，刚性弹适用的速度上限是 900~1000 m/s；若进一步提高弹材性能，优化弹体的几何设计，并控制着靶姿态，在现有的弹材水平上，刚性弹适用的速度上限可望提高到接近 1500m/s。

针对不同的靶介质 (如金属、混凝土、陶瓷、岩石、泥土等) 的深层侵彻已有大量的试验研究结果,Forrestal 发展的动态空腔膨胀模型推导得到 Poncelet 型侵彻阻力公式,并已应用于相关试验结果的分析。Chen and Li(2002) 和 Li and Chen(2003) 在提出控制侵彻过程的两个无量纲数 I 和 N 后,也对已公开发表的大量试验数据进行比较分析并得到非常一致的结果。

须指出的是,Forrestal and Tzou(1997) 在考虑了混凝土的破碎区及可压缩特性后,引入速度一次项 (但未对弹体质量进行修正),已给出了尖卵形刚性弹侵彻混凝土靶的侵彻阻力和侵彻深度的计算公式,其结果与 1.7 节 (Chen et al, 2008) 相近。两者的区别在于,在无量纲数 I 和 N 之外,1.7 节 (Chen et al, 2008) 计及速度一次项和弹体质量修正,明确定义控制侵彻过程的第三无量纲数,证明它仅与靶体材料性质相关;针对一般凸形弹头的侵彻问题开展分析,得到一般化的侵彻阻力和无量纲侵彻深度的计算公式;同时给出多个常用弹头的形状参数,令其应用范围更广。

1.7 节给出了计算刚性弹撞击半无限靶无量纲侵彻深度的通用公式和方法。无量纲侵彻深度取决于三个无量纲数,即撞击函数 I、弹头形状函数 N 和阻尼函数 ξ。这三个无量纲数都有明确的物理含义。ξ 表征由于弹/靶接触引起的阻尼影响,它跟弹靶材料性质有关,如可压缩、破碎区、粘塑性以及塑性软硬化等。ξ 的引入将导致侵彻阻尼的增加,从而减小侵彻深度。试验分析表明,ξ 对侵彻的影响没有 I 和 N 那么显著。在控制侵彻过程的三个无量纲数中,撞击函数 I 最敏感;弹体几何函数 N 次之。较小 N 值对侵彻深度影响显著,但当其足够大 ($N > 100$) 时,N 不再敏感。ξ 的影响最小,无论浅层或深层侵彻,ξ 对侵彻深度结果分析的影响是小量且比较固定的。

一般地,对于绝大多数靶材,$\xi < 1$。较之撞击函数 I 和弹头形状函数 N,上述试验分析表明,阻尼函数 ξ 非常小,$\xi \to 0$,因此式 (1.7.14) 可简化为

$$\frac{X}{d} = \frac{2}{\pi} N \left\{ \ln\left(1 + 2\sqrt{\xi\frac{I}{N}} + \frac{I}{N}\right) - 2\sqrt{\xi}\left[\arctan\left(\sqrt{I/N} + \sqrt{\xi}\right) - \arctan\left(\sqrt{\xi}\right)\right] \right\}$$

$$(1.9.1)$$

因为 $\dfrac{I}{N} = \dfrac{BN_2}{AN_1}\Phi_{\mathrm{J}}$,$\Phi_{\mathrm{J}} = \dfrac{\rho V_{\mathrm{i}}^2}{Y}$ 是 Johnson 破坏数,显然 $\dfrac{I}{N}$ 是与弹体修正质量无关的。弹体修正质量对侵彻深度的影响仅直接反映在式 (1.7.12)~ 式 (1.7.16) 和式 (1.9.1) 的右边项中首个弹头形状函数 N 中,因为 $N = \dfrac{M_{\mathrm{m}}}{BN_2\rho d^3}$,无量纲的侵彻深度与弹体质量成正比,考虑附加质量项的式 (1.7.6) 将增加弹体的侵彻深度。

在一般撞击速度下 (弹速范围),不需要考虑附加质量项 ($D = 0$)。但在高速撞击时,弹丸侵彻带动靶材流动,附加质量项的影响将更显著,引起侵彻深度增加。这里在对试验数据分析时,都假设 $D = 0$。在 I 值较小时,只考虑阻尼项的影响是

合理的, 这可以从图 1.8.2～ 图 1.8.5 的分析中得到印证。但当 I 值较大时, 只考虑阻尼对弹丸减速的影响, 未考虑附加质量带来的侵彻深度增加, 则得到的侵彻深度计算结果必然比试验结果偏低。今后还须针对不同弹头形状以及弹靶材料, 研究附加质量项对于弹丸侵彻的影响。

本章综合介绍刚性弹侵彻力学的相关理论。首先介绍动态空腔膨胀理论, 并将其应用于刚性弹深侵彻中, 定义撞击函数 I, 对各型弹头引入通用的几何函数 N, 据此给出无量纲的刚性弹深侵彻公式；并进一步针对侵彻阻力的一般表达式, 给出控制刚性弹侵彻过程的第三无量纲数, 即阻尼函数 ξ, 研究并讨论阻尼函数 ξ 的应用范围及其作用效应。

参 考 文 献

陈小伟, 李小笠, 陈裕泽, 武海军, 黄风雷. 2007. 刚性弹侵彻动力学中的第三无量纲数. 力学学报, 39(1): 77-84.

陈小伟. 2009. 穿甲/侵彻问题的若干工程研究进展. 力学进展, 39(3): 316-351.

Backman M E, Goldsmith W. 1978. The mechanics of penetration of projectiles into targets. Int J Eng Sci, 16: 1-99.

Bishop R F, Hill R, Mott N F. 1945. The theory of indentation and hardness tests. Proc Phys Soc, 57(Part 3): 147-159.

Chadwick P. 1959. The quasi-static expansion of a spherical cavity in metals and ideal soils. Quarterly Journal of Mechanics and Applied Mathematics, 12(1): 52-71.

Chakrabarty J. 1987. Theory of Plasticity. New York: McGraw-Hill.

Chen X W, Li Q M. 2002. Deep penetration of a non-deformable projectile with different geometrical characteristics. Int J Impact Eng, 27: 619-637.

Chen X W, Li X L, Huang F L, Wu H J, Chen Y Z. 2008. Damping function in the penetration/perforation struck by rigid projectiles. Int J Impact Eng, 35(11): 1314-1325.

Chen X W. 2003. Dynamics of metallic and reinforced concrete targets subjected to projectile impact. PhD thesis. Singapore: Nanyang Technological University.

Corbett G G, Reid S R, Johnson W. 1996. Impact loading of plates and shells by free-flying projectiles: a review. Int J Impact Eng, 18: 141-230.

Forrestal M J, Altman B S, Cargile J D, Hanchak S J. 1994. An empirical equation for penetration depth of ogive-nose projectiles into concrete targets. Int J Impact Eng, 15(4): 395-405.

Forrestal M J, Brar N S, Luk V K. 1991. Penetration of strain-hardening targets with rigid spherical-nose rods. Trans ASME J Appl Mech, 58(1): 7-10.

Forrestal M J, Frew D J, Hanchak S J, Brar N S. 1996. Penetration of grout and concrete targets with ogive-nose steel projectiles. Int J Impact Eng, 18(5): 465-476.

Forrestal M J, Luk V K. 1988. Dynamic spherical cavity-expansion in a compressible elastic-plastic solid. Trans ASME J Appl Mech, 55: 275-279.

Forrestal M J, Luk V K. 1990. Perforation of aluminium armor plates with conical-nose projectiles. Mech Mater, 10: 97-105.

Forrestal M J, Luk V K. 1992a. Penetration into soil targets. Int J Impact Eng, 12: 427-444.

Forrestal M J, Luk V K. 1992b. Penetration of 7075-T651 aluminum targets with ogival-nose rods. Int J Solids Struct, 29: 1729-1736.

Forrestal M J, Longcope D B, Norwood F R. 1981. A model to estimate forces on conical penetrators into dry porous rock. J Appl Mech, 18: 25-29.

Forrestal M J, Norwood F R, Longcope D B. 1981. Penetration into targets described by locked hydrostats and shear strength. Int J Solids Struct, 17(9): 915-924.

Forrestal M J, Okajima K, Luk V K. 1988. Penetration of 6061-T651 aluminum targets with rigid long rods. Trans ASME J Appl Mech, 55: 755-760.

Forrestal M J, Piekutowski A J. 2000. Penetration experiments with 6061-T6511 aluminium targets and spherical-nose steel projectiles at striking velocities between 0.5 and 3.0 km/s. Int J Impact Eng, 24: 57-67.

Forrestal M J, Tzou D Y, Askari E, Longcope D B. 1995. Penetration into ductile metal targets with rigid spherical-nose rods. Int J Impact Eng, 16: 699-710.

Forrestal M J, Tzou D Y. 1997. A spherical cavity-expansion penetration model for concrete targets. Int J Solids Struct, 34: 4127-4146.

Forrestal M J. 1986. Penetration into dry porous rock. Int J Solids Struct, 22(12): 1485-1500.

Frew D J, Hanchak S J, Green M L, Forrestal M J. 1998. Penetration of concrete targets with ogive-nose steel rods. Int J Impact Eng, 21: 489-497.

Goldsmith W. 1999. Review: non-ideal projectile impact on targets. Int J Impact Eng, 22(2): 95-395.

Goodier J N. 1965. On the mechanics of indentation, cratering in solid targets of strain-hardening metal by impact of hard and soft spheres. AIAA Proceedings of the Seventh Symposium on Hypervelocity Impact, III: 215-259.

Hanagud S, Rose B. 1971. Large deformation, deep penetration theory for a compressible strain-hardening target material. AIAA J, 19(5): 905-911.

Hazell P J, Fellows N A, Hetherington J G. 1998. A note on the behind armour effects from perforated alumina/aluminium targets. Int J Impact Eng, 22: 589-595.

Hill R. 1948. A theory of earth movement near a deep underground explosion. Kent, UK: Memo No. 21-48, Armament Research Establishment, Front Halstead.

Hill R. 1950. The Mathematical Theory of Plasticity. London: Oxford University Press.

Hill R. 1980. Cavitation and the influence of headshape in attack of thick targets by non-deforming projectiles. J Mech Phys Solids, 28: 249-263.

Hopkins H G. 1960. Dynamic expansion of spherical cavities in metals//Sneddon IN, Hill R. Progress in solid mechanics, vol. 1. Amsterdam. New York: North-Holland Publishing Co.

Hunter S C, Crozier R J M. 1968. Similar solution for the rapid uniform expansion of a spherical cavity in a compressible elastic-plastic solid. Quarterly Journal of Mechanics and Applied Mathematics, 21(4): 467-486.

Jones S E, Rule W K. 2000. On the optimal nose geometry for a rigid penetrator, including the effects of pressuredependent friction. Int J Impact Eng, 24: 403-415.

Li Q M, Chen X W. 2003. Dimensionless formulae for penetration depth of concrete target impacted by a non-deformable projectile. Int J Impact Eng, 28(1): 93-116.

Li Q M, Reid S R, Wen H M, Telford A R. 2005. Local impact effects of hard missiles on concrete targets. Int J Impact Eng, 32(1-4): 224-284.

Luk V K, Forrestal M J, Amos D E. 1991. Dynamics spherical cavity expansion of strain-hardening materials. Trans ASME J Appl Mech, 58(1): 1-6.

Luk V K, Forrestal M J. 1987. Penetration into semi-infinite reinforced concrete targets with spherical and ogival nose projectiles. Int J Impact Eng, 6(4): 291-301.

Norwood F R. 1974. Cylindrical cavity expansion in a locking soil. Sandia Laboratories: SLA-74-0201.

Piekutowski A J, Forrestal M J, Poormon K L, Warren T L. 1996. Perfoation of aluminum plates with ogive-nose steel rods at normal and oblique impacts. Int J Impact Eng, 18(7-8): 877-887.

Piekutowski A J, Forrestal M J, Poormon K L, Warren T L. 1999. Penetration of 6061-T6511 aluminium targets by ogivenose steel projectiles with striking velocities between 0.5 and 3.0 km/s. Int J Impact Eng, 23: 723-734.

Qian L X, Yang Y B, Liu T. 2000. A semi-analytical model for truncated-ogive-nose projectiles penetration into semifinite concrete targets. Int J Impact Eng, 24: 947-955.

Warren T L, Forrestal M J. 1998. Effects of strain hardening and strain-rate sensitivity on the penetration of aluminum targets with spherical-nose rods. Int J Solids Struct, 35: 3737-3752.

Yankelevsky D Z, Adin M A. 1980. A simplified analytical method for soil penetration analysis. Int J Numer Anal Methods Geomech, 4: 223-254.

Yankelevsky D Z, et al. 1980. Nose shaped effect on high velocity soil penetration. Int J Mech Sci, 22(5): 297-311.

Young C W. 1969. Depth prediction for earth penetration projectiles. J Soil Mech Found Div ASCE, 95: SM3.

Zukas J A. 1982. Impact Dynamics. New York: Wiley.

第2章 刚性弹侵彻阻力和靶体等效分析

2.1 引 言

刚性弹侵彻厚靶板 (金属靶、混凝土靶等) 的研究几十年来一直是穿甲力学的研究热点之一，其中，关于侵彻阻力的分析是所有研究的基础。目前比较受到认可的是采用柱/球形动态空腔膨胀模型来求解靶体对弹丸的侵彻阻力。

如第 1 章所述，动态空腔膨胀模型通常给出的侵彻阻力为 (Chen and Li, 2002)

$$F = \frac{\pi d^2}{4} \left(A\sigma_{\mathrm{y}} N_1 + B\rho V^2 N_2 \right) \tag{2.1.1}$$

其中，d 为弹身直径，σ_{y} 为靶材屈服应力 (此处用 σ_{y} 表示屈服应力)，ρ 为靶材密度，A, B 为靶材的无量纲材料常数 (Forrestal and Luk, 1988，1992; Luk et al, 1991; Li and Chen, 2003)；V 为侵彻过程中弹丸瞬时速度，N_1、N_2 为与弹丸头部形状和摩擦系数 μ 有关的无量纲形状系数 (Chen and Li, 2002)。显然，弹体所受阻力由两部分组成: 其一为准静态阻力部分 (材料动强度项)$A\sigma_{\mathrm{y}} N_1$，其二是动态阻力部分 (惯性项) $B\rho V^2 N_2$。

关于材料动强度项和惯性项在侵彻阻力中的不同作用，一直也有不同的争论。其中较典型的是 Batra and Wright(1986) 在一系列的数值模拟中，通过对无限长半球形弹头刚性弹侵彻刚塑性材料靶板所受阻力的分析，发现式 (2.1.1) 中的材料常数 B 取值很小，仅为 0.0733，远小于常规分析中的取值，从而认为靶板阻力对侵彻速度的依赖要比动态空腔膨胀理论分析所得的依赖关系弱得多；Forrestal et al.(2003)、Frew et al.(2006) 针对混凝土靶侵彻试验分析，得知在其试验撞击速度范围内 ($<460\mathrm{m/s}$)，动态阻力部分 (惯性项) 的影响非常小；另外，Forrestal and Warren(2008) 在针对尖卵形弹侵彻铝合金靶板的分析中，也发现在一定撞击速度范围内侵彻阻力主要由材料动强度项决定；Rosenberg and Dekel(2009) 通过大量的数值试验，针对不同弹头形状 (尖锥、尖卵、半球和平头)，不同靶材 (铝合金靶和钢靶) 和不同撞击速度 ($<1.5\mathrm{km/s}$)，发现在一定速度范围内，侵彻阻力为常数，与速度几乎无关；但当撞击速度大于一定阈值时，包含材料动强度项和惯性项的动态空腔膨胀模型将适用，而该速度阈值与弹头形状和靶材紧密相关。同时，Rosenberg and Dekel(2009) 也分析了常侵彻阻力与弹头形状、靶材强度的依赖关系。

另一方面，缩比和同比的侵彻试验是深侵彻钻地弹预先研究和设计阶段中不可缺少的研究手段, 侵彻试验研究的靶材通常可包括金属、混凝土 (加筋和素混凝土)、土壤和岩石等。针对不同战标的弹体, 有必要对靶体进行恰当设计, 包括靶材、靶体强度、靶体几何尺寸、靶体边界等。

靶体设计需要同时考虑试验成本和试验合理性 (试验设计和试验结果) 两方面因素。选择不同靶材, 其相应的制作成本差异颇大。而不同靶材的试验数据可外推和相互比较, 以保证试验结果的客观性, 这也是试验分析中必须强调和注意的。在分析弹体屈曲时, 陈小伟等(2007) 讨论了金属靶和混凝土靶的等效性。若能找到弹体侵彻不同靶材之间的相似性及其转换关系, 从其中一类靶材试验的侵彻深度推知其他靶材的侵彻深度, 则可以选择成本较低和试验操作方便的靶体代替高成本靶体。在保证试验结果有效的情况下, 既可降低试验成本, 又可增加试验效率。因此, 靶体等效性的分析是必要和值得开展的。

第 1 章通过定义两个无量纲数, 即撞击函数 I 和弹头形状函数 N, 详细分析了控制刚性弹侵彻动力学的控制参数。事实上, 通过对 I 和 N 的讨论, 可以对动态空腔膨胀理论的材料动强度项和惯性项在侵彻阻力中的不同作用进行分析, 以及对靶体等效性得到更深刻的认识。本章即按此思路, 首先展开刚性弹对靶板的侵彻阻力再分析 (Chen and Li, 2014; 陈小伟和李继承, 2009), 得到与侵彻/数值试验一致的结论。然后沿用无量纲化的方法, 寻找相同弹丸在相同速度下撞击不同靶材的侵彻深度之间的联系, 并推导其比例关系; 结合相关试验数据, 检验各种靶材之间侵彻深度的比例关系, 讨论不同靶材等效替换的可行性 (李继承和陈小伟, 2009)。

2.2　侵彻深度公式的比较分析

第 1 章已给出刚性弹撞击不同靶材的无量纲侵彻深度公式, 其仅由撞击函数 I 和弹头形状函数 N 两个无量纲数控制 (Chen and Li, 2002; Li and Chen, 2003)。

$$\frac{X}{d} = \frac{2}{\pi} N \ln\left(1 + \frac{I}{N}\right) \tag{2.2.1}$$

侵彻一般对应于细长尖头弹体, 弹头形状函数 N 较大, 常有 $N > 100$, 且 $I < N$, 因此可对式 (2.2.1) 作泰勒展开, 有

$$\frac{X}{d} = \frac{2I}{\pi}\left[1 - \frac{I}{2N} + \frac{1}{3}\left(\frac{I}{N}\right)^2 + \cdots + (-1)^{n+1}\frac{1}{n}\left(\frac{I}{N}\right)^{n-1} + \cdots\right] \tag{2.2.2}$$

Chen and Li(2002) 进一步研究表明, X/d 更依赖于撞击函数 I, 当弹头形状函数 N 足够大时 (对应于细长尖头弹体的动能侵彻弹, 如钻地弹等), X/d 对 N 不敏感。若 $I \ll N$, 由式 (2.2.2) 可知其上限表达式为

$$\frac{X}{d} = \frac{2}{\pi}I \approx 0.637I \tag{2.2.3}$$

另一方面，Chen and Li(2002) 根据大量的试验数据分析经验，给出在 I/N 的较大取值范围内，无量纲侵彻深度 X/d 与撞击函数 I 存在更简单的线性关系：

$$\frac{X}{d} = \frac{1}{2}I \tag{2.2.4}$$

Forrestal and Warren(2008) 也给出了尖卵形弹 ($\psi=3$) 侵彻铝合金靶板的无量纲侵彻深度公式，并作泰勒展开后得出相应的两个近似表达式

$$\frac{X}{L_{\text{eff}}} = \frac{\rho_{\text{p}} V_{\text{i}}^2}{2\sigma_{\text{y}}} \tag{2.2.5}$$

$$\frac{X}{L_{\text{eff}}} = \frac{\rho_{\text{p}} V_{\text{i}}^2}{2\sigma_{\text{y}}} \left(1 - \frac{3N^* \rho_{\text{p}}}{4\sigma_{\text{y}}} V_{\text{i}}^2 \right) \tag{2.2.6}$$

式 (2.2.5) 和式 (2.2.6) 中，定义弹头体有效长度 L_{eff} 以及弹头形状系数为

$$L_{\text{eff}} = \frac{4M}{\pi d^2 \rho_{\text{p}}} \tag{2.2.7}$$

$$N^* = \frac{1}{3\psi} - \frac{1}{24\psi^2} \tag{2.2.8}$$

其中 ρ_{p} 为弹材密度。与 Chen and Li(2002) 一致，式 (2.2.5), 式 (2.2.6) 为式 (2.2.2) 针对应变硬化金属，并取摩擦系数 $\mu = 0$ 时的特定情形，且分别为式 (2.2.2) 中取括号内前一项 (式 (2.2.3)) 和前两项的情况。

2.3 侵彻阻力和减速度分析

根据两个无量纲数 I 和 N 的定义，可联想到式 (2.2.3)、式 (2.2.4) 应该是常力作用下匀变速运动的位移积分，从而可推导得出对应的减速度 a 值为

$$a = \frac{\pi}{4} \cdot \frac{A\sigma_{\text{y}} N_1 d^2}{M} \tag{2.3.1}$$

$$a = \frac{A\sigma_{\text{y}} N_1 d^2}{M} \tag{2.3.2}$$

因此常侵彻阻力正好等于式 (2.1.1) 中的材料动强度项或其 $4/\pi$ 倍的值。

对于混凝土靶，应分别考虑开坑和侵彻阶段的侵彻阻力。Forrestal et al.(1994) 给出了两个阶段的侵彻阻力表达式。Forrestal et al.(2003) 分析发现，在侵彻阶段

阻力惯性项的影响可以忽略；且对于大直径弹丸的侵彻，混凝土靶侵彻阻力的动强度项不能简单地采用 Li and Chen(2003) 的表达式 $A\sigma_y N_1 = S f_c$ 来描述 (其中 f_c 为混凝土的无围压压缩强度，$S = 82.6 f_c^{-0.544}$ 或 $S = 72 f_c^{-0.5}$)，而必须结合侵彻深度、弹靶参数以及撞击速度等计算得到，并用参数 R 来表示。因此，对于大直径弹丸对混凝土靶的深侵彻，式 (2.3.2) 表达为

$$a = \frac{R d^2}{M} \tag{2.3.3}$$

可对比的是，Rosenberg and Dekel(2009) 忽略动态阻力部分，得出最终侵彻深度 X 以及弹丸撞击常减速度分别为

$$X = \frac{V_i^2}{2a} \tag{2.3.4a}$$

$$a = \frac{A\sigma_y}{\rho_p L_{\text{eff}}} \tag{2.3.4b}$$

其中同样定义弹体的等效长度 $L_{\text{eff}} = 4M/(\rho_p \pi d^2)$。

显然，式 (2.3.1)∼ 式 (2.3.3) 与式 (2.3.4b) 相比，除相关参量关系表达完全相同之外，还特别考虑了弹头形状因子 N_1，因而具有更广泛的适用性。特别地，式 (2.3.1) 仅代表 $I \ll N$ 的情形，也即撞击初速较小的情况；而式 (2.3.2) 适用于更广泛的 I/N 取值范围，因此下述的分析主要按式 (2.3.2)、式 (2.3.3) 考虑侵彻阻力。

Rosenberg and Dekel(2009) 针对尖卵形、半球形、尖锥形和平头刚性弹分别侵彻铝合金靶、钢靶的情况作数值分析，给出了相应 a 的变化历程；在 Forrestal et al.(2003)、Frew et al.(2006) 的试验中，通过弹载加速度记录装置，记录了弹体侵彻过程中减速度 a 的变化情况，其中 Frew et al.(2006) 还开展了针对不同靶板直径 D 大小 (即不同 D/d 值) 的试验。以下结合相应弹靶参数，利用式 (2.3.2)、式 (2.3.3) 分别计算对应 a 值，并通过 V_i/a 求得侵彻终止时间 t_e，然后同试验和数值试验中相应 a 的历程相比，以检验式 (2.3.2)、式 (2.3.3) 的合理性以及实用性。

弹丸、靶材参数分别如表 2.3.1 和表 2.3.2 所示。根据 Chen and Li(2002)，尖卵

表 2.3.1　弹丸的相关参数

弹头形状	d/mm	L/d	M/kg	文献
尖卵形 ($\psi=3$)	5.5	10	0.0128	
		20	0.02667	
半球形	5.5	10	0.0128	Rosenberg and Dekel(2009)
		20	0.02667	
平头	5.5	20	0.02667	
尖锥形	7.1	10	0.025	
尖卵形 ($\psi=3$)	76.2	7	13	Forrestal et al.(2003), Frew et al.(2006)
尖卵形 ($\psi=6$)	76.2	7	13	Forrestal et al.(2003)

表 2.3.2 靶材的相关参数

靶材	σ_y 或 f_c/MPa	ρ/(kg/m³)	ν	E/GPa	A	B	文献
铝合金	400 / 800	2710	1/3	69	3.637	1.041	Rosenberg and Dekel(2009)
钢	400 / 800	7850	1/3	200	4.348	1.133	
混凝土	23	2040	—	—	—	—	Forrestal et al.(2003) Frew et al.(2006)
	39	2250	—	—	—	—	Forrestal et al.(2003)

形弹取摩擦系数 $\mu_m = 0.02$, 半球形弹和尖锥形弹取 $\mu_m = 0.1$, 由此可得相应弹头形状因子 N_1。混凝土靶侵彻计算时, 根据 Forrestal et al.(2003), 在 f_c=23MPa 混凝土和 ϕ76.2mm 尖卵形弹 (ψ=3 或 6) 情形, 其平均阻力 R 为 165MPa; 在 f_c=39MPa 混凝土和 ϕ76.2mm、ψ=3 尖卵形弹情形, 其 R 为 360MPa, 而对于 ϕ76.2mm、ψ=6 尖卵形弹时 R 为 265MPa。

图 2.3.1~ 图 2.3.10 为式 (2.3.2) 与 Rosenberg and Dekel(2009) 数值试验的比较情况; 图 2.3.11~ 图 2.3.14 为式 (2.3.3) 与 Forrestal et al.(2003) 试验的比较情况; 图 2.3.15 为式 (2.3.3) 与 Frew et al.(2006) 试验的比较情况。特别地, 图 2.3.11~ 图 2.3.15 中还比较给出了 Forrestal et al.(2003) 相应于低速侵彻情形的理论分析曲线, 并标注为 "F(2003)", 该结果与式 (2.3.3) 相比相差因子 $4/\pi$, 即式 (2.3.1)。分析中, 都不考虑开坑阶段的加载历史。

显然, 对于尖卵形弹侵彻铝合金/钢靶的情况 (图 2.3.1~ 图 2.3.4), 在计算的速度范围内 ($V_i \leqslant 1000\text{m/s}$), 式 (2.3.2) 常侵彻阻力假设给出的减速度 a 理论值与数值试验结果吻合较好。

尖锥形弹的侵彻 (图 2.3.5 和图 2.3.6) 与尖卵形弹侵彻相似, $V_i = 1000\text{m/s}$ 时数值试验仍给出常侵彻阻力的结果, 但式 (2.3.2) 理论分析给出的 a 值稍大于数值模拟结果。

对于半球形弹 (图 2.3.7 和图 2.3.8), 较低速度 ($V_i = 1000\text{m/s}$) 时, 数值试验给出常侵彻阻力的结果, 但与理论分析有一定偏差, 理论分析值偏小; 当 V_i= 1500 m/s 时, 数值试验表明已不能按常侵彻阻力处理, 尤其在侵彻钢靶情形, 速度惯性项与材料动强度项的影响相当。

平头弹的侵彻 (图 2.3.9 和图 2.3.10) 与半球形弹侵彻相同。

由此可知, 刚性弹侵彻铝合金/钢靶, 在一定 V_i 范围内, 减速度 a 确实可视为常数值, 并可由式 (2.3.2) 简单表示, 然而当 V_i 增大到一定阈值 V_{cr} 时, 阻力惯性项将变得显著, 常减速度假设不再成立。此外, 不同弹靶系统可能对应于不同的 V_{cr} 值, 也即与弹头形状和靶材相关。

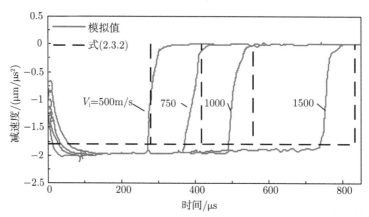

图 2.3.1　$L/d=20$ 尖卵形弹 ($\psi=3$) 侵彻 $\sigma_y=400\mathrm{MPa}$ 铝合金靶的减速度比较

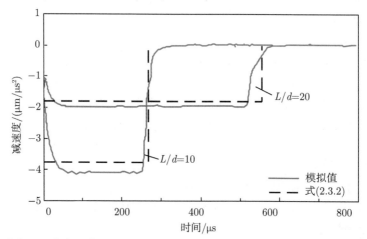

图 2.3.2　不同 L/d 尖卵形弹 ($\psi=3$) 以 $V_i=1\mathrm{km/s}$ 侵彻 $\sigma_y=400\mathrm{MPa}$ 铝合金靶的减速度比较

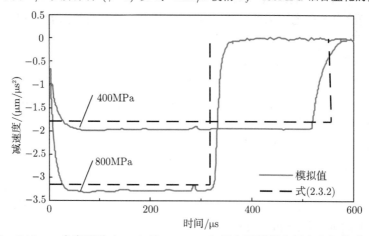

图 2.3.3　$L/d=20$ 尖卵形弹 ($\psi=3$) 以 $V_i=1\mathrm{km/s}$ 侵彻不同强度铝合金靶的减速度比较

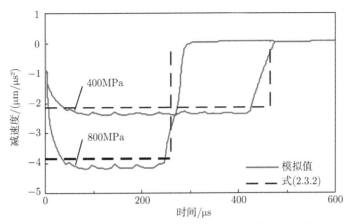

图 2.3.4 $L/d=20$ 尖卵形弹 ($\psi=3$) 以 $V_i=1\text{km/s}$ 侵彻不同强度钢靶的减速度比较

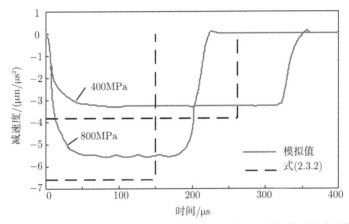

图 2.3.5 尖锥形弹以 $V_i=1\text{km/s}$ 侵彻不同强度铝合金靶的减速度比较

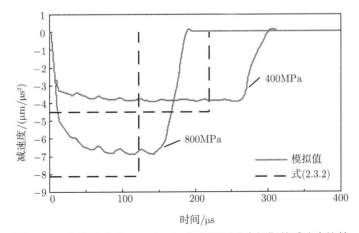

图 2.3.6 尖锥形弹以 $V_i=1\text{km/s}$ 侵彻不同强度钢靶的减速度比较

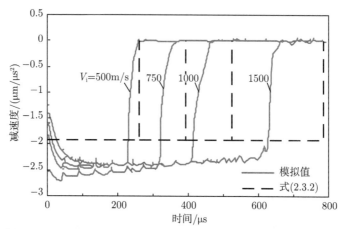

图 2.3.7 半球形弹侵彻 σ_y=400MPa 铝合金靶板时的减速度比较

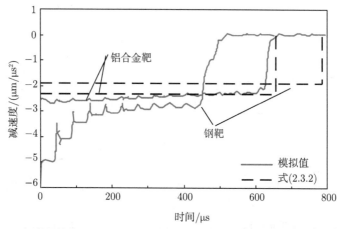

图 2.3.8 半球形弹以 V_i=1.5km/s 侵彻 σ_y=400MPa 铝合金/钢靶的减速度比较

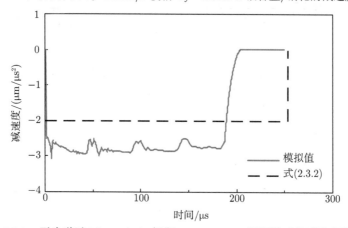

图 2.3.9 平头弹以 V_i=500m/s 侵彻 σ_y=400MPa 钢靶板时的减速度比较

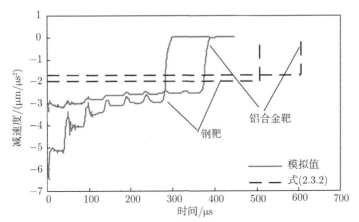

图 2.3.10 平头弹以 V_i=1km/s 侵彻 σ_y=400MPa 铝合金/钢靶的减速度比较

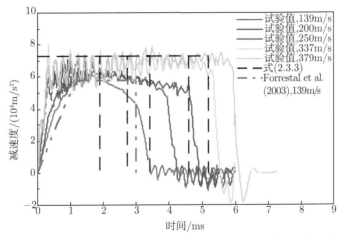

图 2.3.11 尖卵形弹 (ψ=3) 以不同 V_i 侵彻 f_c=23MPa 混凝土靶的减速度比较

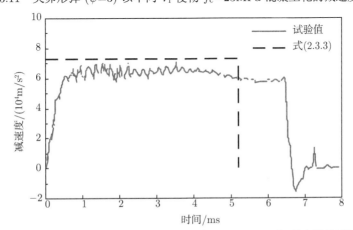

图 2.3.12 尖卵形弹 (ψ=6) 以 V_i=379m/s 侵彻 f_c=23MPa 混凝土靶的减速度比较

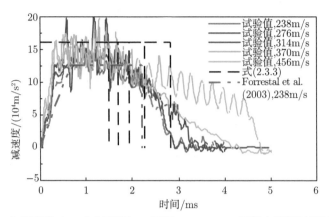

图 2.3.13　尖卵形弹 ($\psi=3$) 以不同 V_i 侵彻 $f_c=39$MPa 混凝土靶板时的减速度比较

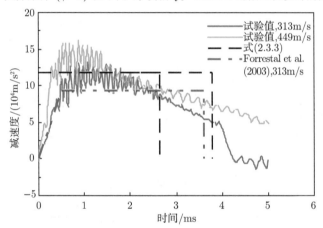

图 2.3.14　尖卵形弹 ($\psi=6$) 以不同 V_i 侵彻 $f_c=39$MPa 混凝土靶板时的减速度比较

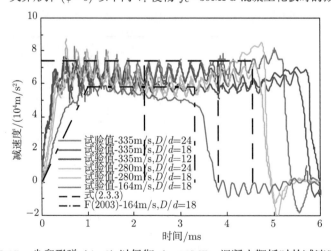

图 2.3.15　尖卵形弹 ($\psi=3$) 以侵彻 $f_c=23$MPa 混凝土靶板时的减速度比较

Forrestal et al.(2003) 和 Frew et al.(2006) 给出了较低速度的大直径弹丸侵彻混凝土靶的减速度曲线，由图 2.3.11～ 图 2.3.15 可知，所有的减速度试验曲线都呈现为常值特征，也即可忽视速度惯性项的影响。特别地，当侵彻速度较小时，也即 V_i <200m/s 时，试验结果与 Forrestal et al.(2003) (或式 (2.3.1)) 的理论分析值接近；而当侵彻速度较大时，也即 V_i >200m/s 时，试验结果与式 (2.3.3) 的分析值相当，且此时开坑阶段的时间远小于后续侵彻时间，因此可以忽略开坑阶段的加载历史。

前面已指出，Forrestal et al.(2003) 的理论模型 (或式 (2.3.1)) 与式 (2.3.3) 相比相差因子 π/4。其实质是，在侵彻深度与撞击函数 I 的线性关系中，究竟是选择式 (2.2.3) 还是式 (2.2.4)? 前面分析已指出，式 (2.2.3) 对应于较低速度，而式 (2.2.4) 则适用于较宽泛的速度范围。

2.4 速度阈值 V_{cr} 的分析

如 2.3 节所述，Rosenberg and Dekel(2009) 针对尖卵形、半球形、尖锥形和平头刚性弹分别侵彻铝合金/钢靶的情况作数值分析，发现当撞击速度 V_i 处于某个范围内，侵彻孔洞直径保持与弹径相同时，常侵彻阻力假设成立。但当速度达到某一阈值 V_{cr}，使侵彻孔洞直径大于弹径时，侵彻阻力必须计及惯性项部分。通过数值模拟，分别得到 σ_y=400MPa 的铝合金/钢靶对应于不同头形刚性弹的 V_{cr} 值所处的范围，如表 2.4.1 所示。另外，Rosenberg and Dekel(2009) 也对 Frew et al.(1998) 的小直径 (ϕ20.3mm) 尖卵形 (ψ=3) 刚性弹侵彻混凝土靶 (f_c=58.4MPa) 试验开展分析，发现在 400m/s < V_i < 1200m/s 范围内，其 a 值也几乎等于常量。

表 2.4.1 铝合金/钢靶对应于不同刚性弹的 V_{cr} 值范围 (**Rosenberg and Dekel, 2009**)

(单位: km/s)

弹头形状	铝合金 (σ_y=400MPa)	钢 (σ_y=400MPa)
尖卵形 (ψ=3)	2.1～2.2	1.3～1.4
半球形	1.2～1.35	0.8～0.85
平头	0.75～0.85	0.45～0.55
尖锥形	1.7～1.8	1.0～1.2

分析可知，式 (2.1.1) 中给出的理论侵彻阻力 F 随时间 t 的变化曲线为一条近似的抛物线，如图 2.4.1 所示 (陈小伟 等, 2006; Forrestal et al, 1994) 的空腔膨胀理论也可佐证该现象。图中直线 OA 代表初始侵彻阶段的阻力上升过程，虚线幅值即为式 (2.1.1) 中的准静态阻力项 $F_s = \pi A \sigma_y N_1 d^2/4$(其对应的减速度 a 为式 (2.3.1))，实线 AB 与虚线之差则为动态阻力项 $F_d = \pi d^2 B \rho V^2 N_2/4$ 的变化曲

线，而点划线则表示为式 (2.3.2) 所对应的常侵彻阻力 $F_c = A\sigma_y N_1 d^2$。须指出的是，F_s 和 F_c 相比相差因子 $\pi/4$。

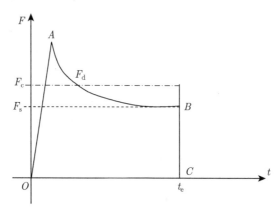

图 2.4.1   侵彻过程中弹丸所受轴向阻力曲线

由图 2.4.1 可知，当撞击初速 V_i 较小时，在弹丸侵彻时间内，理论侵彻阻力 F 所对应的总冲量 (即 F 曲线内的面积) 约等于 F_c 所对应的冲量 (点划线以下的面积)，则在工程应用中可将 F 近似简化为常侵彻阻力 F_c；若 V_i 达到较高的值，F 所对应的冲量大于 F_c 所对应的冲量，相应的近似简化则不再适用。因此，按冲量等效计算，近似的常侵彻阻力 F_c 成立的条件为 F 所对应的冲量小于或等于常侵彻阻力 F_c 的冲量值。忽略初始侵彻阶段，常侵彻阻力假设成立的条件为

$$\int_0^{t_e} F \mathrm{d}t = \frac{\pi d^2}{4} \int_0^{t_e} \left(A\sigma_y N_1 + B\rho V^2 N_2 \right) \mathrm{d}t \leqslant \int_0^{t_e} F_c \mathrm{d}t = d^2 \int_0^{t_e} A\sigma_y N_1 \mathrm{d}t \quad (2.4.1)$$

这时，F(实线 AB) 是一条较平缓的曲线，按常减速度假设，可近似假设式 (2.4.1) 中弹丸的瞬时速度为

$$V = V_i - at \quad (2.4.2)$$

侵彻过程所经历时间为

$$t_e = \frac{V_i}{a} \quad (2.4.3)$$

推导式 (2.4.1) 可得

$$A\sigma_y N_1 \left(\frac{4}{\pi} - 1 \right) \geqslant \frac{1}{3} \cdot B\rho V_i^2 N_2 \quad (2.4.4)$$

也即

$$\frac{I}{N} \leqslant 3 \left(\frac{4}{\pi} - 1 \right) \approx 0.82 \quad (2.4.5)$$

式 (2.4.5) 给出了按常侵彻阻力 F_{c} 等效的刚性弹侵彻的参数取值范围。对应于图 1.3.7，则是在 $0 < I/N \leqslant 0.82$ 的范围内，可利用式 (2.2.4) 计算侵彻深度；而在此范围之外，不能采用常侵彻阻力近似，即动态空腔膨胀模型中惯性项效应显著，须按式 (2.2.1) 计算侵彻深度。这也进一步明确了 Chen and Li(2002) 中经验公式 (式 (2.2.4)) 的具体适用范围。

此外，参考式 (1.3.21)，则式 (2.4.6) 给出一速度阈值：

$$V_{\mathrm{cr}} = \sqrt{0.82 \cdot \frac{N_1}{N_2} \cdot \frac{A}{B} \cdot \frac{\sigma_{\mathrm{y}}}{\rho}} \approx \sqrt{0.82 \cdot \frac{A}{N^*} \cdot \frac{\sigma_{\mathrm{y}}}{\rho}} \tag{2.4.6}$$

换言之，对应于 $V_{\mathrm{i}} \leqslant V_{\mathrm{cr}}$ 的刚性弹侵彻，其侵彻阻力不必按式 (2.1.1) 同时考虑准静态阻力和动态阻力，仅需要用修正的常侵彻阻力 $F = d^2 A\sigma_{\mathrm{y}} N_1$ 或 $F = Rd^2$(混凝土靶情形) 表示。显然，该速度阈值依赖于弹头形状、靶材及其强度。在速度阈值范围内，侵彻阻力是常数，与侵彻速度无关；但当速度大于阈值 V_{cr} 时，则需要考虑包含材料动强度项和惯性项的动态空腔膨胀模型 (式 (2.1.1))。速度阈值 V_{cr} 紧密相关于弹头形状和靶材，这与 Rosenberg and Dekel(2009) 数值试验所得出的结论相一致。

分别针对不同的弹头形状和靶材，根据式 (2.4.6)，容易求得常侵彻阻力假设适用的相应速度阈值 V_{cr}。

以下结合 Forrestal 课题组的侵彻试验数据来讨论速度阈值 V_{cr}。其试验所涉及的弹头形状有半球形、尖卵形 ($\psi=2$, $\psi=3$ 和 $\psi=4.25$) 以及尖锥形等，靶材有理想弹塑性金属、应变硬化金属、混凝土以及土壤等。为方便与 Rosenberg and Dekel(2009) 的数值试验结果作比较，分析中也同时考虑平头弹；对于靶材则选择 $\sigma_{\mathrm{y}}=400\mathrm{MPa}$ 的 6061-T651 铝合金 (Forrestal et al, 1988)、$\sigma_{\mathrm{y}}=400\mathrm{MPa}$ 的钢以及 $f_{\mathrm{c}}=36.2\mathrm{MPa}$ 的混凝土 (Forrestal et al, 1996) 作为分析靶材。三种靶材的相关参数以及根据 Forrestal and Luk(1988)、Li and Chen(2003) 计算所得的相应 A、B 值列出如表 2.3.2 所示。由式 (2.4.6) 计算得不同弹丸侵彻不同靶材所对应的 V_{cr} 值如表 2.4.2 所示。

表 2.4.2　不同弹丸侵彻不同靶材的相应 V_{cr} 值　　(单位：m/s)

弹头形状	铝合金 (400MPa)	钢 (400MPa)	混凝土 (36.2MPa)
尖卵形 ($\psi=2$)	1669.0	1027.8	979.4
尖卵形 ($\psi=3$)	2027.8	1248.7	1186.4
尖卵形 ($\psi=4.25$)	2405.4	1481.2	1403.2
半球形	952.5	586.6	547.5
平头	650.3	400.4	387.1
尖锥形	2065.0	1271.6	1229.4

可看出，表 2.4.2 中 V_{cr} 值均接近表 2.4.1 中相应 V_{cr} 取值范围。其中尖卵形弹 ($\psi=3$)、半球形弹以及平头弹对应的 V_{cr} 值稍小于表 2.4.1 的相应范围，尖锥形弹对应的 V_{cr} 值则稍大于表 2.4.1 所示范围。由于理论假设中引起的误差与数值模拟过程中软硬件所引起的误差不同，理论分析结果与数值试验结果之间存在偏差，但两者之间的差异均在 20% 误差范围内。特别地，弹头形状对 V_{cr} 的影响趋势，理论分析与 Rosenberg and Dekel(2009) 的数值结果完全一致。

重新对 2.3 节的图 2.3.1~ 图 2.3.10 进行分析可知，大部分情况下 V_i 处于撞击速度阈值范围内，因此常侵彻阻力假设成立；但对于半球形弹以 $V_i=1500\mathrm{m/s}$，平头弹以 $V_i=1000\mathrm{m/s}$ 侵彻 $\sigma_y=400\mathrm{MPa}$ 铝合金/钢靶 (图 2.3.7，图 2.3.8，图 2.3.10) 等情况，$V_i > V_{cr}$，表明常侵彻阻力假设已不能适用，该结论与 Rosenberg and Dekel(2009) 数值结果一致。在 Forrestal et al.(2003) 和 Frew et al.(2006) 试验中 (图 2.3.11~ 图 2.3.15)，V_i 值均远未达到表 2.4.2 中相应的 V_{cr} 值，因此其侵彻阻力保持为常数。由此，证实了上述理论分析的合理性以及速度阈值表达式 (2.4.6) 的正确性，同时也可推知表 2.4.2 中其余情形所对应 V_{cr} 值的实用性。

另外，结合上述分析知，在 $V_i \leqslant V_{cr}$ 范围内，式 (2.2.4) 能够较准确地预测侵彻深度；而当 $V_i > V_{cr}$ 时，常侵彻阻力近似不再成立，须按式 (2.2.1) 计算侵彻深度。由于试验条件限制，目前所发表的文献中，暂无 V_i 大于表 2.4.2 中所示 V_{cr} 的相关试验，所以无法根据试验数据具体检验式 (2.2.1) 和式 (2.2.4) 的适用范围。Rosenberg and Dekel(2009) 也开展了针对不同弹头形状在 $V_i > V_{cr}$ 情况下侵彻铝合金/钢靶的数值试验，并得出相应侵彻深度。试验中弹丸长径比有 $L/d=20$ 和 $L/d=10$ 两种情况，靶材与表 2.4.1 所列的 $\sigma_y=400\mathrm{MPa}$ 铝合金/钢靶相同。

鉴于数值试验结果可在一定程度上反映实际试验的情况，可通过其数值模拟中所采用的弹靶参数，分别根据式 (2.2.1) 和式 (2.2.4) 计算得出对应的理论侵彻深度，与数值计算结果作比较，则可检验式 (2.2.1) 和式 (2.2.4) 的适用情况。比较结果列出如表 2.4.3 所示，其中 X_{ns}、$X_{式 (2.2.1)}$、$X_{式 (2.2.4)}$ 分别是 Rosenberg and Dekel(2009) 数值试验侵彻深度以及由式 (2.2.1) 和式 (2.2.4) 计算所得侵彻深度，$X_{式 (2.2.1)}/X_{ns}$、$X_{式 (2.2.4)}/X_{ns}$ 分别为式 (2.2.1) 和式 (2.2.4) 计算所得侵彻深度除以数值试验结果的值。须强调的是，所有工况都在撞击速度阈值范围之外，即 $V_i > V_{cr}$。

观察表 2.4.3 可发现，对于任何弹头形状，与式 (2.2.1) 相关的比例值均接近于 1，且大部分处于 20% 误差范围内，其差别同样是由理论假设引起的误差以及数值模拟中软硬件所引起误差之间的不同所导致的；而与式 (2.2.4) 相关的比例值则绝大多数大于 1 并超出了允许误差范围，且对于所有弹头形状，与式 (2.2.4) 相关的比例值均随 V_i 的增大而增大，其中最大的值，对应于平头弹以 $V_i=1500\mathrm{m/s}$ 侵彻钢靶板, 达到了 2.91。说明 $V_i > V_{cr}$ 时, 式 (2.2.4) 确实已不再适用, 且 V_i 越大其引起的偏差越大; 而式 (2.2.1) 可以较准确地预测侵彻深度。同时, 表 2.4.3 中对应于不同弹靶系统的最小 V_i 值, 正好接近于表 2.4.1 中相应 V_{cr} 值, 而对应于该 V_i 值, 式 (2.2.4) 也恰好开始显示出其不准确性, 这一点再一次证实了表 2.4.1 中相应 V_{cr} 值的正确性和实用性。

由此, 进一步理论分析并验证了 Forrestal et al.(2003)、Frew et al.(2006) 的试验数据以及 Rosenberg and Dekel(2009) 的数值试验结果。同 Rosenberg and Dekel(2009) 的工作相比较, 该理论分析是从另一新颖的思路出发; 另外, 对比其将不同靶材、不同弹头形状分别作数值模拟的方法, 本分析将不同弹头形状和不同靶材属性的影响归结到统一的式子当中, 得出较为简洁的 V_{cr} 表达式 (式 2.4.6), 从而显得更为简便和普适。

表 2.4.3　$V_i > V_{cr}$ 时理论计算侵彻深度与数值试验结果的比较

弹头形状	靶材	L/d	V_i /(km/s)	侵彻深度/mm			比例	
				X_{ns}	$X_{式 (2.2.1)}$	$X_{式 (2.2.4)}$	$X_{式 (2.2.1)}$ /X_{ns}	$X_{式 (2.2.4)}$ /X_{ns}
尖卵形 ($\psi = 3$)	钢	20	1.5	464	440	523	0.95	1.13
		10	2	361	306	446	0.85	1.24
			2.5	491	393	698	0.80	1.42
半球形	铝合金	20	1.5	445	409	589	0.92	1.32
		10	2	350	271	502	0.77	1.44
			2.5	464	335	786	0.72	1.69
	钢	20	1	170	143	219	0.84	1.29
			1.5	310	217	493	0.70	1.59
			2	419	276	876	0.66	2.09
平头	铝合金	20	0.875	140	181	232	1.29	1.66
			1	175	215	303	1.22	1.73
			2	472	432	1212	0.91	2.57
	钢	20	0.75	82	86	143	1.04	1.74
			1	123	114	253	0.93	2.06
			1.5	196	159	570	0.81	2.91
尖锥形	铝合金	10	2	576	495	524	0.86	0.91
			2.2	673	571	634	0.85	0.94
	钢	10	2	391	305	438	0.78	1.12
			2.5	502	393	685	0.78	1.36

2.5　刚性弹撞击不同靶材的无量纲侵彻深度的类比性

基于式 (2.2.4), 即无量纲侵彻深度 $X/d = I/2$, 沿用无量纲化方法, 容易得知刚性弹侵彻不同靶材 (金属、混凝土和土壤等) 的侵彻深度之间具有一定的类比性和相互转换关系。

下述式子中加下标 m、c、s 的物理量分别表示与弹丸侵彻金属靶、混凝土靶和土壤靶相关的物理量, 由式 (2.2.4) 出发, 推导刚性弹侵彻不同靶材的侵彻深度的比例关系, 可知:

$$\left(\frac{X}{d}\right)_i = \frac{1}{2}\left(\frac{I^*}{AN_1}\right)_i = \frac{1}{2}\left(\frac{MV_i^2}{d^3 N_1}\right)_i \cdot \frac{1}{(\sigma_y)_i A_i}, \quad i = \mathrm{m, c, s} \tag{2.5.1}$$

因此有

$$\frac{X_i}{X_j} = \frac{(MV_i^2)_i}{(MV_i^2)_j} \cdot \frac{(d^2 N_1)_j}{(d^2 N_1)_i} \cdot \frac{(\sigma_y)_j A_j}{(\sigma_y)_i A_i}, \quad i,j = \mathrm{m, c, s} \quad 且\quad i \neq j \tag{2.5.2}$$

若使弹丸大小、形状以及撞击速度均相同, 则式 (2.5.2) 可简化为

$$\frac{X_i}{X_j} = \frac{(N_1)_j}{(N_1)_i} \cdot \frac{(\sigma_y)_j A_j}{(\sigma_y)_i A_i}, \quad i,j = \mathrm{m, c, s} \quad 且\quad i \neq j \tag{2.5.3}$$

对于混凝土靶和土壤靶, 分析中常忽略摩擦效应, 因此有 $(N_1)_c = (N_1)_s = 1$, 而对于金属靶有 $(N_1)_m \approx 1$。显然, 相同弹体以相同速度撞击不同的靶材, 其侵彻深度之比主要与靶材的强度参数 σ_y 和材料常数 A 两个参量有关。因此可推知, 刚性弹侵彻不同靶材的试验之间可以相互替换, 侵彻深度比例按式 (2.5.2) 和 (2.5.3) 作相应转换即可。

下面分别给出金属靶、混凝土靶和土壤靶的不同参数定义。

对于理想弹塑性金属靶, 其无量纲材料系数 A 可由准静态球形空腔膨胀理论推导而得 (Forrestal and Luk, 1988):

$$A = \frac{2}{3}\left\{1 + \ln\left[\frac{E}{3(1-\nu)\sigma_y}\right]\right\} \tag{2.5.4}$$

其中, E 为弹性模量, ν 为泊松比, σ_y 为屈服应力强度。对于应变硬化金属, 其本构关系如下:

$$\begin{cases} \sigma = E\varepsilon, & \sigma < \sigma_y \\ \sigma = Y\left(E\varepsilon/\sigma_y\right)^n, & \sigma > \sigma_y \end{cases} \tag{2.5.5}$$

其中不可压应变硬化金属的无量纲材料系数 A 有如下表达式 (Luk et al, 1991):

$$A = \frac{2}{3}\left[1 + \left(\frac{2E}{3\sigma_y}\right)^n J\right], \quad J = \int_0^{1-(3\sigma_y/2E)} \frac{(-\ln x)^n}{1-x}\mathrm{d}x \tag{2.5.6}$$

式 (2.5.5) 中，$n = 0$ 对应于不可压缩的理想弹塑性金属材料。

对于混凝土靶，根据 Li and Chen(2003) 可知，其 σ_y 可取为其单轴无围压压缩强度 f_c，其无量纲材料系数为 $A = S$，其中：

$$S = 82.6 f_c^{-0.544} \quad \text{或} \quad S = 72.0 f_c^{-0.5} \tag{2.5.7}$$

而对于土壤靶，Forrestal and Luk(1992a) 根据 Tresca 屈服准则，将 σ_y 取为其剪切应力强度 τ_0，无量纲材料系数 A 可表示为

$$A = \frac{2}{3} \left\{ 1 - \ln \left[\frac{(1 + \tau_0/2E)^3 - (1 - \eta^*)}{(1 + \tau_0/2E)^3} \right] \right\} \tag{2.5.8}$$

其中，η^* 为锁定的体应变，$\eta^* = 1 - \rho_0/\rho^*$；$\rho_0$ 和 ρ^* 分别为土壤靶的初始密度和锁定后的密度。对于软土，$\tau_0/E \ll 1$，A 可进一步简化为

$$A = \frac{2}{3}(1 - \ln \eta^*) \tag{2.5.9}$$

2.6 不同靶材的侵彻深度的试验比较和分析

本节结合不同靶材的侵彻试验数据，分析不同靶材的侵彻深度的相关性并且讨论其是否具有实用性，以期直观给出不同靶材之间侵彻深度的大致比例关系。

以 $\sigma_y = 400\text{MPa}$ 的 6061-T651 铝合金靶 (Forrestal et al, 1988)、$f_c = 36.2\text{MPa}$ 混凝土 (Forrestal et al, 1994) 和 $\tau_0 = 10\text{MPa}$ 软土 (Forrestal and Luk, 1992a) 为例，其相关参数分别为 $A = 3.637$，$A = 12$ 和 $A = 1.718$(Chen and Li, 2002; Li and Chen, 2003)。由式 (2.5.3) 可理论求得不同靶材的侵彻深度比例为

$$\frac{X_m}{X_c} \approx 0.30, \quad \frac{X_m}{X_s} \approx 0.012, \quad \frac{X_c}{X_s} \approx 0.04 \tag{2.6.1}$$

若式 (2.6.1) 的侵彻深度比例关系成立，则可通过其中一种靶材试验的侵彻深度的试验值，结合相关的换算比例，预测其他两种靶材的侵彻深度的试验值。这样即可实现靶材替换的目的。

Forrestal et al.(1988，1991，1992b，2000)，Piekutowski et al.(1999) 开展了不同弹丸侵彻金属靶板的试验，Forrestal et al.(1994，1996)，Frew et al.(1998) 开展了弹丸侵彻混凝土靶板的试验，Forrestal and Luk(1992a) 开展了弹丸侵彻土壤靶的试验。试验所涉及的一些弹丸和靶板相关参数列出如表 2.6.1 所示。其余的靶板具体参数以及相应的侵彻深度可分别参见相应文献。本节所引用的试验数据，其弹体变形均可忽略，即满足刚性弹的假设；Chen and Li(2002) 针对这些试验数据作过详细分析，得出上述试验的弹丸无量纲形状系数 N_1 都可近似取为 1。

表 2.6.1　所引用试验的相关参数

靶板材料	弹丸				参考文献
	弹头形状	直径/mm	质量/g	侵彻速度/(m/s)	
金属　6061-T651 铝合金靶	半球形, $\psi=1/2$	7.10	23.3~24	400~1000	Forrestal et al.(1988)
	尖卵形, $\psi=3$	7.10	24.7~24.9	440~1460	
	尖锥形, $\psi=1.507$	7.10	23.6~24.1	510~1370	
6061-T651 铝合金靶(应变硬化)	半球形, $\psi=1/2$	7.11	23.36~23.44	359~1009	Forrestal et al.(1991)
	半球形, $\psi=1/2$	5.08	11.72~11.85	253~980	
	半球形, $\psi=1/2$	7.11	12~12.09	318~945	
7075-T651 铝合金靶	半球形, $\psi=1/2$	7.11	24.7~24.8	372~1258	Forrestal et al.(1992b)
6061-T6511 铝合金靶	半球形, $\psi=1/2$	7.11	22.81~22.86	496~1086	Piekutowsk et al.(1999)
	尖卵形, $\psi=3$	7.11	20.38~20.91	569~1786	Forrestal and Piekutowski.(2000)
混凝土　$f_c=13.5\text{MPa}$	尖卵形, $\psi=3$	12.9	64.2	371~1126	Forrestal et al.(1994)
	尖卵形, $\psi=4.25$	12.9	64.2	345~1063	
$f_c=32.4\sim40.1\text{MPa}$	尖卵形, $\psi=2$	26.9	901~912	277~800	
$f_c=90.5\sim108.3\text{MPa}$	尖卵形, $\psi=2$	26.9	898~908	561~793	
$f_c=21.6\text{MPa}$	尖卵形, $\psi=3$	12.9	64	492~1142	Forrestal et al.(1996)
	尖卵形, $\psi=4.25$	12.9	64	473~1190	
$f_c=62.8\text{MPa}$	尖卵形, $\psi=3$	20.3	478	450~1024	
$f_c=51\text{MPa}$	尖卵形, $\psi=3$	30.5	1600	405~1201	
$f_c=58.4\text{MPa}$	尖卵形, $\psi=3$	20.3	478	442~1165	Frew et al.(1998)
	尖卵形, $\psi=3$	30.5	1620	445~1225	
土壤　$\tau_0=10\text{MPa}$	尖卵形, $\psi=3$	95.2	23100	280	Forrestal and Luk(1992a)

注: 表中 ψ 为弹丸的弹头形状比

下面讨论不同靶材侵彻深度试验值的比较分析。具体思路是: 继续沿用上述文献中相关试验的弹丸相关参数和撞击速度, 但将原来靶材参数更换为另一种靶材的相应参数, 也即将原来的金属靶侵彻试验分别用混凝土靶和土壤靶代替, 原来的混凝土靶侵彻试验代之以金属靶和土壤靶, 原来的土壤靶侵彻试验用金属靶和混凝土靶取代。统一假设靶体为半无限厚。为方便起见, 替换靶材分别采用上述的6061-T651 铝合金、混凝土和土壤。

侵彻深度的试验值可根据式(2.5.3) 换算为替换靶的侵彻深度试验估计值, 同时根据式(2.2.1) 和式(2.2.4) 可分别计算给出相应替换靶的侵彻深度理论分析值, 给出相应的比较结果, 若替换靶的侵彻深度试验估计值与侵彻深度理论分析值相近或相同, 则表明不同靶材的等效性成立, 试验中可将不同靶材互换以节约成本。

在靶材替换的计算过程中, 对于混凝土靶和土壤靶的侵彻取摩擦系数 $\mu_m = 0$; 对于金属靶侵彻, 尖卵形弹取 $\mu_m = 0.02$, 半球形弹和尖锥形弹取 $\mu_m = 0.1$(Chen and Li, 2002)。

根据上述思路, 分别利用公式 (2.2.1)、式 (2.2.4) 和式 (2.5.3) 计算出替换靶的三个无量纲侵彻深度 X/d 的值, 比较替换靶的侵彻深度理论分析值和侵彻深度试验估计值。参考 Chen and Li(2002), Li and Chen(2003) 知, 撞击函数 I 是控制刚性弹侵彻深度的最重要参数, 因此以 I 为 x 轴, 图 2.6.1∼ 图 2.6.8 分别给出不同替换靶的侵彻深度理论分析值和侵彻深度试验估计值的比值 $\zeta_1 = X_{t1}/X_e$ 或 $\zeta_2 = X_{t2}/X_e$, 其中 X_{t1}、X_{t2} 和 X_e 分别是按公式 (2.2.1)、式 (2.2.4) 计算的替换靶的侵彻深度理论分析值和按公式 (2.5.3) 计算的侵彻深度试验估计值。

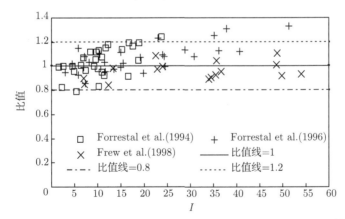

图 2.6.1　6061-T651 铝合金靶替换混凝土靶后侵彻深度比值 $\zeta_1 = X_{t1}/X_e$ 随撞击函数 I 的变化

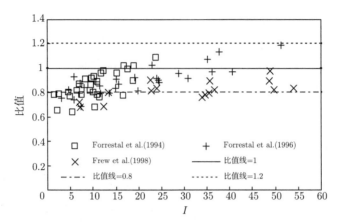

图 2.6.2　6061-T651 铝合金靶替换混凝土靶后侵彻深度比值 $\zeta_2 = X_{t2}/X_e$ 随撞击函数 I 的变化

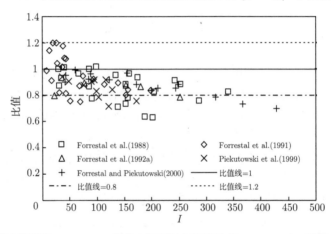

图 2.6.3　混凝土靶替换 6061-T651 铝合金靶后侵彻深度比值 $\zeta_1 = X_{t1}/X_e$ 随撞击函数 I 的变化

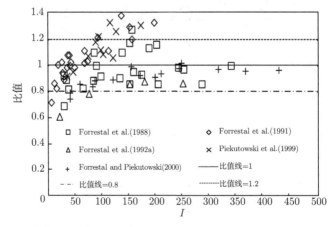

图 2.6.4　混凝土靶替换 6061-T651 铝合金靶后侵彻深度比值 $\zeta_2 = X_{t2}/X_e$ 随撞击函数 I 的变化

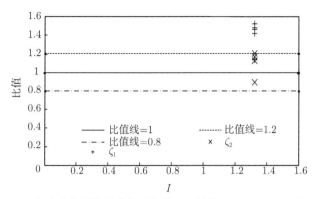

图 2.6.5　6061-T651 铝合金靶替换土壤靶后侵彻深度比值 $\zeta_1 = X_{t1}/X_e$ 和 $\zeta_2 = X_{t2}/X_e$ 随撞击函数 I 的变化

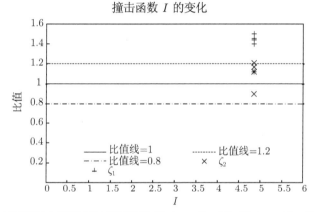

图 2.6.6　混凝土靶替换土壤靶后侵彻深度比值 $\zeta_1 = X_{t1}/X_e$ 和 $\zeta_2 = X_{t2}/X_e$ 随撞击函数 I 的变化

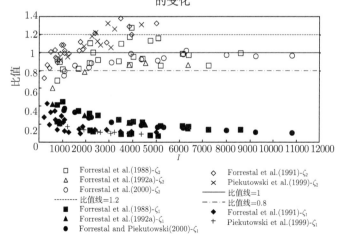

图 2.6.7　土壤靶替换 6061-T651 铝合金靶后侵彻深度比值 $\zeta_1 = X_{t1}/X_e$ 和 $\zeta_2 = X_{t2}/X_e$ 随撞击函数 I 的变化

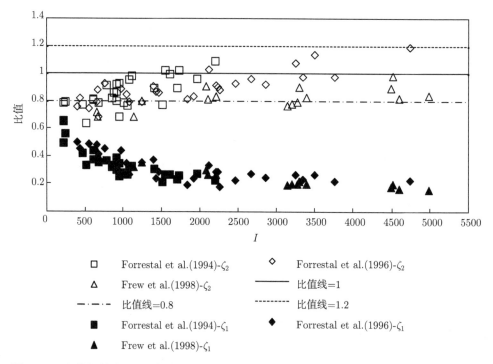

图 2.6.8　土壤靶替换混凝土靶后侵彻深度比值 $\zeta_1 = X_{t1}/X_e$ 和 $\zeta_2 = X_{t2}/X_e$ 随撞击函数 I 的变化

观察图 2.6.1∼ 图 2.6.8 可发现：

对于铝合金靶和混凝土靶互换的试验 (图 2.6.1∼ 图 2.6.4)，分别与公式 (2.2.1)，(2.2.4) 的计算相关的侵彻深度比值 $\zeta_1 = X_{t1}/X_e$ 和 $\zeta_2 = X_{t2}/X_e$ 大都接近于 1，且都有 80% 以上的数据处于 20% 的误差范围内，特别是铝合金靶替换混凝土靶的计算中处于误差范围内的比例值的数量高达 90%。因此，铝合金靶和混凝土靶的等效性成立，试验可采用这两种靶材互换以节约成本。另外，图 2.6.2 所示的比例值大部分小于 1，而图 2.6.1 所示的比例值则比 1 大和比 1 小的数量相当，所以在作关于靶材替换的计算时，公式 (2.2.1) 似乎比公式 (2.2.4) 更适用于铝合金靶替换混凝土靶。作为比较，对于混凝土靶替换铝合金靶的计算中 (图 2.6.3 和图 2.6.4)，图 2.6.3 所示的比例值大部分小于 1，而图 2.6.4 所示的比例值则比 1 大和比 1 小的数量相当。由此可知，对于混凝土靶替换铝合金靶，公式 (2.2.1) 比公式 (2.2.4) 更为适用。

对于铝合金靶和土壤靶互换以及混凝土靶和土壤靶互换的试验分析 (图 2.6.5∼ 图 2.6.8)，均发现只有公式 (2.2.4) 适用。在铝合金靶和混凝土靶分别替换土壤靶的计算中，对于 5 发试验，公式 (2.2.1) 的计算结果只有一个数据处于 20% 误差范围内, 其余值都较远地偏离 1, 而公式 (2.2.4) 的计算数据则几乎全处于误差范围内. 对于土壤靶替换铝合金靶和混凝土靶的计算, 公式 (2.2.1) 的结果偏差更大, 如图 2.6.7 和图 2.6.8, 都远远超出工程误差范围, 而公式 (2.2.4) 的计算结果对于两者仍然有 80% 以上的数据处于 20% 工程允许误差范围内. 根据公式 (2.2.1) 计算的侵彻深度进行靶材替换比对, 导致较大差异的原因在于公式的非线性, 且非线性随撞击函数 I 的增大而显著增加. 根据 Chen and Li(2002) 的分析, Forrestal and Luk(1992a) 的软土侵彻试验对应的撞击函数 I 值已大于 100, 替换为铝合金靶和混凝土靶后 (图 2.6.7 和图 2.6.8), 对应的 I 值更远大于 100. 而由于公式 (2.2.4) 是线性关系, 并不随 I 的变化而改变, 因此对应的替换比例关系依然成立.

上述试验结果的分析表明, 侵彻试验中, 利用最简单的侵彻深度公式 (2.2.4) 分别预期不同靶材的侵彻深度, 然后对金属靶、混凝土靶和土壤靶等靶板之间进行互相替换的办法是可行的. 值得注意的是: 实际应用中利用上述分析和方法的前提是弹丸形状变化可以忽略, 即需要满足刚性弹假设.

同理可推知, 对于其他靶材, 如岩石、硬土等, 抑或不同强度、物性的同类靶材, 也可按本节的基本方法进行分析和替换. 这在节约试验成本和简化试验设计等方面具有重要的作用.

本章理论分析刚性弹侵彻过程中弹丸所受的靶板阻力和靶板等效性. 从冲量等效角度出发, 讨论常侵彻阻力假设适用的撞击速度阈值 V_{cr}, 并推导出其统一的表达式, 得知 V_{cr} 仅与靶材屈服应力 σ_y, 密度 ρ, 无量纲材料常数 A、B 以及弹丸的无量纲形状系数 N_1、N_2 有关, 而与弹丸的其余参数, 如弹体尺寸、弹体材料等无关. 利用不同的试验数据和数值结果, 检验了不同侵彻深度公式的适用范围. 沿用无量纲化的方法, 通过比较刚性弹侵彻不同靶材的侵彻深度, 提出不同靶材之间可互相替换进行试验研究的思想. 讨论相同弹丸在相同撞击速度下对不同靶材的侵彻深度的比例关系, 相关的试验数据分析证实了不同靶材之间可以互相替换.

参 考 文 献

陈小伟, 李继承. 2009. 刚性弹侵彻深度和阻力的比较分析. 爆炸与冲击, 29(6): 584-589.

陈小伟, 张方举, 徐艾民, 屈明. 2007. 细长薄壁弹体的屈曲和靶体等效分析. 爆炸与冲击, 27(4): 296-305.

李继承, 陈小伟. 2009. 刚性弹侵彻不同靶材的侵彻深度比较. 爆炸与冲击, 29(3): 225-230.

Batra R C, Wright T W. 1986. Steady state penetration of rigid perfectly plastic targets. Int J Engng Sci, 24(1): 41-54.

Chen X W, Li J C. 2014. Analysis on the resistive force in the penetration of a rigid projectile. Defense Technology, 10: 285-293.

Chen X W, Li Q M. 2002. Deep penetration of a non-deformable projectile with different geometrical characteristics. Int J Impact Eng, 27(6): 619-637.

Forrestal M J, Piekutowski A J. 2000. Penetration experiments with 6061-T6511 aluminium targets and spherical-nose steel projectiles at striking velocities between 0.5 and 3.0km/s. Int J Impact Eng, 24: 57-67.

Forrestal M J, Altman B S, Cargile J D, Hanchak S J. 1994. An empirical equation for penetration depth of ogive-nose projectiles into concrete targets. Int J Impact Eng, 15(4): 395-405.

Forrestal M J, Brar N S, Luk V K. 1991. Penetration of strain-hardening targets with rigid spherical-nose rods. Trans ASME J Appl Mech, 58(1): 7-10.

Forrestal M J, Frew D J, Hanchak S J, Brar N S. 1996. Penetration of grout and concrete targets with ogive-nose steel projectiles. Int J Impact Eng, 18(5): 465-476.

Forrestal M J, Frew D J, Hickerson J P, Rohwer T A. 2003. Penetration of concrete targets with deceleration-time measurements. Int J Impact Eng, 28: 479-497.

Forrestal M J, Luk V K. 1988. Dynamic spherical cavity-expansion in a compressible elastic-plastic solid. Trans ASME J Appl Mech, 55: 275-279.

Forrestal M J, Luk V K. 1992a. Penetration into soil targets. Int J Impact Eng, 12: 427-444.

Forrestal M J, Luk V K. 1992b. Penetration of 7075-T651 aluminum targets with ogival-nose rods. Int J Solids Struct, 29: 1729-1736.

Forrestal M J, Okajima K, Luk V K. 1988. Penetration of 6061-T651 aluminum targets with rigid long rods. Trans ASME J Appl Mech, 55: 755-760.

Forrestal M J, Warren T L. 2008. Penetration equations for ogive-nose rods into aluminum targets. Int J Impact Eng, 35: 727-730.

Frew D J, Forrestal M J, Cargile J D. 2006. The effect of concrete target diameter on projectile deceleration and penetration depth. Int J Impact Eng, 32: 1584-1594.

Frew D J, Hanchak S J, Green M L, Forrestal M J. 1998. Penetration of concrete targets with ogive-nose steel rods. Int J Impact Eng, 21: 489-497.

Li Q M, Chen X W. 2003. Dimensionless formulae for penetration depth of concrete target impacted by a non-deformable projectile. Int J Impact Eng, 28(1): 93-116.

Luk V K, Forrestal M J, Amos D E. 1991. Dynamics spherical cavity expansion of strain-hardening materials. Trans ASME J Appl Mech, 58(1): 1-6.

Piekutowski A J, Forrestal M J, Poormon K L, Warren T L. 1999. Penetration of 6061-T6511 aluminium targets by ogive-nose steel projectiles with striking velocities between 0.5 and 3.0km/s. Int J Impact Eng, 23: 723-734.

Rosenberg Z, Dekel E. 2009. The penetration of rigid long rods-revisited. Int J Impact Eng, 36(4): 551-564.

第3章　刚性弹穿甲/侵彻金属靶的理论

3.1　引　言

侵彻与穿甲是弹丸撞击靶体的两个相关现象。基于其重要的军事应用，长期以来已有大量的应用研究。Backman and Goldsmith(1978) 给出了直至 20 世纪 70 年代末的最完整的穿甲/侵彻力学的文献综述。Zukas et al.(1982) 详细讨论了穿甲/侵彻力学的理论和试验方法。Anderson and Bodner(1988) 则给出了穿甲/侵彻的相关分析和数值模型。Anderson et al.(1992) 收集了非常详细的穿甲/侵彻的试验数据。Corbett et al.(1996) 对金属靶 (含壳) 及混凝土靶的穿甲/侵彻给出了自 Backman and Goldsmith(1978) 之后至 20 世纪 90 年代中期的又一全面综述。Goldsmith(1999) 则以教科书形式全面介绍了穿甲/侵彻力学的发展及关键问题，相当详细地综述了非理想弹靶撞击 (包括斜撞击、攻角撞击、跳飞等) 的理论研究、数值分析及试验研究。上述文献及后来的 Li et al.(2005) 和 Ben-Dor et al.(2005) 较完整地勾勒出 20 世纪穿甲/侵彻动力学发展的全貌。

刚性弹对金属靶的穿甲通常由侵彻过程和最终失效模式控制。由于靶体材料性能不同和不同的失效模式，所以存在不同的穿甲/侵彻机理，进而决定着不同的终点弹道性能，如无限靶的侵彻深度、有界靶的弹道极限和剩余速度等。如图 3.1.1 所示，针对脆性和韧性的有界靶，Backman and Goldsmith(1978) 识别了 8 种不同的可能穿甲模式。即使同一靶材，但有不同厚度，其穿甲模式也会发生变化。如图 3.1.2 所示，Leppin and Woodward(1986) 给出尖头弹穿甲不同厚度的钛合金靶时的不同模式。

由于穿甲/侵彻机理的复杂性，实验室试验观察常用于指导其穿甲模型建立。相关研究通常可分类为：① 基于试验结果的经验公式；② 理想化的理论模型；③ 数值模拟。Corbett et al.(1996) 按此分类对刚性弹穿甲金属靶进行了详细评论。Zukas and Scheffler(2000)、Scheffler and Zukas(2000)、Chen(1992) 和 Borvik et al.(1999) 则对穿甲数值模拟方法进行专门阐述。

在穿甲动力学研究中建立理论模型是非常简洁、有效的手段之一，理论模型可以简单有效并成功地分析侵彻与穿甲过程，但其合理性受限于实际应用，并严重依赖于试验观察以及相关假设。

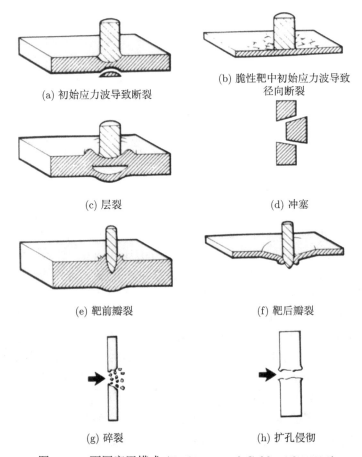

(a) 初始应力波导致断裂

(b) 脆性靶中初始应力波导致
径向断裂

(c) 层裂

(d) 冲塞

(e) 靶前瓣裂

(f) 靶后瓣裂

(g) 碎裂

(h) 扩孔侵彻

图 3.1.1　不同穿甲模式 (Backman and Goldsmith, 1978)

刚性弹对韧性金属薄靶的穿甲通常同时包括局部撞击响应和整体结构响应 (Li and Chen, 2001)。除局部侵彻或压入外，薄圆靶一般有两类基本的结构响应: 弯曲响应和膜应力响应。它们对穿甲过程的影响主要依赖于靶体厚度和刚性弹撞击速度。薄靶和低速情形，靶板结构响应以膜变形为主。随着靶厚与撞击速度的增加，局部剪切变形越显重要 (钝头弹体)，而膜变形的影响显著下降。在一定的靶厚条件下弯曲变形可达最大 (Corbett et al, 1996)。厚靶情形，其穿甲过程主要由局部侵彻控制，同时最后阶段的失效机制也影响厚靶的终点弹道性能，这依赖于靶材料、靶尺寸、弹头形状和初始速度等。穿甲的最后阶段有多种失效机制，比如，对尖形弹可以是韧性开孔或花瓣破孔，高速撞击脆性靶则可以是破碎，钝头弹体则是剪切冲塞或绝热剪切破坏 (Corbett et al, 1996; Backman and Goldsmith, 1978; Woodward, 1984)。

伴随靶厚、撞击速度和弹体头部钝度的增加，剪切冲塞非常容易成为靶穿甲的最终模式。遵循动量和能量守恒，Recht and Ipson(1963) 根据撞击速度和量纲分析求得弹道极限速度，建议用剪切冲塞模型预测剩余速度。该模型忽略相对较薄靶板的结构响应，以及相对较厚靶板的局部侵彻。

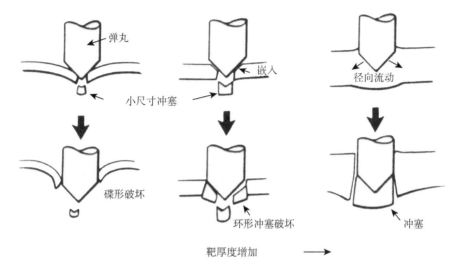

靶厚度增加 ⟶

图 3.1.2　尖头弹穿甲钛合金靶时靶厚度对穿甲模式的影响 (Leppin and Woodward, 1986)

　　计及结构响应的相关模型可视为 Recht and Ipson(1963) 模型的进一步发展，而其实质是刚塑性结构动力学 (Jones, 1997) 在穿甲力学中的应用。文献 (Woodward, 1987; Liu and Stronge, 1995; Liu and Jones, 1996) 建议的忽略局部侵彻的结构模型，针对钝头弹体撞击靶板的穿甲问题已给出较好分析。结构模型中的剪切冲塞是根据刚塑性分析中剪切铰的概念，通常在相对较厚结构件的早期响应阶段激发 (Jones, 1997; Symonds, 1968; Li, 2000; Li and Jones, 2000a)。目前，针对穿甲问题要想获得一个总体结构模型，将各种由复杂的局部响应和失效模式引起的失效分析包含在刚塑性分析中，例如，因不同靶厚和撞击速度可能导致的凹陷 (dishing)、瓣裂 (petalling) 或侵彻 (penetration) 等是非常困难或不可能的 (Corbett et al, 1996)。同时即使对一个总体结构模型，也难给出简单的终点弹道性能公式，后者则是工程应用迫切希望的。

　　随着靶厚的增加，局部效应愈显重要，而结构响应则减少。当结构响应忽略时，多阶段模型常用于研究厚靶穿甲问题。Awerbuch(1970) 将靶体侵彻分为两个阶段：在第一阶段仅由惯性和压缩力作用减速弹体有效质量；当靶材的剪切冲塞形成时则进入第二阶段，这时环面剪切力作用代替压缩阻力。Goldsmith and Finnegan(1971) 通过考虑第二阶段剪切力的衰减进一步发展 Awerbuch(1970) 模型。Awerbuch and Bodner(1974a) 将 Awerbuch(1970) 的两阶段模型延伸为三阶段模型。在第二阶段，弹体除有惯性和靶材的抵抗力作用外，尚有剪切力作用。Ravid and Bodner(1983) 进一步对其进行修正，建议为二维五阶段模型：动态塑性侵彻、鼓包形成、鼓包发展、冲塞形成、弹体穿靶。该五阶段在穿甲/侵彻过程中是连续耦合的，模型不仅能给出弹体和冲塞的出靶速度，也可给出鼓包和冲塞形状以及力/时间历史。该模型被 Ravid et al.(1994) 进一步推广至不同的弹体头部形状，考虑深侵彻和热软化引起的塑性流场变化。Liss et al.(1983) 另外建议一个五阶段模型，计及沿靶厚及径向的应力波传播。遗憾的是，这些高阶模型需要用数值过程求解弹体的运动方程，不适于工程应用。

对于厚金属靶 (理论上假设为半无限) 的侵彻问题，已有相当多的理论模型 (Batra, 1987; Woodward, 1996)。Poncelet 公式常用于计算平头弹体撞击的阻力 (Bulson, 1997)，$F = A_0(a + cV^2)$，其中 A_0 是弹体的横截面面积，V 是撞击速度，a 和 c 是由试验确定的材料常数 (非平头弹体，a 和 c 与弹头形状相关)。多阶段的穿甲模型及深侵彻模型均使用 Poncelet 公式。在深侵彻问题中常用的动态空腔膨胀模型，经由文献 (Goodier, 1965; Forrestal et al, 1991，1995) 从准静态空腔模型推广发展及应用而来，进一步提供了 Poncelet 公式的理论基础。文献 (Chen and Li, 2002，2003a, b; Li and Chen, 2003; Chen et al, 2005，2006) 将动态空腔膨胀模型应用于不同靶介质、弹头形状及撞击速度的穿甲/侵彻问题的进一步分析。Li et al.(2004) 进一步考虑厚金属靶靶后边界效应，给出修正的弹头形状函数 $\bar{N}$，对 Chen and Li(2003b) 穿甲模型修正。

Liss et al.(1983) 的五阶段模型计及靶板中的剪切应力波传播。但大多数的多阶段模型一般都忽略靶板的结构响应。Shadbolt et al.(1983) 将多阶段模型与结构分析相结合，相关分析表明，当用 Reissner 板理论代替简单塑性膜应力和弯曲理论而作为结构模型时，理论结果将提高。但是，基于一些经验数据的不确定性以及复杂的数值过程，其很难应用于实际。

Corbett et al.(1996), Backman and Goldsmith(1978) 已给出金属靶穿甲试验研究的总结。试验结果要么以相关于靶厚及靶材硬度的弹道极限变化来表示，要么以弹体的剩余速度随撞击速度的变化来表示，其中可识别以下几个试验现象。

第一，试验表明，在一定的靶厚范围内，穿甲弹道极限可能随靶厚增加反而减小 (Corran et al, 1983)。除 Liu and Stronge(1995) 因考虑所有可能的结构响应，可以分析该结果外，绝大多数分析模型不能对此进行分析。但 Liu and Stronge(1995) 的模型要求用数值运算求解所选速度场的非线性微分方程，不易于实际应用，同时也未考虑局部侵彻。

第二，Forrestal and Hanchak(1999) 注意到 HY/100 钢板穿甲中在弹道极限附近存在一剩余速度的阶跃。在特定靶厚条件下，剩余速度可在弹道极限附近突然上升到一有限值。包括 Recht and Ipson(1963) 在内的所有多阶段模型均不能对此进行理论分析。Forrestal and Hanchak(1999) 借用刚塑性梁模型说明此现象。

　　第三，Sangoy et al.(1988) 观测到在一定条件下，随靶材硬度增加，弹道极限可能下降。该现象与早期的设计准则相悖，人们的认知常识似乎是靶材硬度越高，靶体抗穿甲性能越好。该现象的进一步试验证据可参见 Pereira and Lerch(2001)。有理由相信该现象主要由绝热剪切带的形成而产生 (Sangoy et al, 1988; Pereira and Lerch, 2001)；当然，靶材的硬度提高导致脆性增加，也可发生更容易的靶失效。梁中剪切失效向绝热剪切失效的转变可见 Li and Jones(1999)。Chen et al.(2005) 对韧性靶穿甲的绝热剪切失效开展理论分析。

　　发展一简单而有合理精度并可预期试验观测的分析模型是相当困难的。Chen and Li(2003a) 建议一杂交模型用于分析钝头弹撞击韧性圆靶的剪切破坏穿甲。模型包括冲塞运动、刚塑性分析和局部的侵彻/压入，利用简单的刚塑性分析代替 Shadbolt et al.(1983) 二阶段模型中的 Reissner 板理论，因而对一定厚度的靶板，给出了工程应用所迫切希望的简单的终点弹道性能公式。理论分析将 Recht and Ipson(1963) 模型包括进去，使其成为一个特例。

　　数个近期发表的穿甲/侵彻分析模型利用速度场描述，即利用非粘流体动力学在靶中生成近似的质点速度场。Yarin et al.(1995) 速度场模型包括弹靶的惯性、弹塑性阻力及靶的有限厚度。Roisman et al.(1997，1999) 进一步将其应用于刚性弹的斜侵彻及跳飞的分析。若引入速度场的奇点法，Yarin et al.(1995) 和 Roisman et al.(1997，1999) 可进一步推广应用于任意头形弹体的穿甲/侵彻问题。

　　在斜穿甲的分析模型中如何将最重要的变形和失效模式包括进去而又同时保持模型的简便和相当的合理精度，仍是值得尝试的。基于正穿甲的三阶段模型，Awerbuch and Bodner(1977) 进一步对着角 β 的斜穿甲进行分析。模型第一阶段，仍由惯性和压缩力作用，但横截面由 $S/\cos\beta$ 代替 S；有效靶厚则变化为 $H_{\text{eff}} = H/\cos\beta$；弹体运动方向仍沿着角 β 方向。相关的变化应用于第二、三阶段，从而获得穿甲过程各阶段的对应速度。

　　Zener and Peterson(1943) 指出，正、斜穿甲的区别在于有效靶厚的增加，即 $H_{\text{eff}} = H/\cos(\beta + \delta)$，而 δ 是斜穿甲时横向力作用弹体造成的穿甲路径的方向改变角。Recht and Ipson(1963) 以及 Ipson and Recht(1975) 进一步认为方向改变的绕轴旋转点靠近撞击表面，因此根据能量平衡将正穿甲推广至斜穿甲情形。类似地，其两阶段穿甲模型包括撞击减速和剪切冲塞过程。更新近的试验数据，如 Piekutowski et al.(1996) 和 Roisman et al.(1999) 等，进一步证实方向改变主要发生在第一阶段。Chen et al.(2003b，2005，2006) 和陈小伟等(2005) 基于动态空腔膨胀理论和冲塞模型，分别给出适于一般头形的刚性弹对薄、中厚度金属靶的正/斜穿甲的分析模型。Chen et al.(2006) 分析模型也可分析跳飞发生的临界条件。

　　我们将讨论刚性弹穿甲/侵彻金属靶的主要控制参数。根据试验结果和分析模型, 将主要讨论靶材、靶厚、弹头形状及撞击速度对穿甲/侵彻的影响。

3.2　穿甲机理

　　试验结果表明: 刚性弹金属靶穿甲主要受金属靶的局部效应和靶体结构响应的影响。其中, 局部效应主要是弹头撞击时靶体的局部侵彻与穿甲等反应, 区别于靶体整体的弯曲、横向剪切及膜力变形等结构响应。通常靶体局部效应是 3D 问题, 并在厚靶及高速时重点考虑。而结构响应则通常是 1D 或 2D 问题, 可用简单结构理论 (如梁、板、壳等) 进行模拟。当靶板较薄或较低速撞击时, 靶板结构响应出现, 与之对应的是其局部效应早于结构响应发生。

　　一般地, 假设穿甲问题中同时包括靶板局部效应和结构整体响应。两者在穿甲/侵彻过程中的重要性在不同条件下是迥异的, 并主要依赖于靶板厚度。

3.2.1　厚靶情形

　　当靶板较厚时, 只要弹头前的靶材塑性变形区不到达靶背面, 其靶背面边界对弹体穿甲/侵彻几乎没有影响, 可忽略靶板的结构响应。尽管靶板侵彻面对应力波有自由面反射作用, 厚靶侵彻仍主要由侵彻过程控制, 同时受其最终穿甲失效机制影响。Ravid and Bodner(1983) 对此已作了较详细的解释, 如图 3.2.1 所示。

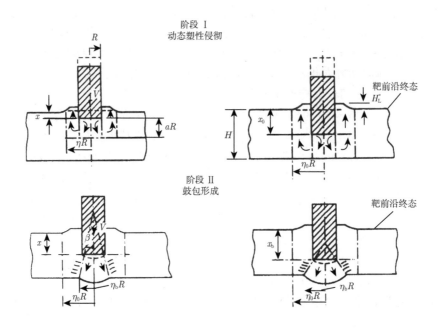

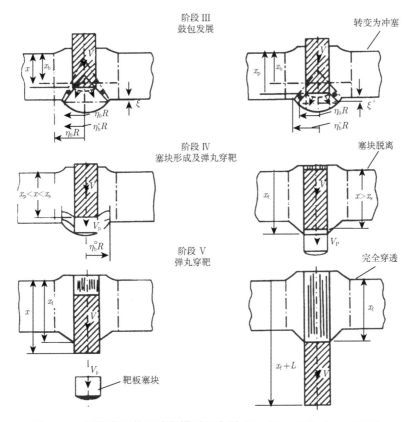

图 3.2.1　厚靶穿甲的五阶段模型示意图 (Ravid and Bodner, 1983)

3.2.2　中厚靶情形

对于中厚靶情形，若靶局部效应和整体结构响应有时间上的重叠，则后者将影响刚性弹的穿甲。结构响应包括靶板弯曲、膜效应及横向弯曲变形等，将导致靶板横截面的塑性变形及损伤，其最终穿甲的失效机理将依赖于靶材、靶厚、弹头形状和撞击速度。中厚靶穿甲同时受靶板局部效应、结构响应及最终穿甲失效机制控制。

3.2.3　薄靶情形

尽管刚性弹将对靶板形成局部损伤及嵌入，导致其局部变形区的特殊失效，其侵彻过程仍主要受靶板结构响应控制。可用简单的结构模型及失效判据对穿甲过程进行描述，依赖于靶材、靶厚及靶形、弹头形状和撞击速度等。

3.3 穿甲过程中的重要物理参量

3.3.1 撞击速度

不同撞击速度将导致不同的穿甲失效机制。较小速度 ($< 10^2$m/s) 主要引起靶板的局部侵入和整体结构响应。中速 ($\sim 10^2$ m/s) 则可能同时引起靶板的局部侵彻和整体结构响应。高速 ($> 10^3$m/s) 主要引起靶体侵彻并可忽略其结构响应。速度的分类也须考虑其他因素影响。

例如，在亚弹速及弹速范围，不同速度下靶板的穿甲损伤可以完全不同。Goldsmith and Finnegan(1971) 开展了 150~2700 m/s 速度范围内钢球正撞击钢靶及铝合金靶的系列试验研究，发现弹丸的速度降在弹道极限时为最小，然后随弹体初速增加而单调增加。在弹道极限时，靶板的凹陷变形量最大，然后随速度增加而下降；同时，冲塞块厚度先下降然后达到一稳定值。

Johnson(1972) 破坏数 $\Phi_J = \rho V_i^2 / \sigma_f$，直接与撞击速度相关，可用于识别刚性弹穿甲的严重性，当 $\Phi_J < 1$ 时，靶板整体响应比局部效应重要；当 $\Phi_J \sim 1$ 时，靶板整体响应和局部效应同时发生作用；当 $\Phi_J \gg 1$ 时，局部的穿甲/侵彻效应远超靶板整体结构响应。

3.3.2 靶材强度

Johnson(1972) 破坏数显示了靶体强度在穿甲中的重要性，一般地，针对不同靶材的金属靶侵彻深度及穿甲弹道极限的经验公式也将靶材强度作为重要参量进行考虑 (Corbett et al, 1996; Chen and Li, 2002; Li and Chen, 2003)。

试验结果已充分表现了靶材强度对薄靶弹道性能的影响。Sangoy et al.(1988) 指出，靶材硬度与弹道极限的关系中存在三个不同区域 (图 3.3.1)：①若靶材硬度较低，弹道极限随靶材硬度而增加；②中等硬度区域，绝热剪切带的产生导致弹道极限下降；③高硬度区，弹体容易破碎，其弹道极限再次随靶材硬度而增加。Pereira and Lerch(2001) 也观察到类似现象。Li and Jones(1999)、Kalthoff and Winkler(1987)、Kalthoff(1990, 2000) 已较详细地讨论了材料失效模式从屈服到绝热剪切的转变。

根据靶板中应力状态为平面应力或平面应变，Dikshit et al.(1995) 进一步分析了靶材硬度对弹道性能的影响。针对薄靶情形，即平面应力状态，Sangoy et al.(1988) 的结论是有效的。若在厚靶情形，即处于平面应变状态，靶材硬度增加将导致侵彻阻力增加，因为弹头前塑性区尺寸增大，其能量耗散增加。因此，靶材强度对穿甲性能的影响与靶板厚度相关联。

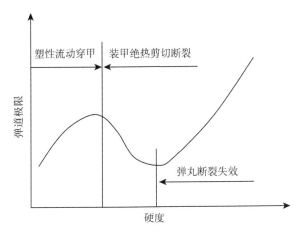

图 3.3.1 装甲钢弹道极限随靶材硬度的变化 [Sangoy et al.(1988)]

3.3.3 靶材厚度

3.1 节和 3.2 节已较宏观地讨论了靶厚对穿甲性能的影响，以下则主要针对较薄靶板情形进行讨论。

Leppin and Woodward(1986) 分析了尖锥形弹撞击钛合金靶时靶厚对穿甲失效的影响。穿甲模式随靶厚的变化如图 3.1.2 所示。当靶板从薄靶 ($H/d < 1$) 变至中厚靶 (厚度为弹径 d) 时，弹前的冲塞块直径显著增加。结构响应明显，薄靶屈服，其中心的变形扰度远大于靶厚，这也为 Corran et al.(1983) 和 Liss and Goldsmith(1984) 所证实。大变形引起的膜伸长严重影响弹靶接触区域周围的屈服机制。另外，弹头形状又显著影响其靶板局部的压入。如 3.4 节将要讨论的，靶板结构响应包括膜力伸长 (颈缩)、弯曲铰 (拉伸) 及剪切铰 (冲塞) 等。

刚塑性理论表明剪切铰可在较厚靶时产生，导致靶板剪切冲塞穿甲，而薄靶时则易因为碟形凹陷拉伸而屈服 (Jones, 1997)。因此，膜效应为整体结构响应，而弯曲及剪切为局部效应。整体结构响应和局部侵彻效应的相互作用，导致弹道极限分析同时受靶板塑性变形模型和典型失效判据的共同影响。

Dikshit et al.(1995) 证明了靶板厚度强烈影响靶材硬度对弹道性能的效应。针对厚靶和薄靶分别定义 "平面应变" 和 "平面应力"，分别对应于弹前靶材塑性流动有无约束。平面应变向平面应力转变的条件是弹前塑性区刚到达靶背面。因此，在平面应力条件下，薄靶 ($H/d < 1$) 穿甲发生；相反在平面应变条件下，厚靶 ($H/d \gg 1$) 侵彻发生。

针对刚性弹撞击不同厚度金属靶，已有多个分析模型用于表征靶板的变形与失效。

薄靶 ($H/d < 1$) 穿甲时，多数模型仅考虑单一失效机理，如碟形凹陷、韧性扩

孔、冲塞、绝热剪切、弯曲或拉伸失效等。但须注意的是，真实的薄靶穿甲仍可能是多个机制共同作用。

中厚靶 ($H/d \sim 1$) 穿甲时，Recht and Ipson(1963) 模型假设为经初始侵彻后即冲塞穿甲，该模型根据能量和动量守恒可简便获得弹体剩余速度。

Awerbuch and Bodner(1974a, b) 建议了一个三阶段刚性弹穿甲金属靶模型。第一阶段，弹体受阻于靶材的塑性流动及惯性作用。在第二阶段，弹前靶体塞块形成，因此弹体和塞块受阻于剪切阻力。最后阶段则是对应于冲塞穿甲。Ravid and Bodner(1983) 进一步发展该模型为 2D 的五阶段模型，也即，动态塑性侵彻、鼓包形成、鼓包发展、塞块形成及弹体穿靶，如图 3.2.1 所示。5 个阶段在侵彻过程中是连续耦合的，模型不仅能给出弹体和塞块的剩余速度，也能给出鼓包和塞块形状及侵彻阻力的历程曲线。Ravid et al.(1994) 进一步推广该模型至不同弹头形状，同时考虑了因深侵彻和热软化导致的弹前塑性区流动变化。

厚靶 (或半无限靶) 撞击时已有大量侵彻模型，如 Woodward(1996) 和 Batra(1987)。Bishop et al.(1945) 提出静态柱形或球形空腔膨胀模型，继而 Goodier(1965) 发展为动态模型并应用于侵彻问题。Forrestal et al.(1991，1995) 进一步发展空腔膨胀模型，将其应用于不同弹头形状不同速度对不同靶介质的侵彻。在此基础上，Chen and Li(2002) 和 Li and Chen(2003) 提出了两个无量纲数，即撞击函数 (I) 和弹体几何函数 (N)，可完全控制刚性弹的侵彻动力学。

既能有效地综合考虑靶板的不同变形失效模式，又能简单合理地给出其终点弹道性能的分析，这是刚性弹穿甲/侵彻的力学建模的一个重要挑战。

3.3.4　弹头形状

大量的研究表明：穿甲/侵彻中的冲击载荷、能量耗散以及主要失效机制都强烈依赖于弹头形状。原则上，尖头弹穿甲金属靶，如尖卵形或尖锥形，容易产生韧性扩孔或瓣裂模式；而钝头弹，如平头弹、半球形弹或蘑菇头弹等，则易导致靶板冲塞、碟形凹陷、崩裂或碎裂等破坏模式。

Corran et al.(1983) 利用钝头弹撞击金属靶测得其临界撞击能量与弹径相关。临界撞击能量随钝头弹的弹径增加而增加，直至弹径增加导致靶板失效机制从碟形拉伸向剪切冲塞转化时达到能量最大值 (Corbett et al, 1996)。

已知经验公式中使用的弹体形状因子反映了弹头的平均特征 (Li and Chen, 2003)，而将弹头的几何特征完全融入一个无量纲数而得到的弹体几何函数，较前者更全面地反映了弹体形状对穿甲的影响，这些内容将在 4.5 节专门介绍。

3.4 穿甲中结构响应和局部效应的分析模型

3.4.1 引言

刚性弹撞击金属靶，一般地可利用能量和动量守恒求解其局部效应，以获得弹道极限和剩余速度。整体结构响应则多采用梁、板、壳理论进行建模分析。通过大量的试验数据拟合或依赖于穿甲中的能量平衡，已建立起大量的经验公式，如 De Marre(1886), SRI Formula(1963), BRL formula(1968), Neilson(1985) 和 Wen-Jones(1992) 等 (Corbett et al, 1996)，这里不再赘述。

金属靶穿甲的分析模型首先是由 Taylor(1948) 通过计算韧性扩孔所消耗的功而提出的。之后，更多的研究相继出现，如 Thomson(1955), Zaid and Paul(1957), Recht and Ipson(1963), Woodward(1978, 1984, 1987, 1996), Goldsmith and Finnegan (1971) 和 Shadbolt et al.(1983)。须指出的是，以上分析模型多侧重于薄板 ($H/d < 1$) 情形。Dikshit and Sundararajan(1992), Dikshit et al.(1995), Hetherington(1996), Piekutowski et al.(1996) 以及 Liaghat and Malekzadeh(1999) 进一步讨论了刚性弹穿甲金属靶中的能量和动量分布等。

以上分析模型分别采用了不同的穿甲机理，如碟形凹陷、韧性扩孔、冲塞、绝热剪切及拉伸等。鉴于穿甲中容易同时出现多种失效机制，而以上模型一般仅考虑单一机制，故其都只在特定场合适用。须特别指出的是，局部效应对靶板失效相对重要，但在结构响应分析模型中通常都被忽略掉了。

3.4.2 刚塑性模型

动态冲击下结构响应分析模型已得到显著发展，梁板壳理论可同时考虑应变率、应变硬化等效应，Jones(1997) 全面总结了结构冲击中的刚塑性模型及其应用。

忽略局部效应的结构分析模型可以较好地解决钝头弹穿甲问题，原因在于钝头弹撞击仅产生甚小的局部效应，如 Liu and Stronge(1995) 和 Liu and Jones (1996)。Jones(1997), Li and Jones(2000b) 等也给出了结构模型中重要的无量纲参数，但当计及材料失效时，不同的失效模式导致不同的失效判据 (Menkes and Opat, 1973; Jones, 1997; Li and Jones, 1999):

模式 I: 非弹性大变形；

模式 II: 弯曲、剪切及膜响应复合引起的撕裂失效；

模式 III: 局域化剪切铰中横向剪切响应导致的剪切失效；

模式 IV: 局域化剪切铰中横向剪切响应导致的绝热剪切失效；

模式 V: 应力波传播导致的响应及失效。

须注意的是，Johnson 破坏数为 $\Phi_J = \rho V_i^2/\sigma_y$，剪切–弯曲数为 $\nu = Q_0 R/2M_0$
(其中 Q_0 为靶材剪切强度，M_0 为屈服弯矩，R 为靶径)，对靶板的结构响应起
主导作用；同时，失效判据又控制着靶板结构的失效，两者共同对穿甲起决定性
作用。

3.4.3　动态空腔膨胀模型

Bishop et al.(1945) 将准静态的柱形或球形空腔方程应用于尖锥体对金属靶
的压入阻力求解。Goodier(1965) 考虑了靶板的惯性效应，将 Hill(1948) 和 Hop-
kins(1960) 提出的不可压靶材的动态空腔膨胀方程应用于求解刚性球撞击金属靶
的侵彻深度。最近几十年，Forrestal 及其合作者将空腔膨胀模型应用于不同靶体
(如金属、混凝土及土壤等) 的深侵彻研究，开展了大量卓有成效的工作，如 Forrestal
and Luk(1988, 1992)，Forrestal et al.(1994，1995) 和 Luk et al.(1991)。

动态空腔膨胀模型假设作用于弹头表面的法向应力可用 1D 的球形或柱形空
腔膨胀求解近似，因此，侵彻阻力可沿弹头表面积分获得，然后再利用动量方程求
解弹体运动方程。

对于铝合金类的韧性金属靶穿甲，动能消耗主要用于平衡内功耗散。当柱形空
腔膨胀用于近似韧性扩孔时，将靶板理想化为相互独立的多个薄层且垂直于侵彻
方向，可推导得 (Forrestal et al, 1987; Rosenberg and Forrestal, 1988)

$$M\left[V_i^2 - V_r^2\right] = \frac{\pi d^2 H \sigma_d}{2} \tag{3.4.1}$$

其中 V_i 和 V_r 分别是初始速度及剩余速度。d 和 M 分别是弹径和弹质量，H 是靶
厚。根据空腔膨胀分析给出作用于弹尖的法向压缩应力

$$\sigma_d = A\sigma_y + B\rho V^2 \tag{3.4.2}$$

其中 V 是穿甲过程中的瞬时速度，A 和 B 是无量纲材料参数 (金属靶材时有理论
解)(Forrestal and Luk, 1988; Luk et al, 1991)。ρ 和 σ_y 分别是靶材密度和静屈服应
力。方程 (3.4.2) 与 Poncelet 方程相似。

当 $V_r = 0$ 时，求得弹道极限 V_{BL}，这时方程 (3.4.2) 中因速度趋于零，可认为
σ_d 为准静态应力 σ_s。因此，

$$V_{BL} = \left(\frac{\pi d^2 H \sigma_s}{2M}\right)^{1/2} \tag{3.4.3a}$$

$$\sigma_s = A\sigma_y \tag{3.4.3b}$$

因此剩余速度 V_{r} 是

$$\frac{V_{\mathrm{r}}}{V_{\mathrm{BL}}} = \left[\left(\frac{V_{\mathrm{i}}}{V_{\mathrm{BL}}} \right)^2 - \frac{\sigma_{\mathrm{d}}}{\sigma_{\mathrm{s}}} \right]^{1/2} \tag{3.4.4}$$

在亚弹速 ($V_{\mathrm{i}} < 1000\mathrm{m/s}$) 范围内，影响刚性弹穿甲/侵彻金属靶阻力的多个参数可分别分类为弹相关 (弹体尺寸、形状和质量)，撞击相关 (撞击速度、姿态角) 和靶相关 (靶材强度/硬度、密度、韧性及靶厚等)。一般而言，各穿甲分析模型根据相关参数的取值，都有其特定的使用范围。

3.4.4 金属靶穿甲的经验模型

这里特别给出在金属靶穿甲中常用的一个经验模型，可认为它是几乎所有金属靶穿甲经验公式的典型代表并具有广泛的应用价值。Lambert 和 Jonas (Zukas et al, 1982) 基于初始撞击速度 (V_{i}) 和试验获得的弹道极限 (V_{BL})，给出剩余速度 V_{r} 的经验公式：

$$\frac{V_r}{V_{\mathrm{BL}}} = a \left[\left(\frac{V_{\mathrm{i}}}{V_{\mathrm{BL}}} \right)^p - 1 \right]^{1/p}, \quad V_{\mathrm{i}} > V_{\mathrm{BL}} \tag{3.4.5}$$

其中，经验常数 a 和 p 通过试验数据的回归分析求得。若 $p = 2$ 和 $a = M/(M + M_{\mathrm{plug}})$，$M_{\mathrm{plug}}$ 是塞块质量，方程 (3.4.5) 可完全退化为通过能量和动量守恒推导出的 Recht and Ipson(1963) 模型。该近似基于以下认识：与弹头法向应力比较，忽略弹头表面的切向摩擦阻力。

3.4.5 流体速度场模型

流体速度场是另一种应用于穿甲和侵彻的分析模型。利用粘性流体机动场以产生近似的靶中速度场。其原始概念来源于 Hill(1980), Tate(1979) 和 Ravid and Bodner(1983)，已成功应用于刚性弹和变形弹侵彻问题的研究。

Yarin et al.(1995) 和 Roisman et al.(1997，1999) 进一步发展流体速度场模型，将靶材作用于弹体的弹塑性阻力效应和惯性，以及靶厚等因素考虑进去，假设靶材不可压，按距离弹头远近将靶体划分为弹性区和刚塑性区。利用流场速度势函数 ϕ 和奇点法，Yarin et al.(1995) 给出了任意头形刚性弹侵彻的求解过程直接近似。Roisman et al.(1997) 进一步将流体速度场模型用于描述弹体侵彻的跳飞现象，Yossifon et al.(2001) 则通过分析由流体速度场模型发展出的两种理论近似异同，表明分析结果与由 AUTODYN-2D 给出的数值模拟一致，可较好地给出侵彻深度、弹道极限及剩余速度。尽管如此，由于烦琐的数学处理和模型近似，流体速度场模型与其他分析模型相比更复杂和隐晦，应用上不具备优势。

3.5　穿甲/侵彻中的量纲分析

3.5.1　引言

Li and Jones(2000b) 针对结构在高速撞击和脉冲载荷作用下的无量纲数进行分析, 量纲分析无须控制方程, 但对指导大量工程应用有用, 各无量纲数在撞击中具有不同的重要性, 可借助于不同分析方式得到。

根据大量的试验观察, 表 3.5.1 给出在穿甲与侵彻中重要的物理量。量纲分析表明, 刚性弹侵彻金属靶的剩余速度由以下参量决定:

$$V_r = f(V_i, M, d, N, H, R, \rho, \sigma_y, E, \mu_m, w_f, C_v, K_v, \theta_c) \tag{3.5.1}$$

表 3.5.1　金属靶穿甲/侵彻中的物理量及量纲

	量纲	定义		量纲	定义
d	$[L]$	弹体直径	C_v	$[L]^2[T]^{-2}[\Theta]^{-1}$	靶材比热
H	$[L]$	靶厚	K_v	$[M][L][T]^{-3}[\Theta]^{-1}$	靶材热传导率
R	$[L]$	靶径	μ_m	—	动态摩擦系数
V_i	$[L][T]^{-1}$	撞击速度	σ_y	$[M][L]^{-1}[T]^{-2}$	靶材屈服应力
N	—	弹头形状因子	E	$[M][L]^{-1}[T]^{-2}$	靶材杨氏模量
ρ	$[M][L]^{-3}$	靶材密度	w_f	$[M][L]^{-1}[T]^{-2}$	靶材应变能失效密度
M	$[M]$	弹体质量	θ_c	$[\Theta]$	特征温度

对其进行量纲分析, 可给出无量纲表达

$$\frac{V_r}{V_i} = f\left(\frac{MV_i^2}{d^3\sigma_y}, \frac{M}{\rho d^3}, \frac{d}{H}, \frac{R}{H}, N, \frac{w_f}{\sigma_y}, \frac{E}{\sigma_y}, \frac{\rho C_v V_i H}{K_v}, \mu_m, \frac{\sigma_y}{\rho C_v \theta_c}\right) \tag{3.5.2}$$

由文献 Chen and Li(2002), 分别引入无量纲撞击因子 I^* 和无量纲质量比率 λ

$$I^* = \frac{MV_i^2}{d^3\sigma_y} \tag{3.5.3}$$

$$\lambda = \frac{M}{\rho d^3} \tag{3.5.4}$$

定义无量纲的靶板半径和弹径为

$$\nu = \frac{R}{H} \tag{3.5.5a}$$

$$r = \frac{d}{H} \tag{3.5.5b}$$

其中 ν 在 Jones(1997) 的分析中也可用 $\nu = Q_0R/2M_0$ 表示, 它在刚塑性板模型的模式III响应和失效分析中是比较重要的参量。r 也可表示为 $r = Q_0d/2M_0$, 与 ν 相似, 与弹靶作用时模式III响应和靶板失效位置对应。N 定义为弹头形状因子, 在不同文献中定义有不同的表达形式。

$$\varepsilon_c = \frac{1}{E/\sigma_y} \qquad (3.5.6)$$

定义为压缩屈服应变, 表示金属材料的可压缩性。另外,

$$\alpha_1 = \frac{w_f}{\sigma_y}, \quad \alpha_2 = \frac{\rho C_v V_i H}{K_v}, \quad \alpha_3 = \frac{\sigma_y}{\rho C_v \theta_c} \qquad (3.5.7)$$

分别代表材料拉伸韧性和热不稳定性对穿甲和侵彻的影响等。因此, 方程 (3.5.2) 可重写为

$$\frac{V_r}{V_0} = f\left(I^*, \ \lambda, \ r, \ \nu, \ N, \ \alpha_1, \ \varepsilon_c, \ \alpha_2, \ \alpha_3, \ \mu_m\right) \qquad (3.5.8)$$

当 $V_r/V_i = 0$ 时, 方程 (3.5.8) 给出弹道极限 V_{BL}, 也即

$$f\left(I_c^*, \ \lambda, \ r, \ \nu, N, \alpha_1, \ \varepsilon_c, \alpha_2, \alpha_3, \ \mu_m\right) = 0 \qquad (3.5.9)$$

其中, $I_c^* = \dfrac{MV_{BL}^2}{d^3\sigma_y}$ 对应于弹道极限 V_{BL}。

事实上, 方程 (3.5.8) 中无量纲数 I^* 和 λ 与 Johnson 破坏数相关,

$$I^* = \lambda\Phi_J \qquad (3.5.10)$$

方程 (3.5.8) 中各无量纲数在穿甲和侵彻中有着不同的重要性, 须通过试验结果和理论分析进行确定。

3.5.2　侵彻深度

深侵彻中, 仅两个无量纲数, 即撞击函数 (I) 和弹体几何函数 (N) 起主导作用 (Chen and Li, 2002; Li and Chen, 2003)。两参数分别定义为

$$I = \frac{I^*}{AN_1}, \quad N = \frac{\lambda}{BN_2} \qquad (3.5.11)$$

其中 A 和 B 是柱形/球形动态空腔膨胀模型中定义的无量纲靶材系数, 由式 (3.4.2) 给出, 反映了金属材料的可压缩性。N_1 和 N_2 则是对应于弹头形状的无量纲参数, 与摩擦相关。

弹体几何函数 (N) 将弹头的几何特征完全归纳总结到一参量中, 可全面反映任意头形对侵彻深度的影响, 消除了先前对弹头形状因子定义的随意性, 有助于进行弹头形状优化设计。相关分析表明, 应用撞击函数 (I) 和弹体几何函数 (N) 可成功预测不同弹体以不同速度侵彻金属靶、混凝土靶和土壤靶等的深度 (Chen and Li, 2002; Li and Chen, 2003)。

3.5.3 结构响应及备注

横向冲击和脉冲载荷作用下结构的动塑性响应由无量纲数 I^*/λ (即 Φ_J), ν 和 r 等控制 (Jones, 1997; Zhao, 1998; Li and Jones, 2000b)。一旦考虑结构失效,则还应考虑 α_1 (韧性屈服)、α_2 和 α_3 (绝热剪切) 等无量纲参数 (Li and Jones, 1999, 2000b, 2002)。

根据试验观察,穿甲中靶材损伤区的特征尺寸与弹径和靶厚相关。例如,在韧性扩孔穿甲中,孔径近似等于弹径;在冲塞穿甲中,塞块宽度与靶厚相当 (Li, 2000; Li and Jones, 2000a, b)。在半无限靶侵彻中引入的撞击函数 (I) 和弹体几何函数 (N) 仍在中厚金属靶的穿甲中起主导作用。

无量纲参数的引入对于金属靶穿甲的不同经验公式统一为有物理意义且无量纲化起重要作用。针对不同弹体、速度及靶介质的穿甲,通过量纲分析,可有效组织缩比试验,分析试验数据及减少计算工况,避免不必要的重复工作。

本章重点评论刚性弹对金属靶穿甲/侵彻的理论建模。可以根据靶板厚度将金属靶穿甲失效机理分类为局部和整体 (结构) 响应,以此可发展建立不同分析模型。根据试验数据和分析结果,对显著影响刚性弹对金属靶穿甲/侵彻的重要物理参量进行识别,并通过量纲分析给出一组无量纲的控制参数,讨论了不同条件下相关参数的重要性和有效性。

参 考 文 献

陈小伟,李维,宋成. 2005. 细长尖头刚性弹对金属靶板的斜侵彻/穿甲分析. 爆炸与冲击, 25(5): 393-399.

Anderson C E, Jr, Bodner S R. 1988. Ballistic impact: the status of analytical and numerical modeling. Int J Impact Eng, 7: 9-35.

Anderson C E, Jr, Morris B L, Littlefield D L. 1992. A penetration mechanics database. Southwest Research Institute Report, 3593/001.

Awerbuch J, Bodner S R. 1974a. Analysis of the mechanics of perforation of projectiles in metallic plates. Int J Solids and Struct, 10(1): 671-684.

Awerbuch J, Bodner S R. 1974b. Experimental investigation of normal perforation of projectiles in metallic plates. Int J Solids and Struct, 10: 685-699.

Awerbuch J, Bodner S R. 1977. An investigation of oblique perforation of metallic plates. Exp Mech, 17: 147-153.

Awerbuch J. 1970. A mechanics approach to projectile penetration. Israel J Technol, 8: 375-383.

Backmann M E, Goldsmith W. 1978. The mechanics of penetration of projectiles into targets. Int J Eng Sci, 16: 1-99.

Batra R C. 1987. Steady state penetration of viscoplastic target. Int J Eng Sci, 25: 1131-1141.

Ben-Dor G, Dubinsky A, Elperin T. 2005. Ballistic impact: recent advances in analytical modelling of plate penetration dynamics-a review. Applied Mechanics Reviews, 58(1): 355-371.

Bishop R F, Hill R, Mott N F. 1945. The theory of indentation and hardness tests. Proc Phys Soc, 57(Part 3): 147-159.

Borvik T, Langseth M, Hopperstad O S, Malo K A. 1999. Ballistic penetration of steel plates. Int J Impact Eng, 22: 855-886.

Bulson P S. 1997. Explosive Loading of Engineering Structures. London: E & FN Spon.

Chen E P. 1992. Numerical simulation of shear induced plugging in HY100 steel plates. Int J Damage Mech, 1: 132-143.

Chen X W, Li Q M, Fan SC. 2005. Initiation of adiabatic shear failure in a clamped circular plate struck by a blunt projectile. Int J Impact Eng, 31(7): 877-893.

Chen X W, Li Q M, Fan S C. 2006. Oblique perforation of thick metallic plates by rigid projectiles. ACTA Mechanic Sinica, 22: 367-376.

Chen X W, Li Q M. 2002. Deep penetration of a non-deformable projectile with different geometrical characteristics. Int J Impact Eng, 27(6): 619-637.

Chen X W, Li Q M. 2003a. Shear plugging and perforation of ductile circular plates struck by a blunt projectile. Int J Impact Eng, 28(5): 513-536.

Chen X W, Li Q M. 2003b. Perforation of a thick plate by rigid projectiles. Int J Impact Eng, 28(7): 743-759.

Corbett G G, Reid S R, Johnson W. 1996. Impact loading of plates and shells by free-flying projectiles: a review. Int J Impact Eng, 18: 141-230.

Corran R S J, Shadbolt P J, Ruiz C. 1983. Impact loading of plates, an experimental investigation. Int J Impact Eng, 1: 3-22.

Dikshit S N, Kutumbarao V V, Sundararajan G. 1995. The influence of plate hardness on the ballistic penetration of thick steel plates. Int J Impact Eng, 16(2): 293-320.

Dikshit S N, Sundararajan G. 1992. The penetration of thick steel plates by ogive shaped projectiles-experiment and analysis. Int J Impact Eng, 12: 373-408.

Forrestal M J, Altman B S, Cargile J D, Hanchak S J. 1994. An empirical equation for penetration depth of ogive-nose projectiles into concrete targets. Int J Impact Eng, 15(4): 395-405.

Forrestal M J, Brar N S, Luk V K. 1991. Penetration of strain-hardening targets with rigid spherical-nose rods. Trans ASME J Appl Mech, 58(1): 7-10.

Forrestal M J, Hanchak S J. 1999. Perforation experiments on HY-100 steel plates with 4340 Rc38 and maraging T-250 steel rod projectiles. Int J Impact Eng, 22: 923-933.

Forrestal M J, Luk V K. 1988. Dynamic spherical cavity-expansion in a compressible elastic-plastic solid. Trans ASME J Appl Mech, 55: 275-279.

Forrestal M J, Luk V K. 1992. Penetration into soil targets. Int J Impact Engng, 12: 427-444.

Forrestal M J, Rosenberg Z, Luk V K, Bless S J. 1987. Perforation of Aluminum plates with conical-nsed rods. Trans ASME J Appl Mech, 54: 230-232.

Forrestal M J, Tzou D Y, Askari E, Longcope D B. 1995. Penetration into ductile metal targets with rigid spherical-nose rods. Int J Impact Eng, 16: 699-710.

Goldsmith W, Finnegan S A. 1971. Penetration and perforation processes in metal targets at and above ballistic limits. Int J Mech Sci, 13: 843-866.

Goldsmith W. 1999. Review: non-ideal projectile impact on targets. Int J Impact Eng, 22: 95-395.

Goodier J N. 1965. On the mechanics of indentation and cratering in solid targets of strain-hardening metal by impact of hard and soft spheres. AIAA Proc 7th Symposium on Hypervelocity Impact III, 215-259.

Hetherington J G. 1996. Energy and momentum changes during ballistic perforation. Int J Impact Eng, 18: 319-337.

Hill R. 1948. A theory of earth movement near a deep underground explosion. Kent, UK: Memo No.21-48, Armament Research Establishment, Front Halstead.

Hopkins H G. 1960. Dynamic expansion of spherical cavities in metals//Sneddon I N, Hill R. Progress in solid mechanics.1. Amsterdam. New York: North-Holland Publishing Co.

Ipson T W, Recht R F. 1975. Ballistic penetration resistance and its measurement. Exp Mech, 15: 249-257.

Johnson W. 1972. Impact strength of materials. Edward Arnold, 17(1): 264-265.

Jones N. 1997. Structural Impact. 1st ed. 1989. Paperback Edition. Cambridge: Cambridge University Press.

Kalthoff J F, Winkler S. 1987. Failure mode transition at high rates of shear loading//Chiem C Y, et al. Proc Int Conf On Impact Loading and Dynamic Behaviour of Materials. Bremen, Deutsche Gesellschaft fur Metallkunde, DGM, 185-196.

Kalthoff J F. 1990. Transition in the failure behaviour of dynamically shear loaded cracks. Arizona: Proc 11th US National Conf Appl Mech, 5247-5250.

Kalthoff J F. 2000. Modes of dynamic shear failure in solids. Int J of Fract, 101: 1-31.

Leppin S, Woodward R L. 1986. Perforation mechanisms in thin titanium alloy targets. Int J Impact Eng, 4: 107-115.

Li Q M, Chen X W. 2001. Penetration and perforation into metallic targets by a non-deformable projectile//Zhang L Z. Engineering Plasticity and Impact Dynamics. Republic of Singapore: World Scientific Publishing, 173-192.

Li Q M, Chen X W. 2003. Dimensionless formulae for penetration depth of concrete target impacted by a Non-Deformable Projectile. Int J Impact Eng, 28(1): 93-116.

Li Q M, Jones N. 1999. Shear and adiabatic shear failures in an impulsively loaded fully clamped beams. Int J Impact Eng, 22: 589-607.

Li Q M, Jones N. 2000a. Formation of a shear localization in structural elements under transverse dynamic loads. Int J of Solids and Struct, 37: 6683-6704.

Li Q M, Jones N. 2000b. On dimensionless numbers for dynamic plastic response of structural members. Arch Appl Mech, 70: 245-254.

Li Q M, Jones N. 2002. Response and failure of a double shear beam subjected to mass impact. Int J Solid and Struct, 39(7): 1919-1947.

Li Q M, Reid S R, Wen H M, Telford A R. 2005. Local impact effects of hard missiles on concrete targets. Int J Impact Eng, 32(1-4): 224-284.

Li Q M, Weng H J, Chen X W. 2004. A modified model for the penetration into moderately-thick plates by a rigid, sharp-nosed projectile. Int J Impact Eng, 30(2): 193-204.

Li Q M. 2000. Continuity conditions at bending and shearing interfaces of rigid, perfectly plastic structural elements. Int J of Solids and Struct, 37: 3651-3665.

Liaghat G H, Malekzadeh A. 1999. A modification to the mathematical model of perforation by Dikshit and Sundararajan. Int J Impact Eng, 22: 543-550.

Liss J, Goldsmith W, Kelly J M. 1983. A phenomenological penetration model of plates. Int J Impact Eng, 1(4): 321-341.

Liss J, Goldsmith W. 1984. Plate perforation phenomena due to normal impact of blunt cylinders. Int J Impact Eng, 2: 37-64.

Liu D Q, Stronge W J. 1995. Perforation of rigid-plastic plate by blunt missile. Int J Impact Eng, 16: 739-758.

Liu J H, Jones N. 1996. Shear and bending response of a rigid plastic circular plate struck transversely by a mass. Mech Struct Mach, 24(3): 361-388.

Luk V K, Forrestal M J, Amos D E. 1991. Dynamics spherical cavity expansion of strain-hardening materials. Trans ASME J Appl Mech, 58(1): 1-6.

Menkes S B, Opat H J. 1973. Broken beams. Exp Mech, 13: 480-486.

Pereira J M, Lerch B A. 2001. Effects of heat treatment on the ballistic impact properties of Inconel 718 for jet engine fan containment applications. Int J of Impact Eng, 25: 715-733.

Piekutowski A J, Forrestal M J, Poormon K L, Warren T L. 1996. Perforation of aluminium plates with ogive-nose steel rods at normal and oblique impacts. Int J Impact Eng, 18(7-8): 877-887.

Ravid M, Bodner S R, Holcman I. 1994. Penetration into thick targets–refinement of a 2D dynamic plasticity approach. Int J Impact Eng, 15(4): 491-499.

Ravid M, Bodner S R. 1983. Dynamic perforation of viscoplastic plates by rigid projectiles. Int J Eng Sci, 21: 577-591.

Recht R F, Ipson T W. 1963. Ballistic perforation dynamics. J Appl Mech-Trans ASME, 30: 385-391.

Roisman I V, Weber K, Yarin A L, Hohler V, Rubin M B. 1999. Oblique penetration of a rigid projectile into a thick elastic-plastic target: theory and experiment. Int J Impact Eng, 22: 707-726.

Roisman I V, Yarin A L, Rubin M B. 1997. Oblique penetration of a rigid projectile into an elastic-plastic target. Int J Impact Eng, 19: 769-795.

Rosenberg Z, Forrestal M J. 1988. Perforation of aluminum plateswith conical-nosed rods-additional data and discussion. Trans ASME Appl Mech, 55: 236-238.

Sangoy L, Meunier Y, Pont G. 1988. Steel for ballistic protection. Israel J Technol, 24: 319-326.

Scheffler D R, Zukas J A. 2000. Practical aspects of numerical simulation of dynamic material interface: materface. Int J Impact Eng, 24(8): 821-842.

Shadbolt P J, Corran R S J, Ruiz C. 1983. A comparison of plate perforation models in the sub-ordnance range. Int J Impact Eng, 1: 23-49.

Symonds P S. 1968. Plastic shear deformation in dynamic load problems//Heyman J, Leckie FA. Engineering Plasticity. Cambridge: Cambridge University Press, 647-664.

Tate A. 1979. A comment on a paper by Awerbuch and Bodner concerning the mechanics of plate perforation by a projectile. Int J Eng Sci, 17: 341-344.

Taylor G I. 1948. The formation and enlargement of a circular hole in a thin plastic sheet. Quart J Mech Appl Math, 1: 103-124.

Thompson W T. 1955. An approximate theory of armour penetration. J Appl Phys, 26(1): 80-82.

Woodward R L. 1978. The penetration of metal targets which fail by adiabatic shear plugging. Int J Mech Sci, 20: 599-607.

Woodward R L. 1984. The interrelation of failure modes observed in the penetration of metallic targets. Int J Impact Eng, 2: 121-129.

Woodward R L. 1987. A structural model for thin plate perforation by normal impact of blunt projectiles. Int J Impact Eng, 6: 129-140.

Woodward R L. 1996. Modelling geometrical and dimensional aspects of ballistic penetration of thick metal targets. Int J Impact Eng, 18: 369-381.

Yarin A L, Rubin M B, Roisman I V. 1995. Penetration of a rigid projectile into an elastic-plastic target of finite thickness. Int J Impact Eng, 16: 801-831.

Yossifon G, Rubin M B, Yarin A L. 2001. Penetration of a rigid projectile into a finite thickness elastic-plastic target—comparison between theory and numerical computations. Int J Impact Eng, 25: 265-290.

Zaid M, Paul B. 1957. Mechanics of high speed projectile perforation. J Franklin Inst, 264: 117-126.

Zener C, Peterson R E. 1943. Mechanics of armor penetration. Watertown Arsenal Report No.710/492.

Zhao Y P. 1998. Suggestion of a new dimensionless number for dynamic plastic response of beams and plates. Arch Appl Mech, 68: 524-538.

Zukas J A, Nicholas T, Swift H F, Greszczuk L B, Curran D R. 1982. Impact Dynamics. New York: Wiley.

Zukas J A, Scheffler D R. 2000. Practical aspects of numerical simulations of dynamic events: effects of meshing. Int J Impact Eng, 24: 925-945.

第 4 章　金属厚靶的穿甲与侵彻

4.1　刚性弹正穿甲/侵彻厚金属靶

对于复杂的穿甲问题, 理论模型既要包括最重要的变形和失效模式, 又要给出简单及有合理精度的结果预期, 是非常困难的。任意弹头形状的刚性弹穿甲厚金属靶, 假设其穿甲过程包括有塑性扩孔和剪切冲塞两阶段, 则可根据动态空腔膨胀理论和剪切冲塞假设给出其穿甲理论模型, 可分别应用于钝头弹和尖头弹穿甲情形 (Chen and Li, 2003; Chen et al, 2006)。

4.1.1　任意弹头形状的刚性弹正穿甲厚金属靶的理论模型

1. 侵彻模型

基于动态球形空腔膨胀理论, 正侵彻过程中任意头形的刚性弹 (质量 M) 头部受到的轴向阻力是

$$F = \frac{\pi d^2}{4} \left(A N_1 \sigma_{\mathrm{y}} + B N_2 \rho_t V^2 \right) \tag{4.1.1}$$

参数定义见第 1 章。侵彻深度 X 可由 $M \dfrac{\mathrm{d}V}{\mathrm{d}t} = -F$ 和 $V = \dfrac{\mathrm{d}X}{\mathrm{d}t}$ 确定, 其初始条件是 $V(t=0) = V_{\mathrm{i}}$ 及 $X(t=0) = 0$。

2. 剪切冲塞模型

假设在穿甲后期, 弹头前靶材承受的总压力达到冲塞形成的总剪力临界阈值, 则剪切冲塞形成并完成穿甲, 如图 4.1.1 所示。一旦冲塞形成, 在常剪力 Q_0^* 作用下, 塞块 M_{plug} 和弹头共同向前运动, 其加速度为

$$\ddot{W} = -\frac{\pi d Q_0^*}{M(1 + \eta^*)} \tag{4.1.2}$$

这里 $Q_0^* = (H^* + h)\tau_{\mathrm{y}}$, 其中 τ_{y} 是靶材的屈服剪切强度 (按 von Mises 屈服判据 $\tau_{\mathrm{y}} = \sigma_{\mathrm{y}}/\sqrt{3}$); H^* 是弹体头前的剩余靶厚; $\eta^* = M_{\mathrm{plug}}/M$。由式 (4.1.2) 可得

$$\dot{W} = \frac{1}{1 + \eta^*} \left(V_* - \frac{\pi d Q_0^* t}{M} \right) \quad \text{和} \quad W = \frac{1}{1 + \eta^*} \left(V_* t - \frac{\pi d Q_0^* t^2}{2M} \right) \tag{4.1.3}$$

塞块形成时其初始速度和位移分别为 $\dot{W} = V_*/(1 + \eta^*)$ 和 $W = 0$, 其中 V_* 是塞块形成时弹体的侵彻速度。

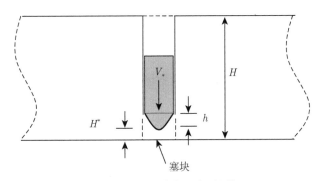

图 4.1.1 刚性弹穿甲金属厚靶

4.1.2 厚靶穿甲/侵彻阶段

1. 厚靶侵彻

若靶体足够厚，则刚性弹在靶内仅是侵彻过程。根据第 1 章可积分给出刚性弹在金属靶中无量纲侵彻深度表达式，见式 (1.3.17)。

若刚性弹侵彻至靶体背侧并导致弹头前靶材承受的总压力达到冲塞形成的总剪力临界阈值

$$F = \pi d Q_0^* \tag{4.1.4}$$

则剪切冲塞形成并完成穿甲，在钝头弹情形时容易发生；对于尖头弹情形，剪切冲塞不易发生，塑性扩孔将完全主导穿甲过程。对于薄靶或中厚度靶的钝头弹穿甲，剪切冲塞将起主导作用。

假设剪切冲塞发生时弹体速度为 V_* ($V_* < V_\mathrm{i}$)，弹前靶厚为 H^*($H^* < H$)，如图 4.1.1，由式 (4.1.4) 和式 (4.1.2) 有

$$AN_1 + BN_2 \Phi_{\mathrm{J}*} = \frac{4}{\sqrt{3}} \frac{H^* + h}{d} \tag{4.1.5}$$

其中 $\Phi_{\mathrm{J}*} = \rho V_*^2 / \sigma_\mathrm{y}$。

侵彻阶段的侵彻深度可由式 (1.3.17) 得

$$\frac{H - H^*}{d} = \chi \left(1 - \frac{H^*}{H} \right) = \frac{2}{\pi} N \ln \left(\frac{1 + \dfrac{I}{N}}{1 + \dfrac{I_*}{N}} \right) \tag{4.1.6}$$

其中 $\chi = \dfrac{H}{d}$，$I_* = \dfrac{\lambda \Phi_{\mathrm{J}*}}{AN_1}$。因此，

$$I_* = \frac{I + N}{\exp \left[\dfrac{\pi \chi}{2N} \left(1 - \dfrac{H^*}{H} \right) \right]} - N \tag{4.1.7}$$

联立式 (4.1.7) 和式 (4.1.5)，可得

$$\frac{4\chi}{\sqrt{3}}\left(\frac{H^*}{H}+\frac{h}{H}\right)=\frac{AN_1\left(1+I/N\right)}{\exp\left[\dfrac{\pi\chi}{2N}\left(1-\dfrac{H^*}{H}\right)\right]} \tag{4.1.8}$$

2. 剪切冲塞阶段

对于钝头弹，若式 (4.1.8) 有解 H^*/H，则剪切冲塞将随侵彻而产生。可根据 $\dot{W}\left(t\right)=0$ 和 $W\left(t\right)=H^*$ 获得其弹道极限。

$$V_{\mathrm{BL}}^2=\frac{AN_1\sigma_{\mathrm{y}}}{BN_2\rho}\left\{\left[1+\frac{8BN_2\chi\eta\left(1+\eta_*\right)}{\sqrt{3}AN_1}\left(\frac{H^*}{H}+\frac{h}{H}\right)\frac{H^*}{H}\right]\exp\left[\frac{\pi\chi}{2N}\left(1-\frac{H^*}{H}\right)\right]-1\right\} \tag{4.1.9}$$

式 (4.1.9) 需要与式 (4.1.8) 联立求得 H^*/H 和 V_{BL}。对应地，若初速度 $V_{\mathrm{i}}>V_{\mathrm{BL}}$，则可求得剩余速度

$$V_{\mathrm{r}}=\frac{1}{1+\eta_*}\cdot\sqrt{\frac{V_{\mathrm{i}}^2-V_1^2}{\exp\left[\dfrac{\pi\chi}{2N}\left(1-\dfrac{H^*}{H}\right)\right]}} \tag{4.1.10}$$

V_1 具有和 V_{BL} 一样形式的表达式，但是对应于初始速度 V_{i} 在 $W(t_1)=H^*$ 时获得。

4.1.3　钝头刚性弹穿甲厚靶

钝头刚性弹穿甲厚靶时，有 $N_1=N_2=N^*=1$，方程 (4.1.8) 可简化为

$$\frac{H^*}{H}-\frac{1}{2\eta B}\ln\left(\frac{H^*}{H}\right)=1-\frac{1}{2\eta B}\ln\left[\frac{\sqrt{3}}{4\chi}\left(A+B\varPhi_{\mathrm{J}}\right)\right] \tag{4.1.11}$$

式 (4.1.11) 仅当 $\chi>\sqrt{3}\left(A+B\varPhi_{\mathrm{J}}\right)/4$ 时有解 $H^*/H<1$；反之则仅须考虑剪切冲塞及靶板的结构响应，对应于薄靶或中厚靶情形。当弹靶材确定后，H^*/H 仅由 χ 和 $\varPhi_{\mathrm{J}}$ 决定。

图 4.1.2 给出一质量 25g 弹径 7.1mm 刚性平头弹以不同初速穿甲 6061-T6 厚靶时 H^*/H 与 χ 的关系，同时也给出弹道极限 V_{BL} 及对应的 H_{BL}^*/H。须指出的是，仅在 H_{BL}^*/H 曲线上方为穿透情形，当靶厚 $\chi>2.06$ 时须考虑侵彻过程，且随靶厚增加，H^*/H 迅速减薄直至忽略。

对应可求解其终点弹道性能：

$$V_{\mathrm{BL}}^2=\frac{A\sigma_{\mathrm{y}}}{B\rho}\left\{\left[1+\frac{8B\chi\eta}{\sqrt{3}A}\left(1+\frac{H^*}{H}\cdot\eta\right)\left(\frac{H^*}{H}\right)^2\right]\exp\left[2\eta B\left(1-\frac{H^*}{H}\right)\right]-1\right\} \tag{4.1.12a}$$

$$V_{\mathrm{r}} = \frac{1}{1 + \dfrac{H^*}{H} \cdot \eta} \cdot \sqrt{\frac{V_{\mathrm{i}}^2 - V_1^2}{\exp\left[2\eta B\left(1 - \dfrac{H^*}{H}\right)\right]}} \qquad (4.1.12\mathrm{b})$$

V_1 具有和 V_{BL} 一样形式的表达式，但是对应于初始速度 V_{i} 在 $W(t_1) = H^*$ 时获得。

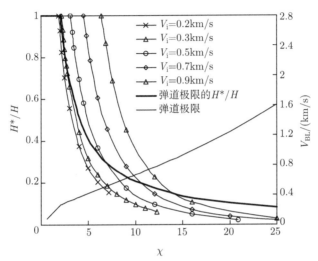

图 4.1.2 刚性平头弹不同初速穿甲铝合金靶时 H^*/H 与 χ 的相关性

若仅考虑剪切冲塞，则有 $H^* \to H$，对应地，

$$V_{\mathrm{BL}}^2 = \frac{8\sigma_{\mathrm{y}}}{\sqrt{3}\rho} \cdot \chi\eta\left(1 + \eta\right) \qquad (4.1.13\mathrm{a})$$

$$V_{\mathrm{r}} = \frac{1}{1 + \eta}\sqrt{V_{\mathrm{i}}^2 - V_{\mathrm{BL}}^2} \qquad (4.1.13\mathrm{b})$$

式 (4.1.13b) 与 Recht and Ipson(1963) 模型一致。

4.1.4 尖头刚性弹穿甲厚靶理论模型

细长尖头刚性弹的 N 值一般较大，如图 4.1.3 所示，其穿甲厚靶通常可忽略冲塞而仅认为是单一的塑性扩孔过程，也即要求 $F < \pi d Q_0^*$。模型未考虑前后翻唇区对穿靶的影响，Dikshit et al.(1995) 认为金属靶的前后翻唇区属于无约束塑性流动区，在穿甲中作用有限。因此，有

$$H^* \to 0 \qquad (4.1.14\mathrm{a})$$

$$\frac{h}{d} \geqslant \frac{\sqrt{3}AN_1\left(1 + I/N\right)}{4\exp\left(\dfrac{\pi\chi}{2N}\right)} \qquad (4.1.14\mathrm{b})$$

因此可分别求得其弹道极限和剩余速度

$$V_{\mathrm{BL}}^2 = \frac{AN_1\sigma_{\mathrm{y}}}{BN_2\rho}\left[\exp\left(\frac{\pi\chi}{2N}\right) - 1\right] \tag{4.1.15a}$$

$$V_{\mathrm{r}} = \sqrt{\frac{V_{\mathrm{i}}^2 - V_{\mathrm{BL}}^2}{\exp\left(\dfrac{\pi\chi}{2N}\right)}} \tag{4.1.15b}$$

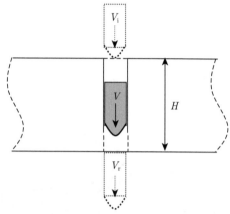

图 4.1.3　弹体穿甲靶板示意图

若弹丸足够尖细，也即有足够大的形状函数 N 值 ($1/N \to 0$ 或 $N \geqslant 100$)，对应于实战中的动能弹等，式 (4.1.15b) 可进一步简化为

$$V_{\mathrm{BL}} = \sqrt{\frac{\pi\chi AN_1\sigma_{\mathrm{y}}}{2\lambda\rho_{\mathrm{t}}}} \tag{4.1.16a}$$

$$V_{\mathrm{r}} = \sqrt{V_{\mathrm{i}}^2 - V_{\mathrm{BL}}^2} \tag{4.1.16b}$$

4.2　尖头刚性弹穿甲模型的比较分析

4.2.1　模型比较分析

Forrestal and Warren(2009) 基于柱形动态空腔膨胀理论，分别给出尖卵形和尖锥形刚性弹穿甲的弹道极限和剩余速度为

$$V_{\mathrm{BL}}^2 = \frac{\sigma_{\mathrm{s}}}{\rho_{\mathrm{t}}B_0 N_*}\left[\exp\left(2C\right) - 1\right] \tag{4.2.1a}$$

$$V_{\mathrm{r}}^2 = \left(V_{\mathrm{i}}^2 - V_{\mathrm{BL}}^2\right)\exp\left(-2C\right) \tag{4.2.1b}$$

其中，σ_{s} 为靶板动态极限强度，N_* 是与弹头形状相关的参数，类似于 Chen and Li(2002) 模型对应的形状因子 N_2。Forrestal and Warren(2009) 原文式 (28) 中指数函数误为 $(-C)$。定义系数 C 为

$$C = \frac{H}{(L + k_1 l)} \frac{\rho_t}{\rho_\mathrm{p}} B_0 N_* \tag{4.2.2}$$

其中 ρ_p 是弹体材料密度，L 为弹体的柱形弹长，l 为弹丸头部高度，而 $(L + k_1 l)$ 是弹体按弹身圆柱体等体积的等效长度。常数 B_0 即前述的靶材参数 B 的数值或试验拟合值。

当弹丸足够尖细时，可将指数函数展开，则进一步表示为

$$V_\mathrm{BL}^2 = \frac{2\sigma_\mathrm{s}}{\rho_\mathrm{p}} \frac{H}{L + k_1 l} \left(1 + C + \frac{2}{3} C^2\right) \tag{4.2.3a}$$

$$V_\mathrm{r}^2 = \left(V_\mathrm{i}^2 - V_\mathrm{BL}^2\right)\left(1 - 2C + 2C^2\right) \tag{4.2.3b}$$

比较 Chen and Li(2003) 模型和 Forrestal and Warren(2009) 模型，即式 (4.1.15a)，式 (4.1.15b) 和式 (4.2.1a)，式 (4.2.1b)，可知形式相似 (Chen et al, 2011)。在 Forrestal and Warren(2009) 模型中，靶板动态极限强度 σ_s 即对应于 Chen and Li(2003) 模型中的 $A\sigma_\mathrm{y}$，两者在参数表达上有细小差异，源于 von Mises 应力和 Tresca 应力的差别。

Forrestal and Warren(2009) 模型未考虑摩擦效应，根据 Chen and Li(2002) 关于形状因子 N_1 和 N_2 的定义可知，在不计摩擦效应时，$N_1 = 1$，$N_2 = N^*$，其中 N^* 是 Chen and Li(2003) 模型中定义的弹头形状因子。可推知

$$\frac{\pi \chi}{2N} = 2C \tag{4.2.4}$$

因此两式相同。其中，靶材系数 B 常取数值或试验拟合值 B_0，而式 (4.2.1a) 中的弹头形状参数 N_* 就是 Chen and Li(2003) 模型中的弹头形状因子 N^*。

必须指出，Forrestal and Warren(2009) 模型中尖卵和尖锥形弹体的弹头形状参数 N_* 的取值和 Chen and Li(2003) 模型中的弹头形状因子 N^* 还是有差异的，这是因为前者根据柱形动态空腔膨胀理论推导而来，即其空腔膨胀速度 V_c 的方向为与轴向垂直的径向；而后者基于球形动态空腔膨胀理论，其空腔膨胀速度 V_c 的方向为尖头形母线上各点的法向。

图 4.2.1 和图 4.2.2 分别给出两个模型在尖卵和尖锥形弹体时的弹头形状因子 N^*(或 N_*) 的比较。显然，两个模型针对 CRH$\geqslant$3 的尖卵形或半锥角 $\phi \leqslant \pi/8$ 的尖锥形，两个模型弹头形状因子 N^*(或 N_*) 的值几乎相等，可通用。但针对 CRH$\leqslant$3 的卵形或半锥角 $\phi \geqslant \pi/8$ 的锥形弹体，两个模型给出的 N^*(或 N_*) 值差异随头形变钝而增大，已不能相互替代使用。

更一般地，图 4.2.1 和图 4.2.2 表明，球形动态空腔膨胀理论的适用范围比柱形动态空腔膨胀理论更宽泛。因此，Chen and Li(2003) 模型几乎可适用于所有的卵形或锥形弹，而 Forrestal and Warren(2009) 模型仅适用于细长尖卵和尖锥形弹。

需要进一步指出的是，Chen and Li(2003) 模型在忽略摩擦效应时和 Forrestal and Warren(2009) 一致，且后者仅适用于尖卵和尖锥形弹体。更一般地，Chen and Li(2003) 模型考虑了摩擦效应，且可针对不同的尖形弹体 (即尖卵和尖锥形仅是其特例)，更具普适性。

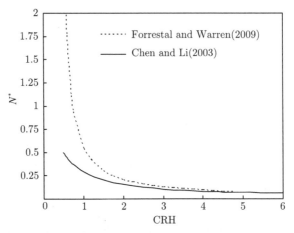

图 4.2.1　两个模型对尖卵形弹的弹头形状因子 N^*(或 N_*) 的不同预期

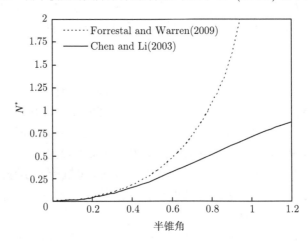

图 4.2.2　两个模型对尖锥形弹的弹头形状因子 N^*(或 N_*) 的不同预期

最后在弹头形足够尖细时，Forrestal and Warren(2009) 给出了按 Taylor 级数展开的终点弹道性能 3 项展开式，即式 (4.2.3a)，式 (4.2.3b)；而 Chen and Li(2003) 模型仅给出了级数展开式的首项，即式 (4.1.16a)，式 (4.1.16b)，也即是相当于 Forrestal and Warren(2009) 模型中 $C = 0$ 时的预期。两者没有本质的区别，更多的试验数据表明，C 值一般不超过 0.10，也即式 (4.2.3a)，式 (4.2.3b) 和式 (4.1.16a)，式 (4.1.16b) 的差异一般不超过 10%。

4.2.2 铝合金靶穿甲试验分析

根据 4.2.1 节的理论模型，对 Borvik et al.(2004, 2009)、Forrestal et al.(1990) 中尖头弹穿甲不同铝合金靶的试验数据进行重新分析，并和两种理论模型预期进行比较。其中按 Chen and Li(2003) 模型分析时，动摩擦系数按 Forrestal et al.(1988) 所设，对尖锥形弹穿甲金属靶板时，取 $\mu_m = 0.10$，而尖卵形弹时取 $\mu_m = 0.02$。

Borvik et al.(2004, 2009) 利用尖锥形弹穿甲 AA5083-H116 铝合金靶，铝合金靶厚度分别为 15mm、20mm、25mm、30mm；材料参数是：σ_y=167MPa，E=70GPa，ρ_t=2700kg/m^3 (Borvik et al, 2004)。尖锥形弹弹头形状：M=197g，L=68mm，l=30mm，d=20mm。图 4.2.3~ 图 4.2.6 分别给出 15mm、20mm、25mm 和 30mm 厚

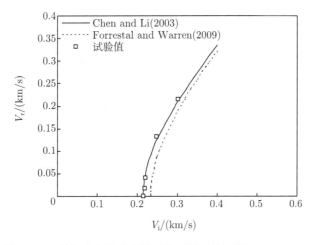

图 4.2.3 剩余速度的试验结果和不同理论预期 (H=15mm)

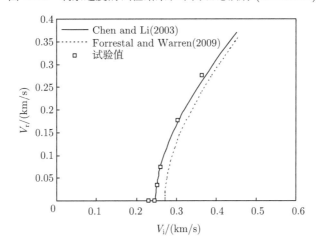

图 4.2.4 剩余速度的试验结果和不同理论预期 (H=20mm)

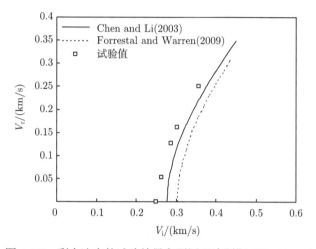

图 4.2.5　剩余速度的试验结果和不同理论预期 ($H=25\mathrm{mm}$)

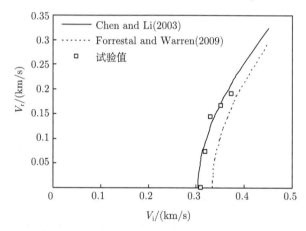

图 4.2.6　剩余速度的试验结果和不同理论预期 ($H=30\mathrm{mm}$)

度铝靶在尖锥形弹垂直穿甲时弹体终点弹道性能的理论分析值和试验结果。

将 Forrestal et al.(1990) 尖锥形弹穿甲 5083-H131 铝合金靶的试验数据进行重分析,并与两个模型的理论预期进行比较。尖锥形弹弹头形状: $M=26\mathrm{g}$, $L=20.7\mathrm{mm}$, $l=14.83\mathrm{mm}$, $d=8.31\mathrm{mm}$。5083-H131 靶板的材料参数是: $\sigma_\mathrm{y}=276\mathrm{MPa}$, $E=70.3\mathrm{GPa}$ 和 $n=0.084$, $\rho_\mathrm{t}=2660\mathrm{kg/m^3}$。图 4.2.7～图 4.2.9 分别给出 12.7mm、50.8 mm、76.2 mm 厚度 5083-H131 铝合金靶在尖锥形弹垂直穿甲时终点弹道性能的理论分析值和试验结果。

另外,图 4.2.10 和图 4.2.11 分别给出了 Borvik et al.(2004) 和 Forrestal et al. (1990) 尖锥形弹穿甲铝合金靶时,终点弹道极限随无量纲靶厚变化的试验结果和用 Chen and Li(2003) 及 Forrestal and Warren(2009) 理论模型的分析对比。显然,从

图 4.2.10 和图 4.2.11 可以看出, 对于尖卵形弹和尖锥形弹穿甲铝合金靶, Chen and Li(2003) 模型和 Forrestal and Warren(2009) 两模型都可以对试验数据给出较好的理论预期。所不同的是, Chen and Li(2003) 模型将考虑摩擦效应, 而 Forrestal and Warren(2009) 不计摩擦。另外, 由于以上分析弹型都为细长尖头形, 对应的弹头形状函数 N 值较大 ($N > 100$), Chen and Li(2003) 模型按式 (4.1.16a), 式 (4.1.16b) 给出分析值, 即相当于 Forrestal and Warren(2009) 模型中 $C = 0$ 时的预期。由于 C 值的作用, 由式 (4.2.3a), 式 (4.2.3b) 可知, Chen and Li(2003) 模型给出的弹道极限值将小于 Forrestal and Warren(2009) 模型的预期, 而剩余速度则相反, 图 4.2.3~图 4.2.11 可佐证之, 但其差异一般未超过 10%, 如前所述。

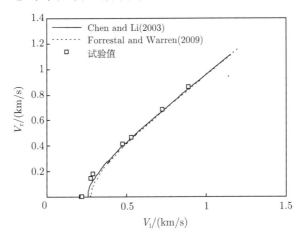

图 4.2.7　剩余速度的试验结果和不同理论预期 (H=12.7mm)

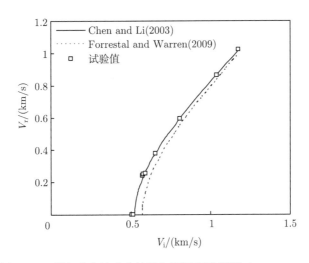

图 4.2.8　剩余速度的试验结果和不同理论预期 (H=50.8mm)

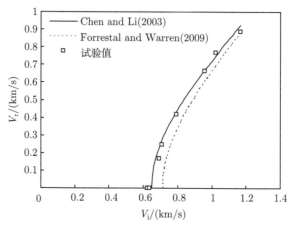

图 4.2.9　剩余速度的试验结果和不同理论预期 (H=76.2mm)

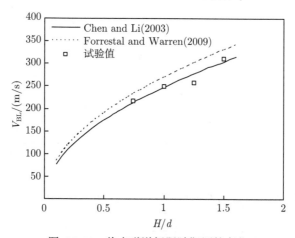

图 4.2.10　终点弹道极限随靶厚的变化

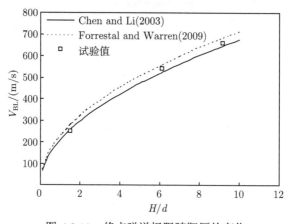

图 4.2.11　终点弹道极限随靶厚的变化

　　相对于 AA5083-H116 铝合金靶等一类延展性较好的金属靶，尖头弹的穿甲过程可视为单一的延性扩孔，其实际的失效机理与模型假设一致，因此，本节所述模型可较好地应用于此。Chen and Li(2003), Chen et al.(2005, 2006) 和 Li et al.(2004) 已强调指出，因为头部形状在弹头入靶和出靶时的补偿作用，在塑性扩孔穿甲中，几乎可完全忽略靶厚和头形的影响差异，而仅按全弹的形状函数 N 进行计算。

4.3　靶材对尖头刚性弹穿甲终点弹道性能的影响

4.3.1　钢靶穿甲试验分析

　　针对靶材 (如强度/硬度等) 对终点弹道性能的影响问题，Dey et al.(2004) 对 12mm 厚度的 Weldox 460E、Weldox 700E 和 Weldox 900E 三种靶板做了大量穿甲试验。图 4.3.1 和图 4.3.2 分别给出三种靶材的准静态应力应变曲线和应变率相关性。其差别之一是屈服强度的不同，分别为 499MPa、859MPa 和 992MPa，差别之二是 Weldox 460E 的塑性延展性显著高于 Weldox 700E 和 Weldox 900E，后两者在一定程度上较脆。另外，三者的应变率相关性相当，高应变率时，它们的屈服应力比准静态时可提高约 10%。

　　利用 4.2 节的尖头刚性弹穿甲理论模型，图 4.3.3 分别给出尖锥形弹体穿甲 12mm 厚 Weldox 460E、Weldox 700E 和 Weldox 900E 三种靶板的终点弹道性能的理

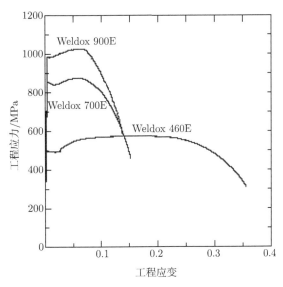

图 4.3.1　Weldox 系列钢的应力应变曲线 (Dey et al, 2004)

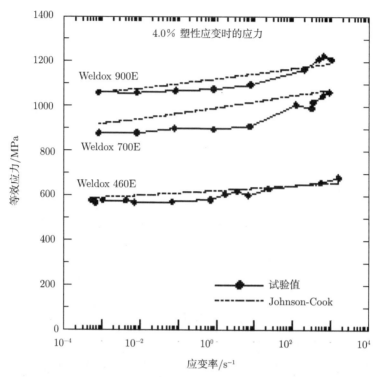

图 4.3.2   Weldox 系列钢的应变率相关性 [Dey et al.(2004)]

论分析值和试验结果对比; 按 Forrestal et al.(1988) 所设, 动摩擦系数取 $\mu_m = 0.10$。
而图 4.3.4 则分别给出尖卵形弹体穿甲相同厚度三种靶板的终点弹道性能的理论和
试验对比, 其动摩擦系数仍参考 Forrestal et al.(1988) 取 $\mu_m = 0.02$。显然, 相应
于尖锥形弹和尖卵形弹两种弹体, Weldox 460E 靶板穿甲的终点弹道理论预期和
试验结果较吻合, 而 Weldox 700E 和 Weldox 900E 两种靶板的偏差较大。另外,
图 4.3.5 和图 4.3.6 则分别给出弹道极限附近尖锥形弹和尖卵形弹穿甲三种靶板后
的弹体形貌, 显然尖锥形弹在穿甲 Weldox 700E 和 Weldox 900E 靶板后显著破坏,
头部断裂和钝粗, 其他情形弹体刚性保持较好。

就材料性能而言, Weldox 460E 与前述的 AA5083-H116 铝合金靶相似
(图 4.3.1), 其塑性延展性较好, 且强度较低, 弹体穿甲未出现破坏, 仍属于塑性
扩孔穿甲, 与 4.2 节尖头刚性弹穿甲模型假设一致。尽管靶板较薄 (无量纲靶厚
$\chi = 0.6$), 因为弹体入靶和出靶的弹头形状补偿, 4.2 节的模型仍适用, 故理论分析
给出与试验结果相当一致的预期, 如图 4.3.3 和图 4.3.4 所示。

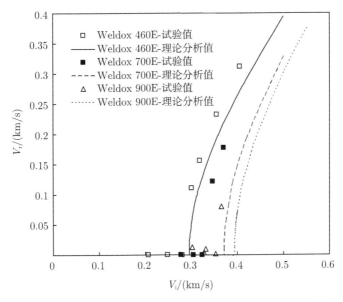

图 4.3.3　尖锥形弹体穿甲 12mm 厚 Weldox 系列钢靶的终点弹道性能比较 I

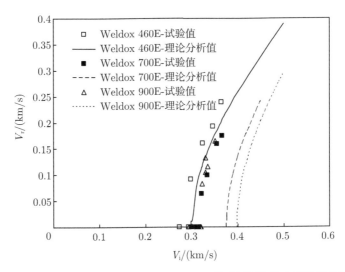

图 4.3.4　尖卵形弹体穿甲 12mm 厚 Weldox 系列钢靶的终点弹道性能比较 II

由于 Weldox 700E 和 Weldox 900E 的屈服强度较高，延展性不好，锥形弹撞击靶板时发生破坏 (图 4.3.5)，头部变短钝粗，已不遵守刚性弹假设，更类似钝头弹的穿甲。因此，4.2 节尖头刚性弹穿甲模型在此不适用。特别地，由于钝头弹撞击时靶板破坏以剪切穿甲为主，所需能量小于塑性扩孔穿甲，所以其实际的弹道极限小于尖头刚性弹穿甲的理论分析值。

图 4.3.5　尖锥形弹在弹道极限穿甲三种靶板后的形貌 (Dey et al, 2004)

图 4.3.6　尖卵形弹在弹道极限穿甲三种靶板后的形貌 (Dey et al, 2004)

尖卵形弹在穿甲 Weldox 700E 和 Weldox 900E 两种靶板后并未破坏 (图 4.3.6 所示), 刚性弹假设仍成立, 但 4.2 节尖头刚性弹穿甲模型预期与试验结果相差较大, 其主要的原因仍可能在于穿甲模式的变化。由于靶材强度/硬度增大, 不同于塑性扩孔, 局部绝热温升效应在此比较明显, 将显著降低靶材局部区域的材料强度, 导致靶板软化失效而穿甲。而本节模型未考虑温升效应。类似地, 所需能量小于塑性扩孔穿甲, 故实际的弹道极限仍小于本节理论分析值。事实上, Dey et al.(2004) 也给出了相类似的解释。

针对尖锥形弹和尖卵形弹穿甲 Weldox E 系列钢靶, 图 4.3.7 进一步给出其终点弹道极限随靶材强度变化的试验结果和模型预期。Dey et al.(2004) 试验数据表明, 伴随靶材强度/硬度增加, 终点弹道极限增加缓慢; 而理论分析在较高靶材强度时对弹道极限的预期较高。这正是由模型假设和实际的穿甲模式存在差异造成的。4.2 节尖头刚性弹穿甲模型基于塑性扩孔的动态空腔膨胀理论, 而在真实穿甲中, 靶材变化可能导致穿甲模式改变, 如弹头钝粗形成剪切冲塞或绝热温升导致材料软化。

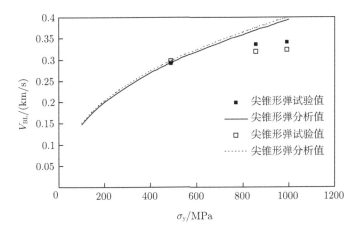

图 4.3.7　尖锥形弹和尖卵形弹终点弹道极限随靶材强度的变化

以尖锥形弹为例, 图 4.3.8 根据公式 (4.1.15a) 给出其弹道极限同时随靶厚和靶材强度的变化。必须指出, 这是完全基于塑性扩孔的理论假设。实际应用中由于靶厚和靶材的变化, 有可能令穿甲模式变化, 实际的弹道极限总是在该曲面之下。

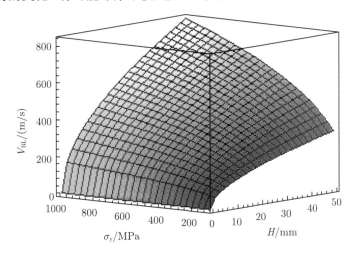

图 4.3.8　靶厚和靶材强度对尖锥形弹的终点弹道极限的影响

4.3.2　讨论

尖头刚性弹假设令理论模型简化,认为尖头弹在穿甲过程中几何形状始终不变,进而穿甲机理保持单一延性扩孔失效模式。而在实际应用中存在速度上限,若弹体撞击初速超过该上限值,弹体将可能严重侵蚀、断裂、破坏或失效,导致穿甲机理由最初的单一塑性扩孔发展为多种模式并存。一般而言,伴随撞击速度、靶板强度和厚度的增加,刚性弹假设越来越不成立,穿甲机理越易改变。

任何一个理论模型都有特定的适用范围,在具体应用时须特别强调。Chen and Li(2003) 模型和 Forrestal and Warren(2009) 模型仅限于尖头刚性弹对韧性金属靶的延性扩孔穿甲,可以给出理想的终点弹道预期。一旦穿甲模式发生改变,则相关模型将不能正确工作。

在单一延性扩孔假设的前提下,Chen and Li(2003) 和 Forrestal and Warren (2009) 都用到较简单的材料本构关系。由第 1 章和 Chen and Li(2002,2003) 的分析可知,弹丸穿甲金属靶的侵彻阻力由撞击函数 I 和弹头形状函数 N 决定,不同的靶材特性可反映在材料常数 A,B 之中。特别地,对理想弹塑性和应变强化靶材,第 1 章已给出具体的材料常数表达。但如何考虑材料的温度效应及应变率敏感性等,尚需进一步的工作。

在扩孔穿甲中,由于弹头入靶和出靶时弹头形状存在补偿效应,可以忽略靶厚和头形的影响差异,仅考虑单一的扩孔阶段,没有必要假设太多的穿甲阶段而令数学模型复杂化。

4.4　刚性弹对金属靶的斜穿甲动力学

对斜穿甲建立分析模型,关键是如何包括最重要的变形和失效模式而又同时保持模型的简便和相当的合理精度。基于动态空腔膨胀理论和冲塞模型,这里给出建议的分析模型 (Chen et al, 2006)。该模型适于一般头形的刚性弹对薄、中厚度金属靶的斜穿甲。所得的显性终点弹道表达式也适于 4.1 节的刚性弹正穿甲金属靶的 (Chen and Li, 2003)。理论分析与试验结果相吻合,且分析模型也可预期跳飞发生的临界条件。

4.4.1　分析模型

如图 4.4.1 所示,假设一任意头形的刚性弹 (质量 M、头部长度 h、弹径 d),以初速 V_i 和初始着角 β 斜撞击厚度为 H 的金属靶。穿甲过程中的瞬时速度设为 V。

由于非轴对称阻力的作用,本模型假设方向改变角 δ 发生在弹体头部进入金属靶的前表面。对应地,靶板的有效厚度是 $H_{\text{eff}} = H/\cos(\beta + \delta)$。弹体方向在初始阶段改变以后，侵彻过程中仅有沿轴向的阻力存在，可由动态空腔膨胀理论得到 (Chen and Li, 2002，2003; Forrestal and Luk, 1988; Luk et al, 1991)。后续过程分为穿甲/侵彻和冲塞两相。模型假设弹体与靶体塞块以同一速度和同方向穿出靶板。对于细长尖头的弹体，最后的冲塞相将不存在。

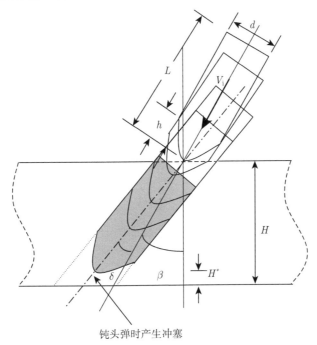

钝头弹时产生冲塞

图 4.4.1　刚性弹以撞击着角 β 斜穿甲金属靶的全过程示意

1. 初始方向改变角 δ 的计算

斜撞击的初始进入阶段非常复杂。由于非轴对称力作用不经过弹体质心，存在一时间相关的动量矩作用。在弹体侵入过程中，弹体与靶体的接触面积变化，同时沿质心旋转。弹体在头尖部完全侵入靶体前的初始轨迹近似为螺旋线。非轴对称的弹靶间作用力逐渐趋向于与弹体轴向一致。当弹体头尖部完全侵入靶体时，阻力 F 成为完全轴对称，弹体在后续过程的运动轨迹为沿斜角 $(\beta + \delta)$ 的直线。

在本分析模型中，将初始螺旋线解耦为弧度 δ 的弧段及沿斜角 $(\beta + \delta)$ 的直线。换言之，通过引入圆弧轨迹及将圆弧角近似为方向变化角 δ，非常简单地考虑了弹体在初始阶段的方向变化 (旋转)(Chen et al, 2006)。动态空腔膨胀理论将用于分析弹体沿斜角 $(\beta + \delta)$ 的直线运动，也即将其直接近似为沿斜角 $(\beta + \delta)$ 的正侵彻。

在确定了弹体初始阶段的轨迹后，可用动量法或能量法以确定侧向的角度变化。这里采用能量法近似。假设垂直于侵入路径的初始动能消耗等于平均侧向力沿圆弧段所做的机械功，由此可计算方向改变角 δ。

假设初始阶段的方向改变角 δ 是一小量。根据几何关系，垂直于侵入路径的初速度分量为

$$V_\perp = V_i \sin\delta \tag{4.4.1}$$

该式隐含有，沿 $(\beta + \delta)$ 向的速度分量 $V_i \cos\delta$ 在初始方向改变过程中保持为常量。这与事实是矛盾的，但沿斜角 $(\beta + \delta)$ 方向的后续分析并不需要该项假设。

为确保弹体头部完全侵入靶体，若忽略靶板表面的滑移，弹体沿中心轴线的理想侵入距离应等于或稍大于 $h + d\tan(\beta + \delta)/2$，如图 4.4.1 所示。通常在中厚度以上的靶体撞击时，撞击区域局部靶材由于塑性流动而形成隆起，弹头完全侵入应计及该隆起高度的影响。简单地，假设当弹体侵入距离为 $h + d\tan(\beta + \delta)$，弹体方向改变完成。在初始阶段，总的侧向路径长度为 $s_\perp$，将其近似为圆弧段，我们有

$$s_\perp = [h + d\tan(\beta + \delta)]\,\delta \tag{4.4.2}$$

在初始方向改变阶段，伴随弹靶间接触面的改变，阻力的大小和方向都在变化。一般地，阻力方向逐渐由非轴对称向轴对称过渡。试验结果表明阻力随时间几乎线性增加，直至弹体头部完全侵入靶体 (Virostek et al, 1987)。因此可将侵彻过程的初始理论阻力的 1/2 视为初始阶段的平均阻力。更进一步，还须利用几何关系 (即 $\times \sin\beta$) 得到初始阶段的平均侧向阻力。须指出的是，Ipson and Recht(1975) 也利用了相类似的几何关系。因此，初始阶段的平均侧向阻力是

$$F_{\perp\,\mathrm{avg}} = F_0 \sin\beta/2 \tag{4.4.3}$$

根据动态空腔膨胀模型可得初始理论阻力，见式 (1.3.4b)(Chen and Li, 2002; Forrestal and Luk, 1988; Luk et al, 1991)。须强调的是，$F_{\perp\,\mathrm{avg}}$ 仅是平均侧向阻力，通过机械功消耗侧向动能，假设 $F_{\perp\,\mathrm{avg}}$ 与圆弧路径方向始终保持一致。因此垂直于侵入路径的动能耗损是

$$\frac{1}{2}MV_\perp^2 = F_{\perp\,\mathrm{avg}} \cdot s_\perp \tag{4.4.4}$$

因此可推导得

$$\sin^2\delta = \delta\sin\beta \cdot \frac{\pi}{4}\left[\frac{h}{d} + \tan(\beta + \delta)\right]\left(\frac{1}{I} + \frac{1}{N}\right) \tag{4.4.5}$$

对于较高速度的穿甲问题，$\delta = o(\beta)$，更进一步有

$$\delta = \frac{\pi}{4}\left(\frac{1}{I} + \frac{1}{N}\right)\left(\frac{h}{d} + \tan\beta\right)\sin\beta \tag{4.4.6}$$

对于其他特殊情形, 如 $N \gg I$ 或钝头形 $(h = 0)$, 可由式 (4.4.5) 直接得到更简单的关于 δ 的关系式。

显然, 式 (4.4.5) 和式 (4.4.6) 定量地给出了弹体形状、靶体材料、撞击速度以及初始着角等因素的影响。容易知道, 在保证侵入稳定性前提下, 撞击速度越大或弹体越尖细 (也即撞击函数 I 和形状函数 N 越大), 方向角 δ 改变越小; 较小初始撞击着角 β 对应于较小的方向角改变, 反之亦然。另外, 当靶体足够厚以至于有隧道区形成时, 靶体厚度不影响撞击方向角的改变。以上认识与试验观察相一致 (Goldsmith, 1999)。

2. 穿甲/侵彻过程

伴随初始方向角的改变, 刚性弹以斜角 $(\beta + \delta)$ 沿 x 向侵入靶体, 弹靶间的阻力由动态空腔膨胀理论给出, 类似于 Chen and Li(2002, 2003) 的正侵彻分析, 但初条件对应改变为

$$V(t = 0) = V_{\mathrm{i}} \cos \delta \tag{4.4.7a}$$

$$X(t = 0) = 0 \tag{4.4.7b}$$

$t = 0$ 对应于弹体接触靶表面时刻。

3. 冲塞运动

假设弹体与靶体冲塞块以同一速度和同方向穿靶。另外, 在弹前形成冲塞块的临界条件是弹体头部的总阻力与冲塞块环面的总剪力相等 (图 4.4.1)。一旦冲塞形成, 它将与靶板母体分离, 在常剪力 Q_0^* 作用下伴随弹体而行。

相似地, 该冲塞块的运动方程几乎与正穿甲情形相同。弹体与冲塞块的加速度、速度以及位移 $\dot{V}_Q$、V_Q 和 X_Q, 与 Chen and Li(2003) 的对应值一致, 而常剪力 Q_0^* 则变化为

$$Q_0^* = [H^* \sec (\beta + \delta) + h] \tau_{\mathrm{y}} \tag{4.4.8}$$

式中, $\tau_{\mathrm{y}} = \sigma_{\mathrm{y}}/\sqrt{3}$ 为该式利用 von Mises 屈服判据; H^* 为冲塞形成时的剩余厚度。另外定义 $\eta^* = M_{\mathrm{plug}}/M$, M_{plug} 为冲塞块质量。

4.4.2 靶板的斜穿甲/侵彻

1. 斜侵彻阶段

当靶板足够厚, 以致弹体停止并且侵没于靶体中, 可视为纯斜侵彻过程。最大斜侵彻深度是

$$\frac{X}{d} = \frac{2}{\pi} N \ln \left(1 + \frac{I \cos^2 \delta}{N} \right) \tag{4.4.9}$$

该式与 Chen and Li(2002) 正侵彻分析是相容的。

2. 斜穿甲阶段

计及斜着角 β 和考虑弹头在初始阶段的偏转角 δ, 利用两阶段模型, 类似于 4.1 节的正穿甲, 可求解得到任意头形刚性弹斜穿甲金属厚靶的终点弹道性能.

当 $V_Q(t) = 0$ 和 $X_Q(t) = H^* \sec(\beta + \delta)$ 时, 得到其终点弹道极限

$$
\begin{aligned}
V_{\mathrm{BL}}^2 = &\frac{AN_1 \sigma_{\mathrm{y}} \sec^2 \delta}{BN_2 \rho} \\
&\times \left\{ \left[1 + \frac{8BN_2 \chi \eta \sec^2(\beta + \delta)(1 + \eta_*)}{\sqrt{3}AN_1} \left(\frac{H^*}{H} + \frac{h}{H \sec(\beta + \delta)} \right) \frac{H^*}{H} \right] \right. \\
&\left. \times \exp\left[\frac{\pi \chi \sec(\beta + \delta)}{2N} \left(1 - \frac{H^*}{H} \right) \right] - 1 \right\}
\end{aligned}
\tag{4.4.10}
$$

其中 H^* 和 V_{i} 的关系可通过与撞击函数 I 的关系式确定如下:

$$
\frac{4\chi \sec(\beta + \delta)}{\sqrt{3}} \left[\frac{H^*}{H} + \frac{h}{H \sec(\beta + \delta)} \right] = \frac{AN_1 \left(1 + I \cos^2 \delta / N \right)}{\exp\left[\dfrac{\pi \chi \sec(\beta + \delta)}{2N} \left(1 - \dfrac{H^*}{H} \right) \right]}
\tag{4.4.11}
$$

同理, 因为方程 (4.4.11) 中的撞击函数 I 已含有 V_{BL}, 需要求解非线性代数方程组 (4.4.10) 和 (4.4.11) 以得到 V_{BL}, H^*/H 和 δ.

如果 $V_{\mathrm{i}} > V_{\mathrm{BL}}$, 设剩余速度为 V_{r}, 有 $V_{\mathrm{r}} = V_Q(t_1)$ 且 $X_Q(t_1) = H^* \sec(\beta + \delta)$, 有

$$
V_{\mathrm{r}} = \frac{1}{1 + \eta_*} \sqrt{\frac{\left(V_{\mathrm{i}}^2 - V_1^2 \right) \cos^2 \delta}{\exp\left[\dfrac{\pi \chi \sec(\beta + \delta)}{2N} \left(1 - \dfrac{H^*}{H} \right) \right]}}
\tag{4.4.12}
$$

式中 V_1 与方程 (4.4.10) 中 V_{BL} 有相同的表达式. 给定初始撞击速度 V_{i}, 式 (4.4.10) 和式 (4.4.12) 中的 H^*/H 可由方程 (4.4.11) 得到.

4.4.3 穿甲特例 —— 尖头弹对靶板的斜穿甲

对于细长的尖头刚性弹, 其对应的几何函数 N 值较大 (Chen and Li, 2002). 无冲塞形成, 穿甲全过程对应于孔洞扩张机理. 数学上要求 $F < Q_0^*$, 也即

$$
H^* \to 0
\tag{4.4.13a}
$$

$$
\frac{h}{d} \geqslant \frac{\sqrt{3}AN_1 \left(1 + I \cos^2 \delta / N \right)}{4 \exp\left[\dfrac{\pi \chi \sec(\beta + \delta)}{2N} \right]}
\tag{4.4.13b}
$$

该式给出弹体头部长度的要求。对应的终点弹道极限和剩余速度分别是

$$V_{\mathrm{BL}}^2 = \frac{AN_1\sigma_{\mathrm{y}}\sec^2\delta}{BN_2\rho}\left\{\exp\left[\frac{\pi\chi\sec(\beta+\delta)}{2N}\right]-1\right\} \tag{4.4.14a}$$

$$V_{\mathrm{r}} = \sqrt{\frac{\left(V_{\mathrm{i}}^2 - V_1^2\right)\cos^2\delta}{\exp\left[\dfrac{\pi\chi\sec(\beta+\delta)}{2N}\right]}} \tag{4.4.14b}$$

当刚性弹的几何函数 N 足够大 $(I/N \to 0)$ 时，可由式 (4.4.10)~ 式 (4.4.12) 得到更简单的表达式

$$H^* \to 0 \tag{4.4.15a}$$

$$\frac{h}{d} \geqslant \frac{\sqrt{3}A}{4} \tag{4.4.15b}$$

$$V_{\mathrm{BL}} = \sec\delta\sqrt{\frac{2\eta AN_1\sigma_{\mathrm{y}}\sec(\beta+\delta)}{\rho}} \tag{4.4.16a}$$

$$V_{\mathrm{r}} = \sqrt{\left(V_{\mathrm{i}}^2 - V_1^2\right)\cos^2\delta} \tag{4.4.16b}$$

4.4.4 试验分析

本节对 Piekutowski et al.(1996), Roisman et al.(1999) 和 Gupta and Madhu (1992，1997) 的试验数据进行分析。相关文献中弹体均为细长尖头形，穿甲过程无冲塞产生。

图 4.4.2 和图 4.4.3 分别给出 Piekutowski et al.(1996) 和 Roisman et al.(1999)

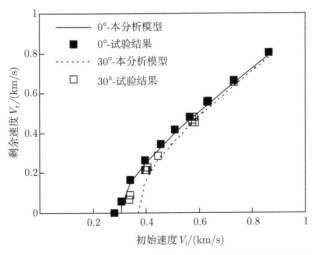

图 4.4.2 Piekutowski et al.(1996) 终点弹道试验结果与理论分析的比较

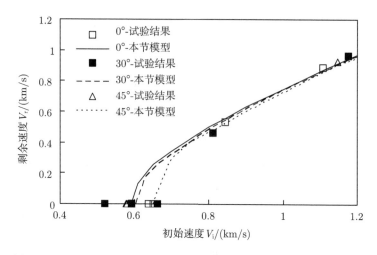

图 4.4.3 Roisman et al.(1999) 终点弹道试验结果与理论分析的比较

关于剩余速度与初速度关系的试验结果以及对应的理论预期。图 4.4.4 则表示在着角 30° 和 45° 的斜穿甲时，方向改变角随初速度变化的理论预期，以及 Roisman et al.(1999) 的计算结果。显然，理论分析和试验及计算结果两者符合较好。对于 Roisman et al.(1999) 中 80mm 厚度的 6061-T651 铝合金靶，图 4.4.5 分别给出方向改变角及终点弹道极限随初始斜角的变化关系。须指出的是，所有的分析基于刚性弹假设的理想条件；事实上，当撞击速度超过 1000m/s 时，刚性弹的假设将不再成立。

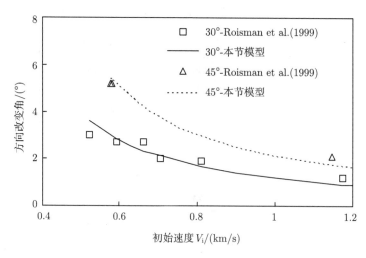

图 4.4.4 方向改变角与撞击着角和初始速度的关系

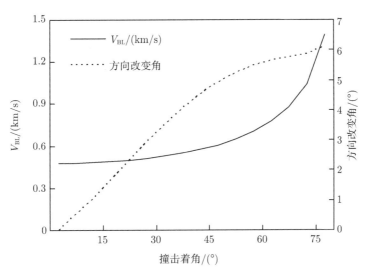

图 4.4.5 6061-T651 铝合金靶板斜穿甲时终点弹道性能的理论预期

对于尖卵形弹对单层和多层靶的正穿甲问题, 图 4.4.6 和图 4.4.7 给出 Gupta and Madhu(1992, 1997) 有关剩余速度随靶厚变化的试验结果, 同时也给出本分析模型对等效厚度的单层靶的理论预期。理论分析与单层靶的试验结果相符合, 但与 Gupta and Madhu(1997) 相似, 低估了多层靶穿甲的剩余速度。

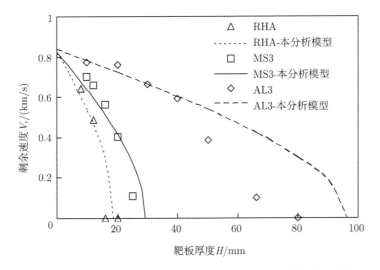

图 4.4.6 RHA, MS3 和 AL3 单层靶正穿甲剩余速度与靶厚关系的试验结果 (Gupta and Madhu, 1992, 1997) 和理论分析

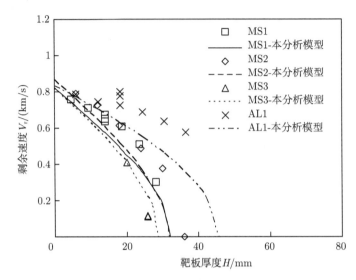

图 4.4.7　MS1，MS2，MS3 和 AL1 多层靶正穿甲的剩余速度与靶厚关系的试验结果 (Gupta and Madhu, 1992，1997) 和单层靶等效厚度的理论分析

　　图 4.4.8 和图 4.4.10 分别给出不同厚度低碳钢 MS3 和合金铝 AL3 的无量纲速度降 $(V_i - V_r)/V_i$ 与初始斜角的理论和试验关系，其相关对应速度与 Gupta and Madhu(1997) 一致。偏差可部分归因于计算中靶材和弹头形状的不确定性。图 4.4.9 和图 4.4.11 则分别给出弹体穿甲不同厚度的低碳钢 MS3 和合金铝 AL3 的最终斜角与初始斜角的理论和试验关系。斜穿甲低碳钢 MS3 的方向改变明显大于斜穿甲合

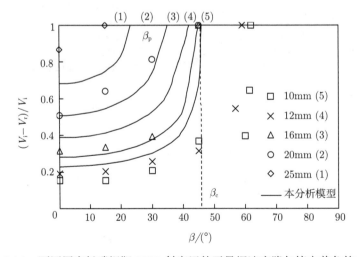

图 4.4.8　不同厚度低碳钢靶 MS3 斜穿甲的无量纲速度降与撞击着角的关系

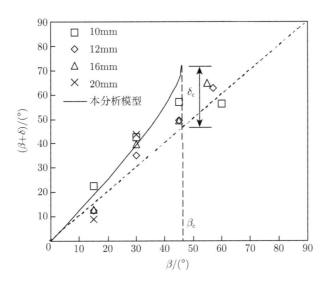

图 4.4.9　不同厚度低碳钢靶 MS3 斜穿甲的最终斜角与撞击着角的关系

金铝 AL3 情形, 可归因于低碳钢 MS3 的更高的屈服强度及杨氏模量。同时对于低碳钢 MS3, 斜穿甲的方向改变对靶板厚度变化不敏感; 但对于合金铝 AL3, 斜穿甲的方向改变则敏感于靶板厚度变化。须注意的是, 几乎所有合金铝 AL3 斜穿甲试验, 其最终斜角都小于初始斜角值 (Gupta and Madhu, 1997), 这是值得进一步分析的。

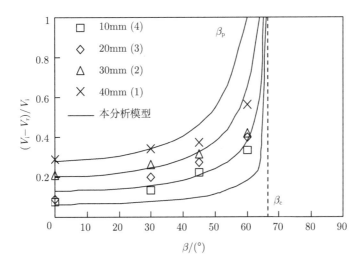

图 4.4.10　不同厚度合金铝 AL3 斜穿甲的无量纲速度降与撞击着角的关系

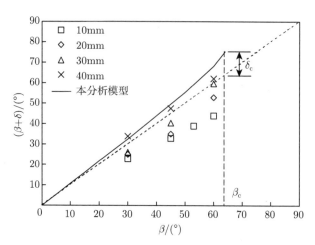

图 4.4.11   不同厚度合金铝 AL3 斜穿甲的最终斜角与撞击着角的关系

4.4.5   讨论

本模型利用圆弧段近似弹体斜穿甲初期的侧向位移, 该假设仅在较小方向改变角 δ 时有效, 也即对应于较小的撞击着角 β。但 4.4.4 节的试验分析表明, 即当 $\pi/4 < \beta < \pi/3$ 时, 只要方程 (4.4.5) 中 δ 有解 ($\delta \neq 0$), 本分析模型仍然有效。当撞击着角 β 进一步增大时, 不同的试验现象, 即跳飞较之穿甲更易发生。尽管本分析模型不能描述跳飞现象的物理本质, 但仍可以预期跳飞发生的临界着角。由方程 (4.4.5), 随撞击着角 β 的增加, 方向改变角 δ 也将增大; 当 β 趋近于一临界值 β_c 时, 方程 (4.4.5) 的 δ 无解。当 $\beta > \beta_c$ 时, 该分析暗示有其他的物理现象, 也即跳飞发生, 因此 β 和 δ 都存在上限值 (即 β_c 和 δ_c)。例如, 对应于 4.4.4 节的试验分析, Gupta and Madhu(1997) 的 MS3 低碳钢的上限是 $\beta_c = 46°$ 和 $\delta_c = 26°$ (图 4.4.9), 而 AL3 合金铝则有 $\beta_c = 64°$ 和 $\delta_c = 11°$ (图 4.4.11)。

另一方面, 对于给定厚度的靶板, 在终点弹道极限时对应有最大的撞击着角 β_p, 其无量纲速度降是 1.0, β_p 随靶厚而变化。如图 4.4.8 和图 4.4.10 所示, 厚靶的 β_p 较之薄靶情形的小; 当靶板厚度减小时, β_p 趋近于临界条件 β_c。同时, 对给定厚度的靶板, 在 β_p 附近较窄的 β 值范围内, 无量纲速度降 $(V_i - V_r)/V_i$ 敏感于 β 的变化。

当撞击着角 β 超过上限 β_c 时, 即 $\beta > \beta_c$, 同时 $\dfrac{X(\delta_c)}{d} \leqslant \dfrac{H}{d \cos(\beta + \delta_c)}$, 跳飞将发生, 其中 $\dfrac{X(\delta_c)}{d}$ 由方程 (4.4.13) 取 $\delta = \delta_c$ 时计算可得。否则, 即使 $\beta > \beta_c$, 但 $\dfrac{X(\delta_c)}{d} > \dfrac{H}{d \cos(\beta + \delta_c)}$, 弹体仍将穿甲靶板。对于厚靶情形, 若 β 位于 β_p 和 β_c

之间，即 $\beta_{\mathrm{p}} < \beta < \beta_{\mathrm{c}}$，则依赖于初速 V_{i}，弹体或穿甲或侵没于靶体，分别对应于 $\dfrac{X(\delta)}{d} > \dfrac{H}{d\cos(\beta+\delta)}$ 或 $\dfrac{X(\delta)}{d} \leqslant \dfrac{H}{d\cos(\beta+\delta)}$，其中方程 (4.4.6) 的方向改变角 δ 有解。

图 4.4.9 和图 4.4.11 中低碳钢 MS3 和合金铝 AL3 的临界跳飞角分别是 46° 和 64°。对应地，Gupta and Madhu(1992, 1997) 的试验结果是，不同厚度 10mm、12mm、16mm、20mm 及 25mm MS3 的临界跳飞角分别是 62°、59°、51°、51° 以及 50°。在试验撞击着角范围内，也即 $\beta \leqslant 60°$，Gupta and Madhu(1997) 报道 AL3 靶均无跳飞发生。

有必要指出，尽管本模型包括侵彻和冲塞两阶段，但对于尖形弹丸，冲塞在试验中并未出现，这与理论分析是一致的。对于钝头弹体 (如平头或半球形) 斜穿甲金属厚靶，有必要进行相关试验或利用有效的试验数据对此进行比较分析。但正如 Chen and Li(2003) 指出，当局部的剪切冲塞完全控制正穿甲过程 (也即 $H^* \sim H$) 时，本模型将导致 Recht and Ipson(1963) 关于平头弹撞击中厚靶板的结果。与此相比较，文献 (Awerbuch and Bodner, 1974, 1977; Ravid and Bodner, 1983; Goldsmith and Finnegan, 1986) 的分析和试验结果均属于这一情形。

须注意的是，在计算弹体头部的阻力时，假设其完全侵没于靶体，这在弹体进出靶体时是不成立的。显然对弹体进入靶体时能量消耗高估，而对出去时能量消耗低估。二者之间可相互补偿，但因为弹体初速 V_{i} 大于剩余速度 V_{r}，该模型将对终点弹道性能高估，尤其在弹道极限附近 (这时剩余速度 V_{r} 远小于撞击初速 V_{i}) 及靶厚与弹体头部高度相当时。但当 V_{i} 和 V_{r} 相对较高时，弹体进出靶体的能量消耗相当，本模型可给出很好的弹道性能预期。

继 Chen and Li(2002, 2003) 之后，本节将刚性弹对金属靶板的正穿甲/侵彻模型进一步推广至斜穿甲/侵彻情形 (Chen et al, 2006)。分析表明，穿甲过程由多个无量纲参数控制，即冲击函数 I、几何函数 N、无量纲靶厚 χ 和撞击着角 β。原则上，只要动态空腔膨胀 (或韧性孔洞扩张) 理论适用，对于一般头形刚性弹正/斜穿甲金属靶板，本模型均可基本适用。但是须强调的是，要求弹体变形可忽略，也即撞击速度为亚弹速范围，也即 $V_{\mathrm{i}} < 1000\mathrm{m/s}$。大于或接近该撞击速度，弹体的变形和侵蚀将非常严重，刚性弹假设不再成立。另外，若刚性弹有较高的几何函数值，即 $N > 100$，本模型的分析结果将更准确。

4.5 考虑第三无量纲数的尖头刚性弹穿甲金属厚靶的研究

在刚性弹侵彻力学研究中，动态空腔膨胀模型是公认的最有效的理论分析方法之一。真实的侵彻阻力不仅仅包括靶材静强度项和流动阻力 (速度二次方)，还包

括靶材的粘性效应 (速度一次方)。此外，由于刚性弹高速侵彻产生附加质量，而这项在动态空腔膨胀理论推导中常因为数学简化而忽略，因此，侵彻阻力的一般表达式可表示为

$$\sigma = a + bV_{\mathrm{c}} + cV_{\mathrm{c}}^2 + d\dot{V}_{\mathrm{c}} \tag{4.5.1}$$

其中 a、b、c 和 d 是材料系数。在数学上，侵彻阻力还可更一般地表示为关于速度的级数展开式。但通常认为，式 (4.5.1) 就是侵彻阻力的一般表达式。

本书基于 1.6 节的理论工作 (Chen and Li, 2002; Li and Chen, 2003; 陈小伟 等, 2007)，根据侵彻阻力的一般表达式，结合量纲分析、球形动态空腔膨胀模型及相关试验分析，在已提出的撞击函数 I、弹头形状函数 N 和无量纲靶厚 χ 三个无量纲物理量之外，将无量纲的阻尼函数 ξ 应用于刚性尖头弹对金属靶板的正穿甲 (Chen et al, 2008)。同时给出刚性尖头弹对金属靶板的弹道极限速度和剩余速度的解析表达式，研究并讨论阻尼函数 ξ 的应用范围及其作用效应。分析表明，这四个无量纲物理量几乎可以完全表征刚性尖头弹在不同速度下对金属靶板穿甲的试验数据。

4.5.1　尖头弹对厚靶的穿甲

参考 1.6 节和 1.7 节，根据侵彻阻力的一般表达式和上述的无量纲物理量，本节分析尖头刚性弹对金属厚靶的穿甲问题。设无量纲靶厚 $\chi = H/d$，其中 H 是靶板厚度。假设韧性扩孔为唯一的侵彻机理，弹尖到达厚靶背面即视为穿甲，穿甲后的剩余速度是 V_{r}。忽略靶板背面的边界效应，由式 (1.7.14) 可知

$$\chi = \frac{2}{\pi}N\left\{\ln\left(\frac{1+2\sqrt{\xi\dfrac{I}{N}}+\dfrac{I}{N}}{1+2\sqrt{\xi\dfrac{I_{\mathrm{r}}}{N}}+\dfrac{I_{\mathrm{r}}}{N}}\right) - \frac{2\sqrt{\xi}}{\sqrt{1-\xi}}\left[\arctan\left(\frac{\sqrt{\dfrac{I}{N}}+\sqrt{\xi}}{\sqrt{1-\xi}}\right) - \arctan\left(\frac{\sqrt{\dfrac{I_{\mathrm{r}}}{N}}+\sqrt{\xi}}{\sqrt{1-\xi}}\right)\right]\right\} \tag{4.5.2}$$

其中 I_{r} 的速度项对应为 V_{r}。当弹丸以弹道极限速度 V_{BL} 撞击厚靶时，$V_{\mathrm{r}} = 0$，式 (4.5.2) 有

$$\begin{aligned}\chi = \frac{2}{\pi}N\bigg\{ &\ln\left(1+2\sqrt{\xi\frac{I_{\mathrm{BL}}}{N}}+\frac{I_{\mathrm{BL}}}{N}\right) \\ &-\frac{2\sqrt{\xi}}{\sqrt{1-\xi}}\left[\arctan\left(\frac{\sqrt{I_{\mathrm{BL}}/N}+\sqrt{\xi}}{\sqrt{1-\xi}}\right) - \arctan\left(\frac{\sqrt{\xi}}{\sqrt{1-\xi}}\right)\right]\bigg\}\end{aligned} \tag{4.5.3}$$

其中 I_{BL} 的速度项对应为 V_{BL}。对式 (4.5.2) 和式 (4.5.3) 联立求解，得到

$$\ln\left(1+2\sqrt{\xi\frac{I_{\mathrm{r}}}{N}}+\frac{I_{\mathrm{r}}}{N}\right) - \frac{2\sqrt{\xi}}{\sqrt{1-\xi}}\left[\arctan\left(\frac{\sqrt{\dfrac{I_{\mathrm{r}}}{N}}+\sqrt{\xi}}{\sqrt{1-\xi}}\right) - \arctan\left(\frac{\sqrt{\xi}}{\sqrt{1-\xi}}\right)\right]$$

$$= \ln \left(\frac{1 + 2\sqrt{\xi \dfrac{I}{N}} + \dfrac{I}{N}}{1 + 2\sqrt{\xi \dfrac{I_{BL}}{N}} + \dfrac{I_{BL}}{N}} \right) - \frac{2\sqrt{\xi}}{\sqrt{1-\xi}} \left[\arctan \left(\frac{\sqrt{\dfrac{I}{N}} + \sqrt{\xi}}{\sqrt{1-\xi}} \right) - \arctan \left(\frac{\sqrt{\dfrac{I_{BL}}{N}} + \sqrt{\xi}}{\sqrt{1-\xi}} \right) \right]$$

$$\tag{4.5.4}$$

由式 (4.5.3) 可求解弹道极限速度 V_{BL}。由超越方程 (4.5.4)，可以解出 I_r，进一步可得剩余速度表达式 V_r。结合实际穿甲过程中可能出现的特例，4.5.2 节给出工程应用中更简洁的终点弹道性能表达式。

4.5.2 穿甲特例分析

1. $\xi = 0$

当 $\xi = 0$ 时，即不考虑侵彻过程中弹靶阻尼作用。由式 (4.5.3) 和式 (4.5.4) 可以分别得到弹道极限速度 V_{BL} 和剩余速度 V_r 的简化表达式，与文献 (Chen and Li, 2003) 一致。

$$V_{BL}^2 = \frac{AN_1 Y}{BN_2 \rho} \left[\exp\left(\frac{\pi \chi}{2N} \right) - 1 \right] \tag{4.5.5}$$

$$V_r = \sqrt{\frac{V_i^2 - V_{BL}^2}{\exp\left(\dfrac{\pi \chi}{2N} \right)}} \tag{4.5.6}$$

2. $I/N \to 0$

尖头刚性弹的几何函数 N 足够大，而其穿甲金属靶的初速度相对较小，因此撞击函数 I 值较小，近似有 $I/N \to 0$。已有的试验数据都表明，大多数情况下，阻尼函数 ξ 较小，对于金属靶，$0.01 < \xi < 0.1$，对终点弹道性能有近 15% 的影响。因此可进一步简化，由式 (4.5.3) 和式 (4.5.4) 可以求出弹道极限速度和剩余速度的表达式

$$V_{BL} = \sqrt{\frac{AN_1 Y}{BN_2 \rho} \left(\frac{\xi}{1-\xi} \sqrt{\xi} + \sqrt{\frac{\pi \chi}{2N}} \right)} \tag{4.5.7}$$

$$\frac{I_r}{N} - \frac{2\xi\sqrt{\xi}}{1-\xi} \sqrt{\frac{I_r}{N}} = \left(\frac{I}{N} - \frac{2\xi\sqrt{\xi}}{1-\xi} \sqrt{\frac{I}{N}} \right) - \left(\frac{I_{BL}}{N} - \frac{2\xi\sqrt{\xi}}{1-\xi} \sqrt{\frac{I_{BL}}{N}} \right) \tag{4.5.8}$$

若 $\xi < 0.01$，可忽略阻尼函数 ξ，则式 (4.5.7) 和式 (4.5.8) 可进一步简化为

$$V_{BL} = \sqrt{\frac{\pi \chi AN_1 Y}{2\lambda \rho}} \tag{4.5.9}$$

$$V_r = \sqrt{V_i^2 - V_{BL}^2} \tag{4.5.10}$$

4.5.3　试验分析

根据三个无量纲数 I、N 和 ξ 的定义，将文献 (Piekutowski et al, 1996; Roisman et al, 1999; Rosenberg and Forrestal, 1988; Forrestal and Luk, 1990) 的所有试验数据进行重新组合整理，利用 4.5.2 节的理论结果和已有的研究工作 (Chen and Li, 2003) 进行比较分析。所采用的试验数据均在刚性弹假设范围内。

在考虑应变硬化和应变率敏感性后，Warren and Forrestal(1998) 首次引入速度一次项，给出 6061-T6511 铝合金靶的 C 值 ($C = 0.94$)。这里所有铝材都近似采用该 C 值。Chen and Li(2003) 利用撞击函数 I 和弹体几何函数 N 对以上试验数据已有分析。这里仍沿用相应的 I 和 N，不同的是，引入无量纲阻尼函数 ξ 和考虑不同附加质量 M_{m}，分析它们对终点弹道性能的影响，并和 Chen and Li(2003) 的分析结果进行比较。

图 4.5.1～ 图 4.5.5 给出不同试验结果和理论分析的比较。一般而言，伴随初始撞击速度的增加，不同模型对剩余速度的预期总是逼近试验值。在弹道极限附近，弹体动能几乎完全消耗，主要用于临界穿甲；进一步增加初速，弹体动能绝大多数件伴随弹体穿甲而出，任何合理的终点弹道分析模型，其剩余速度的分析曲线应是试验结果的渐近线。因此对模型的分析，更应集中在终点弹道极限附近。由图 4.5.1～ 图 4.5.5 可知，引入 ξ 相当于提高靶板的抗侵彻能力，终点弹道极限较之 Chen and Li(2003) 相对增加。但若考虑附加虚拟质量，终点弹道极限则会下降，甚至小于 Chen and Li(2003) 的分析值，更接近终点弹道极限的试验值；附加虚拟质量有助于提高弹体的侵彻能力。因此，无量纲阻尼函数 ξ 和附加质量 M_{m} 对穿

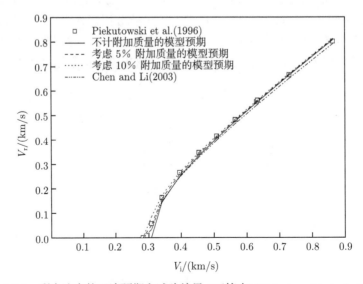

图 4.5.1　剩余速度的理论预期和试验结果 (正撞击)(Piekutowski et al, 1996)

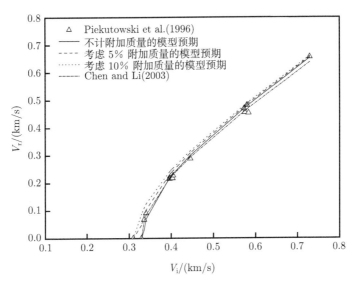

图 4.5.2 剩余速度的理论预期和试验结果 (斜撞击)(Piekutowski et al, 1996)

甲/侵彻的作用是相反和相互补偿的，同时计及 ξ 和 M_{m} 的分析预期与 Chen and Li(2003) 更接近。

原则上，考虑 ξ 而不计附加质量的剩余速度分析曲线应与 Chen and Li(2003) 的分析曲线并行且应在其下方。但由图 4.5.1～图 4.5.5 可知，两曲线发生了交叉，这是由于本节的试验分析利用公式 (4.5.7) 和式 (4.5.8)，适用于冲击函数远小于弹体几何函数的情形 $(I/N \ll 1)$；但对应于图 4.5.1～图 4.5.5 的高速撞击，$I/N \approx 0.5$。

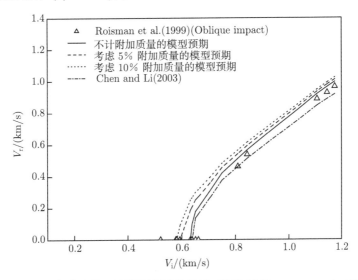

图 4.5.3 剩余速度的理论预期和试验结果 (斜撞击)(Rosiman et al, 1999)

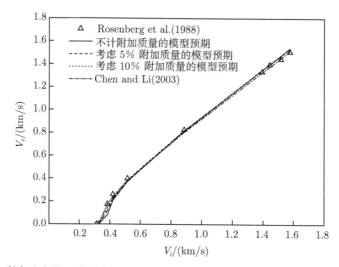

图 4.5.4　剩余速度的理论预期和试验结果 (正撞击) (Rosenberg and Forrestal, 1988)

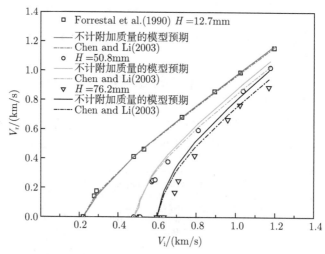

图 4.5.5　剩余速度的理论预期和试验结果 (Forrestal and Luk, 1990)

　　另一方面，尽管包括粘性效应和虚拟附加质量项的侵彻阻力一般表达式已提出数十年，已有动态空腔膨胀模型可用于相应确定粘性项系数 C，但如何确定附加质量项系数 D 仍未见有已知工作。因此，陈小伟等(2006) 没有进一步讨论附加质量项在侵彻中的作用。这里试图通过拟合试验结果值，来反演虚拟附加质量项对穿甲/侵彻的影响。由图 4.5.1～ 图 4.5.5 可知，在同时计入粘性项条件下，若弹体质量增加 5%～10%，包括弹道极限和剩余速度的终点弹道性能理论预期与试验结果符合较好。换言之，可认为实际应用中，虚拟附加质量项对弹体质量的贡献大体在 5%～10%，进一步由公式 $M_{\mathrm{m}} = \left[M + (\pi \rho d^3/4) \cdot DN_3\right]$ 可以推导出 D 值的范围，D 值在 1~2。

陈小伟等(2006) 和 Chen et al.(2008) 讨论了阻尼函数 ξ 对于刚性弹侵彻半无限目标的影响。ξ 表征由弹/靶接触引起的阻尼影响，它跟弹靶材料性质有关，如可压缩、破碎区、粘塑性以及塑性软硬化等。从本节的分析可见，ξ 的引入将导致靶板抗侵彻能力的增加，表现在对弹道极限的提高和降低剩余速度；但与陈小伟等(2006) 一致的，ξ 对终点弹道性能的影响没有 I 和 N 的作用那么显著。另一方面，减速度效应导致的虚拟附加质量项有助于提高弹体的侵彻能力，也即减小弹道极限。因此，无量纲阻尼函数 ξ 和附加质量 M_{m} 对穿甲/侵彻的作用是相反的，相互补偿，因此同时计及 ξ 和 M_{m} 的分析预期与 Chen and Li(2003) 更接近。须指出的是，对于尖头刚性弹穿甲金属厚靶的情形，可认为虚拟附加质量项对于剩余速度的影响甚微，可忽略之；这是由公式 (4.5.4) 决定的，根据陈小伟等 (2006) 的分析，I/N(包括 I_{r}/N 和 I_{BL}/N) 与弹体 (修正) 质量无关的。

4.6 APM2 子弹穿甲延性金属靶的试验分析

根据 4.1.4 节和 4.2 节关于刚性尖头弹正穿甲金属靶的分析模型 (Chen and Li, 2003; Chen et al, 2005)，本节对 Borvik et al.(2009，2010) 和 Forrestal et al.(2010) 有关 APM2 子弹及其弹芯垂直穿甲延性金属靶的试验数据进行再分析 (Chen et al, 2013)。如图 4.6.1 所示，APM2 子弹丸由钢芯、铜套、铅帽及底座等构成，几何参数：子弹质量 $M=10.7\mathrm{g}$，子弹长度 $L=35.3\mathrm{mm}$，弹径 $d=7.62\mathrm{mm}$ (图示为 7.84mm)。APM2 弹芯参数：质量 $M'=5.25\mathrm{g}$，弹芯长度 $L'=27.4\mathrm{mm}$，直径 $d'=$

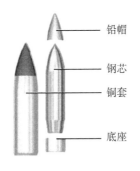

铅帽

钢芯

铜套

底座

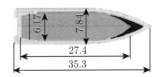

图 4.6.1　7.62mm APM2 弹丸的几何尺寸 (单位: mm)

6.17mm，尖卵形头部高度 $l'=10.2$mm，CRH=3。NATO 子弹结构类似，不再赘述。

4.6.1   铝合金靶穿甲

在 Borvik et al.(2010) 中，7.62mm 的 APM2 子弹与钢芯分别穿甲 20mm、40mm 及 60mm 厚 5083-H116 铝合金靶，其中后两者通过 20mm 铝合金靶叠加紧固而成。5083-H116 铝合金靶材料参数：屈服强度 $\sigma_y=240$MPa，模量 $E=70$GPa 和硬化系数 $n=0.108$，密度 $\rho=2660$kg/m^3。对应于 4.2 节的理论模型，靶材系数 $A=3.994$，$B=3.105$。

图 4.6.2(a)~(c) 分别给出 7.62mm APM2 子弹与钢芯穿甲不同厚度 5083-H116 铝合金靶的终点弹道数据及理论预期。理论分析假设 APM2 子弹及钢芯都是刚性，针对不同的靶厚，可分别计算出对应于式 (4.2.2) 的系数 $C=0.09$、0.19、0.29 和 $C=0.12$、0.24、0.36。C 对应于 APM2 子弹与钢芯穿甲时靶板惯性效应 (inertia effect)。显然，系数 C 随靶厚度线性增加，且在厚靶时已显著大于 0。图中对比给出了完全忽略靶板惯性效应 $(C=0)$ 时的理论预期。

类似地，对 Forrestal et al.(2010) 中 APM2 子弹及其弹芯穿甲 40mm 及 60mm 厚度 7075-T651 铝合金靶的试验数据进行重分析，并与理论预期进行比较，如图 4.6.3 所示。7075-T651 铝合金靶材料参数：屈服强度 $\sigma_y=520$MPa，模量 $E=71.1$GPa 和硬化系数 $n=0.06$，密度 $\rho=2810$kg/m^3。对应于 4.2 节的理论模型，靶材系数 $A=3.4507$，$B=3.3304$。针对不同的靶厚，APM2 子弹与钢芯穿甲时靶板惯性效应的系数 $C=0.10$、0.20 和 $C=0.12$、0.26。同样，图中对比给出了完全忽略靶板惯性效应 $(C=0)$ 时的理论预期。

由图 4.6.2 和图 4.6.3 可知，Borvik et al.(2010) 和 Forrestal et al.(2010) 有关 APM2 子弹及其弹芯垂直穿甲不同铝合金靶的试验数据基本都落在 Chen and Li(2003) 和 Chen et al.(2005) 关于刚性尖头弹正穿甲金属靶的分析模型的预期范围内。另一方面，尽管刚性弹芯质量仅是子弹的一半，但刚性弹芯穿甲的终点弹道分析值与子弹穿甲的试验结果仍比较接近，弹道极限的差异小于 10%。这表明，在子弹穿甲金属靶中，刚性弹芯的贡献是最主要的，而铜套、铅帽及底座等对子弹穿甲的影响有限。尽管子弹在穿甲过程中是变形弹，但仍可用其弹芯的几何数据和质量，根据 Chen and Li(2003) 模型给出较好的理论分析。特别地，随着靶厚增加，试验数据更靠拢刚性弹芯的拟合曲线。

值得指出的是，在靶厚 $H=20$mm 和 40mm 时，用刚性弹芯来分析 Borvik et al.(2010) 和 Forrestal et al.(2010) 的试验数据，可知靶板惯性效应系数 $C=0$ 更合适；但当靶厚 $H=60$mm 时，靶板惯性效应系数必须取其实际值 $C=0.36$。这与 4.5 节的分析是一致的，即随着靶厚的增加，参数 C 对侵彻的影响显著增大。厚靶穿甲时，必须计及靶板惯性效应。

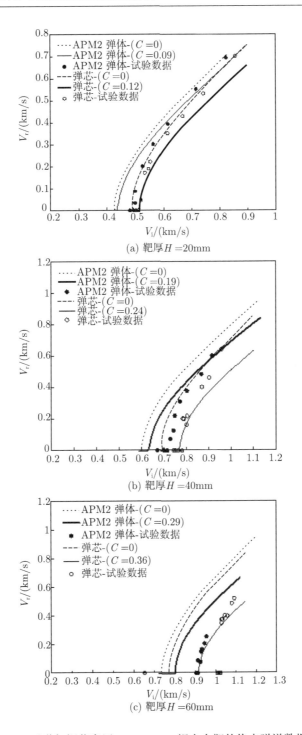

(a) 靶厚 $H = 20$mm

(b) 靶厚 $H = 40$mm

(c) 靶厚 $H = 60$mm

图 4.6.2 APM2 子弹与钢芯穿甲 5083-H116 铝合金靶的终点弹道数据及理论预期

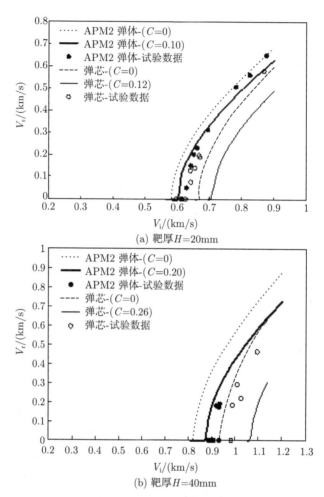

(a) 靶厚H=20mm

(b) 靶厚H=40mm

图 4.6.3   APM2 子弹与钢芯穿甲 7075-T651 铝合金靶的终点弹道数据及理论预期

4.6.2   钢靶穿甲

Borvik et al.(2009) 利用 APM2 子弹和 NATO 子弹及其弹芯,分别穿甲 12mm 厚的 Weldox 500E、Weldox 700E、Hardox 400、Domex protect 500 和 Armox 560T 五种钢靶 (实质是 2×6mm 靶重叠),并进行试验研究和数值模拟的对比。不失一般性,这里取 Weldox 700E、Hardox 400 两种钢靶进行分析,两种靶材的屈服强度分别为 819MPa 和 1148MPa,系数 A 分别为 3.870 和 3.645,B=1.5。其他材料参数见文献 Borvik et al.(2009)。

图 4.6.4(a) 和 (b) 分别给出 Borvik et al.(2009) 中 APM2 子弹及其弹芯穿甲 Weldox 700E、Hardox 400 钢靶的试验数据和理论预期。因为钢靶厚度仅为 12mm,

可认为是薄靶,分析中忽略靶板惯性效应,即取 $C=0$。由图可知,相关试验数据大都位于 Chen and Li(2003) 模型的预期范围内,且更靠拢 APM2 子弹的刚性弹假设拟合曲线。刚性弹芯穿甲弹道极限的理论预期与假设 APM2 子弹刚性的弹道极限差异稍大,但小于 20%。

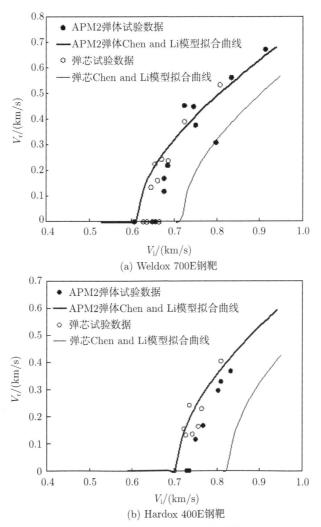

图 4.6.4 APM2 子弹与钢芯穿甲 12mm 厚度钢靶的终点弹道数据及理论预期

4.6.3 铜套、铅帽等对穿甲性能的影响

通过理论分析和试验数据的对比分析可知,在子弹穿甲金属靶中,无论是铝合金靶或是高强度钢靶,刚性弹芯的贡献是最主要的,而铜套、铅帽及底座等对子弹穿甲的影响有限。尽管子弹在穿甲过程中是变形弹,其弹道性能基本在分别假设子

弹刚性和弹芯刚性的理论预期包络内。即仍可分别使用子弹和弹芯的几何数据和质量，根据 Chen and Li(2003) 模型给出较好的理论分析。因此，在实际应用中，可应用刚性弹穿甲的理论弹道公式对步枪子弹穿甲进行理论预期。

但须注意的是，铝合金靶穿甲时，试验数据与刚性弹芯分析接近；而高强度钢靶穿甲的试验数据与假设子弹刚性的分析接近。另外，在厚靶情形时，靶板惯性效应不能忽略，理论预期必须计及系数 C。下面我们进一步讨论由于靶板材料和厚度的不同，铜套、铅帽及底座等如何影响子弹穿甲？

对比分析图 4.6.2~ 图 4.6.4，有以下有趣的现象认识。铝合金靶穿甲中，所有的刚性弹芯穿甲的试验数据在 APM2 子弹穿甲数据的右边，即试验结果表明：刚性弹芯和 APM2 子弹相比，前者的弹道极限更大一些。而钢靶穿甲的试验结果相反，刚性弹芯穿甲的试验数据在 APM2 子弹穿甲数据的左边，即 APM2 子弹的弹道极限更大。而理论分析的结果是，刚性弹芯的弹道极限大于 APM2 子弹。

试验与理论预期产生差异的原因在于靶材的不同，钢靶的强度远大于铝合金靶。因此，当 APM2 子弹撞击靶板时，尽管铜套和铅帽都会与弹芯脱落分离，但其机制是不同的。图 4.6.5 和图 4.6.6 分别给出 APM2 子弹穿甲 AA5083-H116 铝合金靶和 Weldox 700E 钢靶时的铜套脱落过程，其中图 4.6.5 是 Borvik et al.(2010) 的试验结果，图 4.6.6 是 Borvik et al.(2009) 的数值结果。可知，在钢靶穿甲中，由于高强度靶材的阻挡作用，铜套在撞击靶前发生破碎脱落，铜套不参与穿甲。而在铝合金靶穿甲中，靶材与铜套强度相当，因此铜套将先行参与穿甲，初始弹孔与子弹弹径相当，且初始弹孔孔壁光滑，与刚性尖头弹扩孔一致；但其随弹芯前行一定距离后因高温在靶中侵蚀掉，这时孔壁粗糙并残留有铜套熔融物；其后才只有弹芯继续穿甲。因此，APM2 子弹比其弹芯更容易穿甲低强度铝合金靶，但穿甲高强度钢靶则相反。

图 4.6.5　APM2 侵彻 20mm 厚 AA5083-H116 铝合金靶的铜套脱落过程 (Borvik et al, 2010)

另一方面，Borvik et al.(2010) 试验得出 APM2 弹丸穿甲 20mm、40mm、60mm AA5083-H116 铝合金靶时，分别比刚性弹芯的极限速度小了 4%、6%、12%。Forrestal et al.(2010) 试验得出 APM2 弹丸穿甲 20mm、40mm7075-T651 铝合金靶时，分别

比刚性弹芯的极限速度小了 1%、8%。即随着厚度的增加，铜套和铅帽对弹体的弹道性能影响增加。这则是与铜套和铅帽在不同厚度铝合金靶中的穿甲距离 (在弹道极限时) 有关。如图 4.6.5 所示，APM2 子弹穿甲不同厚度铝合金靶，其初始扩孔深度几乎一样；但不同的是，随着靶厚 (弹道极限) 增加，铜套在靶中侵蚀穿甲前行的距离增加。在 20mm 厚靶中，铜套和铅帽前行距离大约为单靶厚的一半；而在 60mm 厚靶中，铜套和铅帽前行距离则几乎是单靶厚度。

图 4.6.6　APM2 侵彻 2×6mm 厚 Weldox 700E 钢靶的铜套脱落过程 (Borvik et al, 2009)

4.6.4　弹道极限与靶材的关系

Forrestal et al.(2010) 对 APM2 弹丸及其刚性弹芯穿甲 7075-T651 铝合金靶和 AA5083-H116 铝合金靶的试验研究得出弹芯试验数据与刚性弹理论预期更加一致的结论，并且在忽略靶板惯性效应的基础上，给出了弹道极限速度 V_{BL} 与靶厚 H 和靶材强度 σ_s 的平方根的线性关系，如图 4.6.7 所示。这里 σ_s 是柱形空腔的准静态径向扩孔应力，根据 Chen et al.(2011)，黄徐莉等(2012) 的对比分析，可认为，$\sigma_s = A\sigma_y$。对于中等厚度的金属靶板穿甲，可忽略 C 时，该结论与式 (4.1.16a)、式 (4.1.16b) 一致。其根本机理在于，延性金属靶穿甲以扩孔失效为主要失效模式。

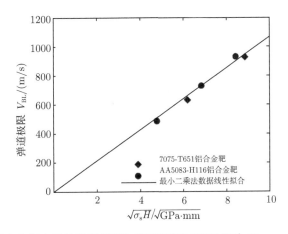

图 4.6.7　铝合金靶穿甲的弹道极限与靶厚及靶材强度关系 (Forrestal et al, 2010)

另一方面,Borvik et al.(2009) 通过 APM2 子弹和 NATO 子弹分别穿甲 12mm 厚度的 Weldox 500E、Weldox 700E、Hardox 400、Domex protect 500 和 Armox 560T 五种钢靶,通过试验研究和数值模拟的对比,发现弹道极限与靶材强度存在强烈的线性关系,如图 4.6.8 所示,而与弹材的韧性相关不大,同时进一步证明步枪子弹的铜套和铅帽对穿甲过程影响较小。

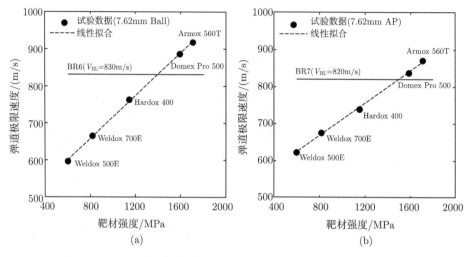

图 4.6.8　钢靶穿甲的弹道极限与靶材强度关系 (Borvik et al, 2009)

图 4.6.8 看似与图 4.6.7 矛盾。因各种钢靶厚度都一致,Borvik et al.(2009) 未曾考虑靶厚的影响。在钢靶穿甲中,弹道极限与靶材强度平方根的线性关系是否成立?该问题的实质是,除延性金属靶穿甲的扩孔失效模式之外,也或有其他机理成立?

为便于分析,我们参照图 4.6.7 对图 4.6.8 重新分析,图 4.6.9 给出钢靶穿甲的

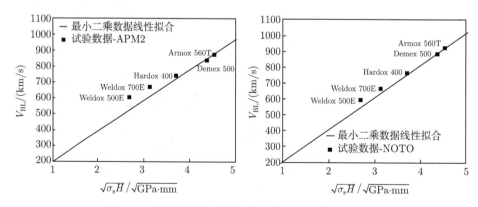

图 4.6.9　钢靶穿甲的弹道极限与靶厚及靶材强度关系

弹道极限与靶厚及靶材强度关系。因靶厚 H 一样，事实上可不计靶厚，仅考虑弹道极限速度 V_{BL} 与靶材强度 σ_s 平方根的关系。显然，仍保持较好的线性关系。鉴于目前仍未见有理论分析或其他失效模式的试验证据支持图 4.6.8，我们认为图 4.6.9 可更好地反映问题的实质。从另一方面证明，式 (4.1.16a)，式 (4.1.16b) 对 Borvik et al.(2009) 的钢靶穿甲也成立，仍属于尖头弹对延性金属靶的扩孔穿甲问题。

4.6.5 备注

根据 Chen and Li(2003) 和 Chen et al.(2005) 关于刚性尖头弹正穿甲金属靶的分析模型，本节对 Borvik et al.(2009，2010) 和 Forrestal et al.(2010) 有关 APM2 子弹及其弹芯垂直穿甲延性金属靶的试验数据进行再分析。分析表明：

在子弹穿甲金属靶中，刚性弹芯的贡献是最主要的，铜套、铅帽及底座等对子弹穿甲的影响有限。尽管子弹在穿甲过程中是变形弹，仍可应用刚性弹穿甲的理论公式对步枪子弹穿甲进行理论分析。

随着靶厚的增加，靶板惯性效应对穿甲/侵彻的终点弹道性能影响显著增大。厚靶穿甲时，必须计及靶板惯性效应。在薄靶及中厚靶穿甲时，可忽略靶板惯性效应，使用简化公式 (4.1.16a)，式 (4.1.16b)。

子弹对铝合金靶和钢靶穿甲中，铜套、铅帽及底座对终点弹道的影响有差别。在钢靶穿甲中，铜套在撞击靶前发生破碎脱落，铜套不参与穿甲。而在铝合金靶穿甲中，铜套将参与穿甲且在靶中侵蚀掉，随后只有弹芯继续穿甲。

试验进一步证实，无论子弹对铝合金靶和钢靶穿甲，相应于薄靶或中厚靶，弹道极限速度 V_{BL} 与靶厚 H 及靶材强度 σ_s 平方根呈线性关系。这与理论分析一致。

本章针对刚性弹穿甲/侵彻金属厚靶进行理论建模和试验分析。利用空腔膨胀理论，结合刚性弹侵彻的无量纲控制参数，给出刚性弹正穿甲的理论模型，并对尖头弹的模型进行比较分析，讨论靶材对尖头刚性弹穿甲终点弹道性能的影响。进一步给出斜穿甲的模型分析；同时结合侵彻阻力的一般形式，讨论阻尼函数和附加质量对穿甲的影响。最后，针对有变形的子弹穿甲金属靶，利用前述穿甲模型进行分析，获得定性分析。

参 考 文 献

陈小伟，李维，宋成. 2005. 细长尖头刚性弹对金属靶板的斜侵彻/穿甲分析. 爆炸与冲击，25(5): 393-399.

陈小伟，李小笠，陈裕泽，武海军，黄风雷. 2007. 刚性弹侵彻动力学中的第三无量纲数. 力学学报，39(1): 77-84.

黄徐莉，陈小伟，梁冠军. 2012. 尖头弹穿甲韧性金属靶模型比较分析. 爆炸与冲击，31(5): 490-496.

Awerbuch J, Bodner S R. 1974a. Analysis of the mechanics of perforation of projectiles in metallic plates. Int J Solid Struct, 10: 671-684.

Awerbuch J, Bodner S R. 1974b. Experimental investigation of normal perforation of projectiles in metallic plates. Int J Solid Struct, 10: 685-699.

Awerbuch J, Bodner S R. 1977. An investigation of oblique perforation of metallic plates. Exp Mech,17: 147-153.

Borvik T, Clausen A H, Hopperstad O S. 2004. Perforation of AA5083-H116 aluminium plates with conical-nose steel projectiles-experimental study. Int J Impact Eng, 30: 367-384.

Borvik T, Dey S, Clausen A H. 2009. Perforation resistance of five different high-strength steel plates subjected to small-arms projectiles. Int J Impact Eng, 36(7): 948-964.

Borvik T, Forrestal M J, Hopperstad O S, Warren T L, Langseth M. 2009b. Perforation of AA5083-H116 aluminum plates with conical-nose steel projectiles-Calculations. Int J Impact Eng, 36: 426-437.

Borvik T, Forrestal M J, Warren T L. 2010. Perforation of 5083-H116 aluminum armor plates with ogive-nose rods and 7.62mm APM2 bullets. Experimental Mechanics, 50(7): 969-978.

Chen X W, Gao Y B, He L L. 2013. Analysis on the perforation of ductile metallic plates by APM2 bullets. Int J Protective Structures, 4(1): 65-78.

Chen X W, Huang X L, Liang G J. 2011. Comparative analysis of perforation models of metallic plates by rigid sharp-nosed projectiles. Int J Impact Eng, 38(5): 613-621.

Chen X W, Li Q M, Chen Y Z. 2005. Perforation of medium thick plate by a sharp projectile. Alves M, Jones N. Impact Loading of Lightweight Structures. WIT, 2005. The Proceedings of International Conference on Impact Loading of Lightweight Structures, 147-156.

Chen X W, Li Q M, Fan S C. 2006. Oblique perforation of thick metallic plates by rigid projectiles. ACTA Mechanic Sinica, 22: 367-376.

Chen X W, Li Q M. 2002. Deep penetration of a non-deformable projectile with different geometrical characteristics. Int J Impact Eng, 27(6): 619-637.

Chen X W, Li Q M. 2003. Perforation of a thick plate by rigid projectiles. Int J Impact Eng, 28(7): 743-759.

Chen X W, Li X L, Huang F L, Wu H J, Chen Y Z. 2008. Damping function in the penetration/perforation struck by rigid projectiles. Int J Impact Eng, 35(11): 1314-1325.

Dey S, Borvik T, Hopperstad O S, Leinum J R, Langseth M. 2004. The effect of target strength on the perforation of steel plates using three different projectile nose shapes. Int J Impact Eng, 30: 1005-1038.

Dikshit S N, Kutumbarao V V, Sundararajan G. 1995. The influence of plate hardness on the ballistic penetration of thick steel plates. Int J Impact Eng, 16(2): 293-320.

Forrestal M J, Borvik T, Warren T L. 2010. Perforation of 7075-T651 aluminum armor plates with 7.62 mm APM2 bullets. Experimental Mechanics, 50(8): 1245-1251.

Forrestal M J, Luk V K, Brar N S. 1990. Perforation of aluminum armor plates with conical-nose projectiles. Mech Mater, 10: 97-105

Forrestal M J, Luk V K. 1988. Dynamic spherical cavity-expansion in a compressible elastic-plastic solid. J Appl Mech -Trans ASME, 55: 275-279.

Forrestal M J, Okajima K, Luk V K. 1988. Penetration of 6061-T651 aluminum targets with rigid long rods. Trans ASME J Appl Mech, 55: 755-760.

Forrestal M J, Warren T L. 2009. Perforation equations for conical and ogival nose rigid projectiles into aluminum target plates. Int J Impact Eng, 36: 220-225.

Goldsmith W, Finnegan S A. 1986. Normal and oblique impact of cylindro-conical and cylindrical projectiles on metallic plates. Int J Impact Eng, 4: 83-105.

Goldsmith W. 1999. Review: non-ideal projectile impact on targets. Int J Impact Eng, 22: 95-395.

Gupta N K, Madhu V. 1992. Normal and oblique impact of a kinetic energy projectile on mild steel plates. Int J Impact Eng, 12: 333-343.

Gupta N K, Madhu V. 1997. An experimental study of normal and oblique impact of hard-core projectile on single and layered plates. Int J Impact Eng, 19: 395-414.

Ipson T W, Recht R F. 1975. Ballistic penetration resistance and its measurement. Exp Mech, 15: 249-257.

Li Q M, Chen X W. 2003. Dimensionless formulae for penetration depth of concrete target impacted by a non-deformable projectile. Int J Impact Eng, 28(1): 93-116.

Li Q M, Weng H J, Chen X W. 2004. A Modified model for the penetration into moderately-thick plates by a rigid, sharp-nosed projectile. Int J Impact Eng, 30(2): 193-204.

Luk V K, Forrestal M J, Amos D E. 1991. Dynamics spherical cavity expansion of strain-hardening materials. J Appl Mech -Trans ASME, 58(1): 1-6.

Piekutowski A J, Forrestal M J, Poormon K L, Warren T L. 1996. Perforation of aluminium plates with ogive-nose steel rods at normal and oblique impacts. Int J Impact Eng, 18(7-8): 877-887.

Ravid M, Bodner S R. 1983. Dynamic perforation of viscoplastic plates by rigid projectiles. Int J Eng Sci, 21: 577-591.

Recht R F, Ipson T W. 1963. Ballistic perforation dynamics. J Appl Mech, 30: 385-391.

Roisman I V, Weber K, Yarin A L, Hohler V, Rubin M B. 1999. Oblique penetration of a rigid projectile into a thick elastic-plastic target: theory and experiment. Int J Impact Eng, 22: 707-726.

Rosenberg Z, Forrestal M J. 1988. Perforation of aluminium plates with conical-nosed rods-additional data and discussion. J Appl Mech Trans ASME, 55: 236-238

Virostek S P, Dual J, Goldsmith W. 1987. Direct force measurement in normal and oblique impact of plates by projectiles. Int J Impact Eng, 6: 247-269.

Warren T L, Forrestal M J. 1998. Effects of strain hardening and strain-rate sensitivity on the penetration of aluminum targets with spherical-nose rods. Int J Solids Struct, 35: 3737-3752.

第5章 金属中厚靶及薄靶的穿甲分析

5.1 引 言

刚性弹对韧性金属薄靶的穿甲通常同时包括局部撞击响应和整体结构响应。除局部侵彻或压入外,薄靶一般有两类基本的结构响应:弯曲响应和膜应力响应。它们对穿甲过程的影响主要依赖于靶体厚度和刚性弹撞击速度。一般而言,随着靶厚与撞击速度的增加,局部剪切变形越显重要 (钝头弹体),而膜变形的影响显著下降。在一定的靶厚条件下弯曲变形可达最大 (Corbett et al, 1996)。厚靶情形,其穿甲过程主要由局部侵彻控制,同时最后阶段的失效机制也影响厚靶的终点弹道性能,这依赖于靶材料、靶尺寸、弹头形状和初始速度等。穿甲的最后阶段有多种失效机制,比如,对尖形弹可以是韧性开孔或花瓣破孔,高速撞击脆性靶则可以是破碎的,钝头弹体则是剪切冲塞或绝热剪切破坏 (Corbett et al, 1996;Backmann and Goldsmith, 1978;Woodward, 1984)。

伴随靶厚、撞击速度和弹体头部钝度的增加,剪切冲塞非常容易成为靶穿甲的最终模式。遵循动量和能量守恒,Recht and Ipson(1963) 根据已知撞击速度,用量纲分析求得弹道极限速度,建议可用剪切冲塞模型预测剩余速度。该模型忽略相对较薄的靶板的结构响应,以及相对较厚靶板的局部侵彻。

计及结构响应的相关模型可视为 Recht and Ipson(1963) 模型的进一步发展,而其实质是刚塑性结构动力学 (Jones,1997) 在穿甲力学中的应用。Woodward (1987)、Liu and Stronge(1995) 和 Liu and Jones(1996) 建议的忽略局部侵彻的结构模型,针对钝头弹体撞击靶板的穿甲问题已给出较好预期。结构模型中的剪切冲塞是根据刚塑性分析中剪切铰的概念,通常在相对较厚结构件的早期响应阶段激发 (Jones,1997;Symonds,1968;Li,2000;Li and Jones,2000)。目前而言,针对穿甲问题要想获得一总体结构模型,将各种由复杂的局部响应和失效模式引起的失效分析包含在刚塑性分析中,例如,因不同靶厚和撞击速度可能导致的凹陷 (dishing)、瓣裂 (petalling) 或侵彻 (penetration) 等是非常困难或不可能的 (Corbett et al,1996)。同时即使对一个总体结构模型,也难以给出简单的终点弹道性能公式,后者则是工程应用迫切希望的。

随着靶厚的增加,局部效应愈显重要,而结构响应则减少。当结构响应忽略时,多阶模型常用于研究厚靶穿甲问题。Awerbuch(1970) 将靶体侵彻分为两阶段。在第一阶段仅由惯性和压缩力作用减速弹体有效质量。当靶材的剪切冲塞形成则进入第二阶段，这时环面剪切力作用代替压缩阻力。Goldsmith and Finnegan(1971) 通过考虑第二阶段剪力的衰减进一步发展 Awerbuch(1970) 模型。Awerbuch and Bodner(1974) 将 Awerbuch(1970) 的二阶段模型延伸为三阶段模型。在中间阶段，弹体除有惯性和靶材的压缩抵抗力作用外，尚有剪切力作用。Ravid and Bodner(1983) 进一步对其进行修正，建议为二维五阶段模型：动态塑性侵彻、鼓包形成、鼓包发展、冲塞形成、弹体穿靶。该五个阶段在穿甲/侵彻过程中是连续耦合的，模型不仅能给出弹体和冲塞的出靶速度，也可给出鼓包和冲塞形状以及力–时间历史。该模型被 Ravid et al.(1994) 进一步推广至不同的弹体头部形状，考虑了深侵彻和热软化引起的塑性流场变化。Liss et al.(1983) 建议了另外一个五阶段模型，计及沿靶板厚度及径向的应力波传播。遗憾的是，这些高阶段模型需要用数值过程求解弹体的运动方程，不适于工程应用。

对于厚金属靶 (理论上假设为半无限) 的侵彻问题，已有相当多的理论模型 (Woodward，1996；Batra，1987)。Poncelet 公式常用于计算平头弹体撞击的阻力 (Bulson，1997)，$F = A_0(a + bV^2)$，其中 A_0 是弹体的横截面；V 是撞击速度，a 和 b 是由试验确定的材料常数 (非平头弹体，a 和 b 与弹头形状相关)。多阶段的穿甲模型及深侵彻模型均使用 Poncelet 公式。在深侵彻问题中常用的动态空腔膨胀模型，经由文献 (Bishop et al，1945；Goodier，1965；Forrestal et al，1991，1995) 从准静态空腔模型推广发展及应用而来，进一步提供了 Poncelet 公式的理论基础。Chen and Li(2002)，Li and Chen(2003) 将动态空腔膨胀模型应用于不同靶介质、弹头形状及撞击速度的侵彻问题的进一步分析。

Liss et al.(1983) 的五阶段模型计及靶板中的剪切应力波传播。但大多数的多阶段模型一般都忽略靶板的结构响应。Shadbolt et al.(1983) 将多阶段模型与结构分析相结合，相关分析表明，当用 Reissner 板理论代替简单塑性膜应力和弯曲理论而作为结构模型时，理论结果将提高。但是，基于一些经验数据的不确定性以及复杂的数值过程，其很难应用于实际。本章将给出一种更简单的近似方法与之比较。

Corbett et al.(1996) 和 Backmann and Goldsmith(1978) 已给出金属靶穿甲试验研究的总结。试验结果要么以相关于靶厚及靶材硬度的弹道极限变化来表示，要么以弹体的剩余速度随撞击速度的变化来表示，其中可识别以下几个试验现象。

第一，试验表明，在一定的靶厚范围内，穿甲弹道极限可能随靶厚增加反而减小 (Corran et al，1983)。除 Liu and Stronge(1995) 因考虑所有可能的结构响应，可以预期该结果外，绝大多数分析模型不能对此进行分析。但 Liu and Stronge(1995) 的模型要求用数值运算求解所选速度场的非线性微分方程，不宜于实际应用。同时 Liu and Stronge(1995) 未考虑局部侵彻。

第二，Forrestal and Hanchak(1999) 注意到 HY-100 钢板穿甲中在弹道极限附近存在一剩余速度的阶跃。在特定靶厚条件下，剩余速度可在弹道极限附近突然上升到一有限值。包括 Recht and Ipson(1963) 在内的所有多阶模型均不能对此进行理论分析。Forrestal and Hanchak(1999) 借用刚塑性梁模型说明此现象。

第三，Sangoy et al.(1988) 观测到在一定条件下，随靶材硬度增加，弹道极限可能下降。该现象与早期的设计准则相悖，人们的认知常识似乎是靶材硬度越高，靶体抗穿甲性能越好。该现象的进一步试验证据可参见 Pereira and Lerch(2001)。有理由相信该现象主要由绝热剪切带的形成而产生 (Corbett et al, 1996；Sangoy et al, 1988；Pereira and Lerch, 2001)；当然，靶材的硬度提高导致脆性增加，也可发生更容易的靶失效。梁中剪切失效向绝热剪切失效的转变可见 Li and Jones(1999)。Chen et al.(2005) 对韧性靶穿甲的绝热剪切失效开展了理论分析。

发展一简单而有合理精度并可预期试验观测的分析模型是相当困难的。本章将建议一杂交模型用于分析钝头弹撞击韧性圆靶的剪切破坏穿甲。模型包括冲塞运动、刚塑性分析和局部的侵彻/压入。通过简单的刚塑性分析，对一定厚度的靶板，可以给出显式的弹道极限和剩余速度。通过进一步数值模拟对其基本假设开展合理性分析。最后考虑前舱物作用导致靶板的预结构响应，将以上刚塑性穿甲模型进一步发展。

5.2 钝头弹体对韧性金属圆板的剪切冲塞穿甲的分析模型

理想刚塑性模型已成功用于分析冲击和爆炸载荷作用下的结构响应。针对钝头刚性弹撞击金属圆板问题，在 Recht and Ipson(1963) 工作基础上，Chen and Li(2003a) 利用刚塑性分析和动态空腔膨胀理论，建立了剪切冲塞模型，并将局部撞击响应和整体结构响应相结合。除剪切破坏之外，针对不同厚度的靶板，模型还考虑了靶板弯曲、膜力拉伸和局部压入/侵彻等的作用。设弹质量 M，弹径 d，靶厚和靶径分别为 H 和 D，无量纲靶厚 $\chi = H/d$，靶材的屈服应力和密度为 σ_y 和 ρ，动态空腔膨胀理论中金属靶的无量纲材料常数分别是 A 和 B。定义无量纲质量 $\eta = \rho\pi d^2 H/(4M)$。相关模型的基本思路如下。

5.2.1 冲塞块的运动

如图 5.2.1，假设当弹体前端对靶体的压缩力与冲塞块的塑性剪切力临界相等时，弹体前端冲塞块形成。一旦冲塞块形成，它就与弹体在常剪力 (Q_0^*) 作用下运动 (其加速度为 $\ddot{W}_0$)，因此其运动方程是

$$\ddot{W}_0 = -\frac{\pi d Q_0^*}{M(1+\eta^*)} \tag{5.2.1}$$

式中，$Q_0^* = H^*\tau_y$，τ_y 为材料剪切屈服应力 (von Mises 屈服条件时取 $\tau_y = \sigma_y/\sqrt{3}$)，$H^*$ 为冲塞块厚度；$\eta^* = \rho\pi d^2 H^*/(4M)$。

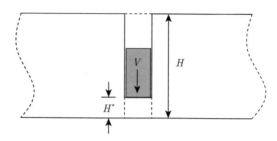

图 5.2.1　厚靶的穿甲

可积分得冲塞块和弹体共同运动的横向速度 $\dot{W}_0$ 和位移 W_0 的表达式

$$\dot{W}_0 = \frac{1}{1+\eta^*}\left(V_* - \frac{\pi d Q_0^* t}{M}\right) \tag{5.2.2}$$

$$W_0 = \frac{1}{1+\eta^*}\left(V_* t - \frac{\pi d Q_0^* t^2}{2M}\right) \tag{5.2.3}$$

式中, V_* 为冲塞刚形成时的弹体速度。

当 $W_0 = 0$, 也即冲塞形成时, 有 $\dot{W}_0 = V_*/(1+\eta^*)$。若局部无压入或侵彻, 则有 $H^* = H$, $Q_0^* = Q_0$, $\eta^* = \eta$ 和 $V_* = V_i$, V_i 是弹体的初始撞击速度。

5.2.2　刚塑性分析

中心冲塞块外的靶板变形由能量守恒控制。若将横向剪切效应考虑进去, 包括弯曲和膜效应的刚塑性板能量守恒的一般表达式, 可进一步扩展为

$$
\begin{aligned}
&- M\left(1+\eta^*\right)\ddot{W}_0\dot{W}_0 - 2\pi\rho H\int_{d/2}^{\xi}\ddot{W}\dot{W}r\mathrm{d}r \\
&= 2\pi\int_{d/2}^{\xi}\left(M_0 + N_0 W\right)\dot{\kappa}_\theta r\mathrm{d}r + \pi d\left(M_0 + N_0 W_1\right)\dot{\psi} \\
&\quad + 2\pi\xi\left(M_0 + N_0 W_1\right)\dot{\psi} + \pi d Q_0\left(\dot{W}_0 - \dot{W}_1\right)
\end{aligned}
\tag{5.2.4}
$$

式中, ξ 为剪切滑移相中弯曲铰位置; W、$\dot{W}$ 和 $\ddot{W}$ 分别为靶板的横向位移场、速度场和加速度场; W_1、$\dot{W}_1$ 和 $\ddot{W}_1$ 分别为靶板在 $r = d/2$ 处的横向位移、速度和加速度; $M_0 = \sigma_y H^2/4$ 为刚塑性圆板的塑性弯矩; $N_0 = \sigma_y H$ 为刚塑性圆板的塑性膜力。$\kappa_\theta = -\dfrac{1}{r}\dfrac{\partial W}{\partial r}$ 和 ψ 分别为靶板曲率和靶板偏转角。若侵彻先于冲塞发生, 在 $r = d/2$ 处, M_0 和 Q_0 分别由 $M_0^* = \sigma_y H^{*2}/4$ 和 Q_0^* 代替。

图 5.2.2 给出不同厚度靶板的横向速度场, 即

$$
\dot{W} = \begin{cases}
\dot{W}_0, & 0 \leqslant r \leqslant d/2 \\
2\dot{W}_1\left(\xi - r\right)/(2\xi - d), & d/2 < r \leqslant \xi \\
0, & \xi < r \leqslant D/2
\end{cases}
\tag{5.2.5}
$$

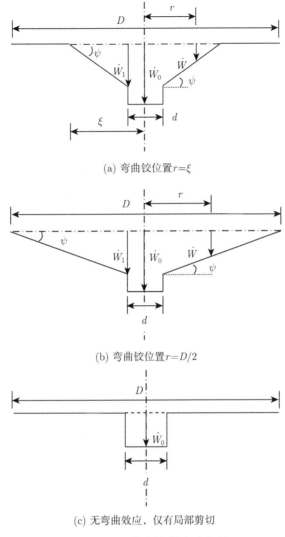

(a) 弯曲铰位置$r=\xi$

(b) 弯曲铰位置$r=D/2$

(c) 无弯曲效应，仅有局部剪切

图 5.2.2 圆靶板的横向速度场

5.2.3 侵彻模型

根据动态空腔膨胀理论可计算作用在平头弹表面的总力是

$$F = \frac{\pi d^2}{4} \left(A\sigma_y + B\rho V^2 \right) \tag{5.2.6}$$

其中弹靶界面间法向速度与弹体的刚体速度一致，弹头的切向应力是零。该式与 Poncelet 公式相一致。

　　按此思路, 可分别应用于钝头弹对中厚靶、薄靶及厚靶的穿甲情形。其中, 考虑局部侵彻/压入的厚靶穿甲分析可见 4.1.3 节, 这里不再给出, 但下文分析明确给出其靶厚条件是 $\chi > \sqrt{3}\,(A + B\Phi_{\mathrm{J}})/4$。5.3 节和 5.4 节分别给出中厚靶 (考虑弯曲效应) 和薄靶情形 (计及膜变形) 的穿甲分析。

5.3　钝头弹对中厚靶板的穿甲

　　本节讨论考虑剪切和弯曲响应的中厚靶板的穿甲模型 (Chen and Li, 2003a)。下面的分析表明, 靶板厚度要求 $\chi_1 < \chi \leqslant \sqrt{3}\,(A + B\Phi_{\mathrm{J}})/4$。若作用载荷强度足够高, 局部横向剪切将激发 (Symonds, 1968; Li, 2000; Menkes and Opat, 1973; Jones, 1976, 1989), 并将主导结构响应的早期阶段。以下分析重点在靶板运动的第一相。

5.3.1　运动 I 相, $0 \leqslant t \leqslant t_1$

　　当忽略膜变形时, 立方体屈服条件相关的塑性正交法则如图 5.3.1, 要求当 $r = d/2$ 时, $M_r = M_0$; 当 $r = \xi$ 时, $M_r = -M_0$; 而当 $d/2 < r < \xi$ 时, 有 $M_\theta = M_0$ 及 $-M_0 < M_r < M_0$。另外, 在 $r = d/2$ 处的横向剪切铰要求 $Q_r = -Q_0$。

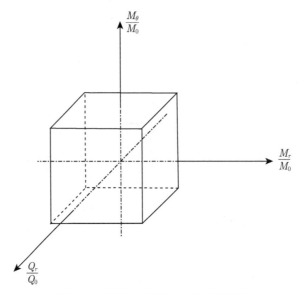

图 5.3.1　运动 I 相的立方体屈服准则

　　如图 5.2.2 所示的横向速度场, 根据式 (5.2.4), 圆板的运动方程简化为

$$\ddot{W}_1 = \frac{24\left[dQ_0\left(2\xi - d\right) - 8\xi\,M_0\right]}{\rho H\left(2\xi + 3d\right)\left(2\xi - d\right)^2} \tag{5.3.1}$$

圆板沿环面 $r=\xi$ 单位长度的剪切阻力是 $Q=\left[\partial\left(rM_r\right)/\partial r-M_\theta\right]/r=-2M_0/\xi$，计及撞击方向的动量守恒，即 $-2\pi\xi Qt=4\pi M_0 t=MV_{\mathrm{i}}-\left(M\dot{W}_0+2\pi\rho H\int_0^\xi \dot{W}r\mathrm{d}r\right)$，我们有

$$4\pi M_0 t = MV_{\mathrm{i}} - \left(M\dot{W}_0 + 2\pi\rho H\int_0^\xi \dot{W}r\mathrm{d}r\right) \tag{5.3.2}$$

根据方程 (5.2.5) 定义的速度场分布，式 (5.3.1) 给出

$$\ddot{W}_1 = \frac{6\left(dQ_0 - 4M_0\right)}{\rho H\left(2\xi - d\right)\left(\xi + d\right)} \tag{5.3.3}$$

$$\dot{W}_1 = \frac{6\left(dQ_0 - 4M_0\right)t}{\rho H\left(2\xi - d\right)\left(\xi + d\right)} \tag{5.3.4}$$

$$W_1 = \frac{3\left(dQ_0 - 4M_0\right)t^2}{\rho H\left(2\xi - d\right)\left(\xi + d\right)} \tag{5.3.5}$$

初始条件是 $t=0$ 时，$W_1 = 0$ 和 $\dot{W}_1 = 0$。

当忽略膜效应时，在运动 I 相，弯曲塑性铰的位置 ξ 是固定的，并由方程 (5.3.1) 和式 (5.3.3) 确定，即

$$\frac{\xi}{d} = \frac{\sqrt{3}\chi + \sqrt{1 + 2\sqrt{3}\chi - 6\chi^2}}{2\left(1 - \sqrt{3}\chi\right)} \tag{5.3.6}$$

式 (5.3.6) 要求 $\chi < 1/\sqrt{3}$；如果靶厚甚小，则膜效应不能被忽略，5.4 节给出考虑膜力效应的刚塑性下限分析。因此，这里要求 $\chi > \chi_1$ 时有效，其中 χ_1 依赖于 D/d 和靶板材料特性，一般在 0.2~0.3 变化。对于厚靶情形，剪切冲塞的临界条件为 $\chi \leqslant \sqrt{3}\left(A + B\Phi_{\mathrm{J}}\right)/4$，式中 $\Phi_{\mathrm{J}} = \rho V^2/\sigma_{\mathrm{y}}$ 是 Johnson 破坏数。因此，分析可知，图 5.2.2(a)~(c) 分别对应于 $\chi_1 < \chi < \dfrac{1}{\sqrt{3}}\left[\dfrac{\left(D/d\right)^2-1}{\left(D/d+1\right)^2+2}\right]$、$\dfrac{1}{\sqrt{3}}\left[\dfrac{\left(D/d\right)^2-1}{\left(D/d+1\right)^2+2}\right] \leqslant \chi < \dfrac{1}{\sqrt{3}}$ 和 $\dfrac{1}{\sqrt{3}} \leqslant \chi \leqslant \dfrac{\sqrt{3}}{4}\left(A + B\Phi_{\mathrm{J}}\right)$ 的不同情形。

对于图 5.2.2(a)~(c) 中所示的速度场，在 $t = t_1$ 时刻，有 $\dot{W}_0 = \dot{W}_1$，当第一运动阶段结束时，剪切滑移到达峰值。其中 t_1 由方程 (5.2.2) 和式 (5.3.4) 决定，即

$$t_1 = \frac{\sqrt{3}}{4\left(\eta + \vartheta\right)} \cdot \frac{\rho d V_{\mathrm{i}}}{\sigma_{\mathrm{y}}} \tag{5.3.7}$$

对于图 5.2.2(a)~(c) 中的速度场，有

$$\vartheta = \begin{cases} \dfrac{3\left(1-\sqrt{3}\chi\right)(1+\eta)}{2\left(2\xi/d-1\right)\left(\xi/d+1\right)}, & \chi_1 < \chi < \dfrac{1}{\sqrt{3}}\left[\dfrac{(D/d)^2-1}{\left(D/d+1\right)^2+2}\right] \\[3ex] \dfrac{3\left(1-\sqrt{3}\chi\right)(1+\eta)}{(D/d-1)\left(D/d+2\right)}, & \dfrac{1}{\sqrt{3}}\left[\dfrac{(D/d)^2-1}{\left(D/d+1\right)^2+2}\right] \leqslant \chi < \dfrac{1}{\sqrt{3}} \\[3ex] 0, & \dfrac{1}{\sqrt{3}} \leqslant \chi \leqslant \dfrac{\sqrt{3}}{4}\left(A+B\Phi_{\mathrm{J}}\right) \end{cases} \tag{5.3.8}$$

因而根据方程 (5.2.3) 和式 (5.3.5)，第一运动阶段结束时的最大横向剪切位移为

$$W_{\mathrm{s}}\left(t_1\right) = W_0\left(t_1\right) - W_1\left(t_1\right) = \frac{V_{\mathrm{i}} t_1}{2\left(1+\eta\right)} = \frac{\sqrt{3}\Phi_{\mathrm{J}} \cdot d}{8\left(1+\eta\right)\left(\eta+\vartheta\right)} \tag{5.3.9}$$

5.3.2 弹道极限和剩余速度的预估

假设运动 I 相结束时，靶板中的最大剪切滑移为 $W_{\mathrm{s}}\left(t_1\right) = kH$，弹道极限的临界时间为 $t_{\mathrm{BL}} = t_1$。若取 $k = 1$，则不考虑剪切弱化效应。由前述运动方程可以导出弹道极限：

$$V_{\mathrm{BL}} = 2\sqrt{\frac{2k\chi\left(1+\eta\right)\left(\eta+\vartheta\right)}{\sqrt{3}}} \cdot \sqrt{\frac{\sigma_{\mathrm{y}}}{\rho}} \tag{5.3.10}$$

$$t_{\mathrm{BL}} = \sqrt{\frac{\sqrt{3}k\left(1+\eta\right)}{2\left(\eta+\vartheta\right)}} \cdot \sqrt{\frac{\rho\, dH}{\sigma_{\mathrm{y}}}} \tag{5.3.11}$$

$$W_1\left(t_{\mathrm{BL}}\right) = \frac{\vartheta kH}{\left(\eta+\vartheta\right)} \tag{5.3.12}$$

易知当 $\chi_1 < \chi \leqslant \sqrt{3}\left(A+B\Phi_{\mathrm{J}}\right)/4$ 时，$W_1\left(t_{\mathrm{BL}}\right) < H/2$ 满足所有中厚靶，因此在运动 I 相忽略膜力的假设是合理的。

根据方程 (5.2.2)，弹丸和冲塞块的剩余速度在弹道极限存在速度跳跃 (velocity jump)，即

$$V_{\mathrm{Jump}} = \dot{W}_0\left(t_{\mathrm{BL}}\right) = \frac{\vartheta V_{\mathrm{BL}}}{\left(1+\eta\right)\left(\eta+\vartheta\right)} > 0 \tag{5.3.13}$$

当方程 (5.3.8) 中 $\vartheta \neq 0$ 时，试验研究 (Forrestal and Hanchak, 1999) 已观测到这一速度跳跃现象，5.5 节的试验分析中将讨论之。

如果 $V_{\mathrm{i}} \geqslant V_{\mathrm{BL}}$，弹丸和冲塞块将穿透靶板，可求解剩余速度：

$$V_{\mathrm{r}} = \frac{\vartheta V_{\mathrm{i}} + \eta\sqrt{\left(V_{\mathrm{i}}^2 - V_{\mathrm{BL}}^2\right)}}{\left(1+\eta\right)\left(\eta+\vartheta\right)} \geqslant V_{\mathrm{Jump}} \tag{5.3.14}$$

当 $1/\sqrt{3} \leqslant \chi \leqslant \sqrt{3}\left(A+B\Phi_{\mathrm{J}}\right)/4$ 时，为纯剪切速度场，有 $\vartheta = 0$，因此由方程 (5.3.10) 和式 (5.3.14) 得

$$V_{\mathrm{BL}} = 2\sqrt{\frac{2k\chi\eta\left(1+\eta\right)}{\sqrt{3}}} \cdot \sqrt{\frac{\sigma_{\mathrm{y}}}{\rho}} \tag{5.3.15}$$

$$V_r = \frac{1}{(1+\eta)}\sqrt{(V_i^2 - V_{BL}^2)} \tag{5.3.16}$$

方程 (5.3.16) 与 Recht and Ipson(1963) 模型相同，它显然不能预测剩余速度在弹道极限的速度跳跃。

5.4 钝头弹对薄靶的穿甲

本节适用于 $\chi < \chi_1$ 的薄靶，仍假定剪切失效主导韧性圆板的穿甲过程。其横向速度场假定为

$$\dot{W} = \begin{cases} \dot{W}_0, & 0 \leqslant r \leqslant d/2 \\ \dot{W}_1\,(D-2r)/(D-d), & d/2 < r \leqslant D/2 \end{cases} \tag{5.4.1}$$

这与公式 (5.2.5) 相同 (其中 $\xi = D/2$)，见图 5.2.2(b)。

在式 (5.4.1) 速度场下，计及膜力效应的能量守恒方程 (5.2.4) 高估了靶板响应中的能量消耗，因此仅给出终点弹道极限和剩余速度的下限。由式 (5.2.4) 及式 (5.4.1) 可得

$$\ddot{W}_1 + g^2 W_1 = f \tag{5.4.2}$$

其中

$$g^2 = \frac{24 N_0\,(D+d)}{\rho H\,(D+3d)\,(D-d)^2} = \frac{24 \sigma_y\,(D/d+1)}{\rho d^2\,(D/d+3)\,(D/d-1)^2} \tag{5.4.3}$$

$$f = \frac{24\,[dQ_0\,(D-d) - 4D\,M_0]}{\rho H\,(D+3d)\,(D-d)^2} = \frac{24\sigma_y\,\left[(D/d-1)/\sqrt{3} - \chi D/d\right]}{\rho d\,(D/d+3)\,(D/d-1)^2} \tag{5.4.4}$$

$$\frac{f}{g^2} = \frac{\left[(D/d-1)/\sqrt{3} - \chi D/d\right]}{(D/d+1)} \cdot d \tag{5.4.5}$$

初始条件为 $W_1 = \dot{W}_1 = 0$，求解公式 (5.4.2) 可得

$$W_1 = \frac{f}{g^2}\,[1 - \cos(gt)] \tag{5.4.6}$$

$$\dot{W}_1 = \frac{f}{g}\sin(gt) \tag{5.4.7}$$

$$\ddot{W}_1 = f\cos(gt) \tag{5.4.8}$$

运动 I 相在 t_1 时刻终止，有 $\dot{W}_0\,(t_1) = \dot{W}_1\,(t_1)$，弹体和冲塞块的运动由式 (5.2.1)~式 (5.2.3) 控制。Jones et al.(1997) 利用相似的方法给出了靶板变形的完整分析。

与 5.3 节求解过程相似, 终点弹道极限可由以下方程得到:

$$\frac{f}{g} t_{\text{BL}} \sin\left(g t_{\text{BL}}\right) + \frac{2\eta\sigma_{\text{y}}}{\sqrt{3}\left(1+\eta\right)\rho d} t_{\text{BL}}^2 - \frac{f}{g^2}\left[1-\cos\left(g t_{\text{BL}}\right)\right] = kH \qquad (5.4.9)$$

$$V_{\text{BL}} = \frac{f}{g} \sin\left(g t_{\text{BL}}\right)\left(1+\eta\right) + \frac{4\eta\sigma_{\text{y}}}{\sqrt{3}\rho d} t_{\text{BL}} \qquad (5.4.10)$$

$$V_{\text{Jump}} = \frac{f}{g} \sin\left(g t_{\text{BL}}\right) \qquad (5.4.11)$$

由式 (5.4.11) 可知, 当减小靶板厚度, 靶板中膜力响应变得更重要时, 弹体和冲塞块的剩余速度在弹道极限附近也存在速度跳跃 V_{Jump}。相关的薄靶试验现象可见 Dienes and Miles(1977)。

如果 $V_{\text{i}} \geqslant V_{\text{BL}}$, 弹体将穿透薄靶, 其剩余速度为

$$V_{\text{r}} = \frac{1}{1+\eta}\left(V_{\text{i}} - \frac{4\eta\sigma_{\text{y}}}{\sqrt{3}\rho d} t_{1*}\right) \qquad (5.4.12)$$

式中 t_{1*} 由下式给出:

$$\frac{1}{1+\eta}\left(V_{\text{i}} t_{1*} - \frac{2\eta\sigma_{\text{y}}}{\sqrt{3}\rho d} t_{1*}^2\right) - \frac{f}{g^2}\left[1-\cos\left(g t_{1*}\right)\right] = kH, \quad t_{1*} \leqslant t_{\text{BL}} \qquad (5.4.13)$$

须指出的是, 该下限分析仅适用于薄靶的冲塞穿甲。随着靶厚的进一步降低, 其他破坏模式 (如瓣裂破坏) 也可能产生, 这需要更复杂通用的失效判据和结构响应模型来进行研究。

5.5   试 验 分 析

分析模型假定穿甲后弹丸和冲塞块的剩余速度相同, 但试验中弹丸和冲塞块的剩余速度是有一定差别的。根据动量守恒, 可定义试验中的名义剩余速度为

$$V_{\text{r}} = \frac{M \cdot V_{\text{pr}} + M_{\text{pl}} \cdot V_{\text{plr}}}{M + M_{\text{pl}}} \qquad (5.5.1)$$

式中, V_{pr} 为试验中弹丸的实际剩余速度; V_{plr} 为试验中冲塞块的实际剩余速度; $M_{\text{pl}} = \eta M = \pi\rho d^2 H/4$ 为冲塞块的质量。

5.5.1   侵彻性能预测

图 5.5.1~ 图 5.5.3 给出 HY-100 钢靶的终点弹道极限和剩余速度的试验结果 (Forrestal and Hanchak, 1999) 和理论分析。共四组试验数据, 靶厚 χ 或 H/d 从 0.172(第 3 组) 变化到 0.35(第 1、2 和 4 组), 第 4 组弹体质量为 0.52kg, 第 1~3 组

弹体质量为 1.56kg, 相关试验参数见 Forrestal and Hanchak(1999) 的表 1∼ 表 4。根据式 (5.3.6), 第 1、2 和 4 组试验中弯曲铰在位置 $\xi/d=2.31$ 处形成。分析表明, 第 1、2 组试验的弹道极限 $V_{BL}=110.0$m/s, 速度跳跃 $V_{Jump}=54.5$m/s; 第 4 组试验的弹道极限 $V_{BL}=165.9$m/s, 速度跳跃 $V_{Jump}=42.9$m/s。对于第 3 组试验数据, 在较高侵彻速度下对剩余速度进行分析, 5.3 节的中厚靶模型和 5.4 节的下限模型与试验结果非常吻合; 而对终点弹道极限和速度跳跃的分析 (也即 $V_{BL}=63.9$m/s 和 $V_{Jump}=38.3$m/s), 下限模型较中厚靶模型更接近试验结果。

图 5.5.4 给出 Børvik et al.(1999) 的试验结果和相应的理论分析。由于 $\chi = H/d = 0.6 > 1/\sqrt{3}$, 根据 5.3 节的分析模型, 终点弹道极限 $V_{BL} = 174.0$m/s, 不存在速度跳跃。理论分析与试验结果相一致。

速度跳跃的现象同样存在于 Liss and Goldsmith(1984)。图 5.5.5 和图 5.5.6 给出 Liss and Goldsmith(1984) 的试验结果和相应的理论分析。3.2mm 厚的靶板 (无量纲靶厚 $\chi = H/d = 0.256$) 在终点弹道极限 $V_{BL} = 92.3$m/s 时有速度跳跃 $V_{Jump} = 53.7$m/s, 而 6.4mm 厚的靶板 (无量纲靶厚 $\chi = H/d = 0.512$) 在终点弹道极限 $V_{BL} = 117.2$m/s 时速度跳跃仅为 $V_{Jump} = 0.7$m/s。

本节的分析模型给出在终点弹道极限下存在剩余速度发生速度跳跃的理论根据, Forrestal and Hanchak(1999) 也观察到相应现象, 并利用一个刚塑性梁模型定性解释该试验现象。

图 5.5.7 给出侵彻 I 相中弯曲铰位置随无量纲靶厚 $\chi = H/d$ 的变化。除参数 $\chi = H/d$ 之外, 弯曲铰位置也与圆靶靶径相关, 相关论述见 5.3 节针对 $\chi_1 < \chi < 1/\sqrt{3} = 0.58$ 的中厚靶分析。无量纲的弯曲铰位置上限可随靶板的靶径不同而变化, 如图 5.5.7 给出 Corran et al.(1983), Børvik et al.(2001c) 的对应结果。

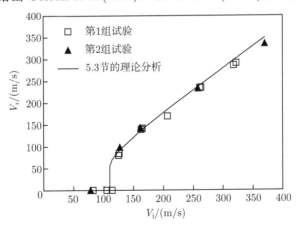

图 5.5.1　终点弹道极限和剩余速度的试验结果和理论分析 I (Forrestal and Hanchak, 1999)

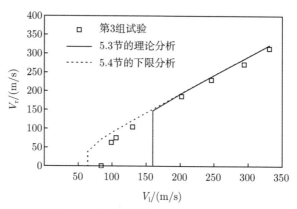

图 5.5.2　终点弹道极限和剩余速度的试验结果和理论分析 II (Forrestal and Hanchak, 1999)

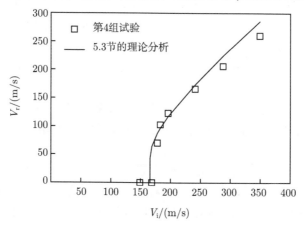

图 5.5.3　终点弹道极限和剩余速度的试验结果和理论分析 III (Forrestal and Hanchak, 1999)

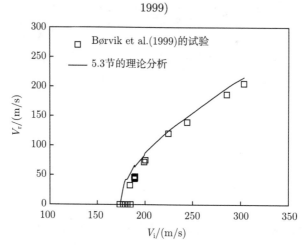

图 5.5.4　终点弹道极限和剩余速度的试验结果和理论分析 IV (Børvik et al, 1999)

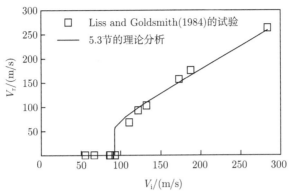

图 5.5.5 终点弹道极限和剩余速度的试验结果和理论分析 V (Liss and Goldsmith, 1984)

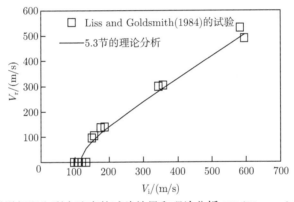

图 5.5.6 终点弹道极限和剩余速度的试验结果和理论分析 VI (Liss and Goldsmith，1984)

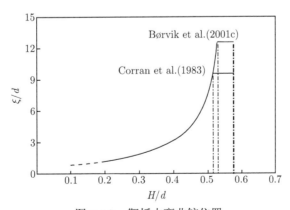

图 5.5.7 靶板中弯曲铰位置

5.5.2 靶板厚度对弹道性能的影响

针对不同的靶板材料，图 5.5.8~ 图 5.5.11 给出靶板厚度对终点弹道性能的影响的试验结果 (Børvik et al，2001c；Corran et al，1983) 和理论分析。随着靶板厚度的不断增加，5.3 节的弯曲–剪切模型和 5.4 节的弯曲–剪切–膜力模型都给出较好的理论预测。对于薄靶情形 $(\chi < \chi_1)$，5.4 节则给出终点弹道极限的一个下限分析。参数 χ_1 的值依赖于多个参数，如 D/d 和靶材等。本章模型尚不能准确确定 χ_1 值。根据图 5.5.8~ 图 5.5.11 的理论分析和试验结果，χ_1 大抵在 $0.1 \sim 0.3$。

根据 5.3 节的弯曲–剪切模型，随着靶板厚度的增加，存在一个终点弹道极限局部下降的现象。该现象是由弯曲和剪切两种模式随靶厚增加对所需穿甲能量的正反两方面作用相互竞争造成的。Liu and Stronge(1995) 模型在对 Corran et al.(1983) 的试验分析中注意到终点弹道极限局部下降的现象；然而，Liu and Stronge(1995) 需要进行复杂的数值求解。

剪切冲塞失效可出现于大量的冲击问题中。在一定范围内，增加靶厚、撞击速度以及弹体头部的钝度有利于剪切冲塞形成。但其他一些侵彻模式，如花瓣形破坏，也可能主导弹靶的终点弹道性能 (Corbett et al，1996；Backmann and Goldsmith，1978)。对于穿甲动力学，很难给出一个确定各种失效模式发生的简单条件。

即使对于平头弹，剪切冲塞也不是唯一的主导穿甲过程的失效模式。当钝头弹体以低速撞击薄靶时，局部凹陷将会发生，最终导致拉伸失效。一个包括剪切、弯曲、膜力效应以及适宜的失效判据的结构模型，可以较好地预测不同失效模式间的转换 (Liu and Stronge，1995)，但通常需要复杂的数值计算以确定弹道极限和剩余速度。本模型只适于剪切冲塞失效主导的穿甲过程，相应地可考虑有无结构弯曲响应和局部侵彻。其应用范围通过靶厚和弹径的比率，靶径和弹径的比率，材料参数和撞击速度等来确定。

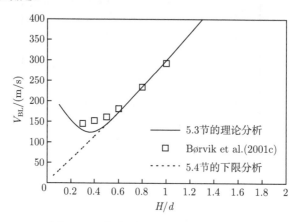

图 5.5.8 终点弹道极限随靶厚的变化 I

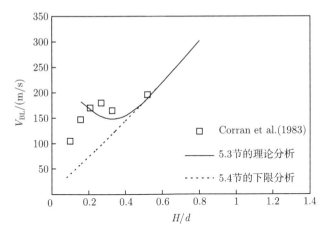

图 5.5.9 终点弹道极限随靶厚的变化 II

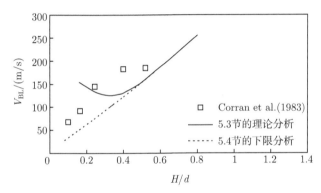

图 5.5.10 终点弹道极限随靶厚的变化 III

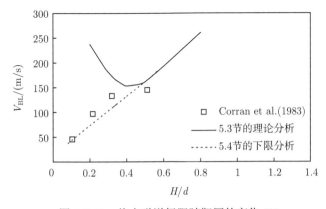

图 5.5.11 终点弹道极限随靶厚的变化 IV

利用理想刚塑性模型研究结构总体响应是合理的。但在侵彻和穿甲过程中，局部的材料响应可能包括塑性大变形、应变率硬化以及热软化或损伤软化。分析模型若想要考虑所有这些因素，将会异常复杂，并且需要大量的材料试验。虽然上述模型没有明确这些因素的作用，但是因为模型中所有表征局部变形和失效的材料参数都是以试验为基础的，因此已综合考虑这些因素。例如，剪切失效准则中的参数 k 已综合考虑了温度效应和应变、应变率硬化等 (Li and Jones，1999)。综合效应中，热软化或损伤软化可以部分降低应变和应变率硬化的作用。但在一定条件下，它们各自的作用都有可能在穿甲或侵彻过程中占支配地位。例如，伴随撞击速度的进一步增加，导致产生热软化，剪切冲塞模式可以转化为绝热剪切带失效。Li and Jones(1999) 用一个梁模型去分析绝热剪切带的发生。我们认为，靶材硬度增加而弹道极限下降的试验现象，正是类似的失效模式转换引起的 (Sangoy et al，1988；Pereira and Lerch，2001)。对此有必要开展进一步的定量研究。

上述分析首次在理论上解释了金属薄靶穿甲问题中终点弹道极限附近存在剩余速度跳跃和一定靶厚范围内弹道极限会随靶厚增加而反常下降的特殊物理现象。

5.6 钝头弹穿甲金属靶的理论与数值分析比较

5.2 节 ~5.4 节基于塞块运动和局部凹陷或侵彻过程的刚塑性分析，提出了钝头弹穿甲韧性金属圆板的剪切冲塞杂交模型 (Chen and Li，2003a)。穿甲过程中产生的横向剪切、弯曲响应和膜力拉伸等作用都包含在刚塑性分析模型中。本节主要通过数值模拟对该理论模型基本假设的合理性进行分析 (Chen et al，2009)。

5.6.1 数值模拟和试验概述

数值模拟采用 AUTODYN-2D 计算程序。靶板的本构关系和材料参数与 Børvik et al.(1999，2001a，b，c，2002) 和 Dey et al.(2004) 相同，即采用粘塑性和塑性破坏耦合的计算模型。该模型主要基于 Johnson and Cook(1983，1985)，Camacho and Ortiz(1997) 和 Lemaitre(1996) 的工作，其中包括热弹性、von Mises 屈服准则、相关的流体准则、各向同性应变硬化、由绝热加热引起的应变率硬化和软化、由各向同性破坏引起的软化以及失效准则等。该模型的详细描述见 Børvik et al.(1999，2001a，b，c，2002) 相关文献。

相关试验数据来自于 Børvik et al.(1999，2001b，2003)，靶板和弹材分别为 Weldox 460E 钢和硬化的 Arne 工具钢，所有材料常数与 Børvik et al.(2002) 相同。图 5.6.1 是 ϕ20mm 直径的钝头弹撞击 12mm 厚靶板的二维轴对称网格的放大。

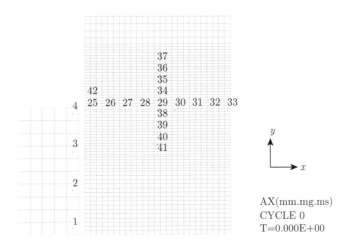

图 5.6.1 ϕ20mm 直径的钝头弹撞击 12mm 厚靶板的二维轴对称网格

5.6.2 中厚靶板的穿甲

1. 弹道性能

图 5.6.2 和图 5.6.3 分别给出靶厚为 8mm 和 12mm(无量纲靶厚$\chi = H/d$ =0.4 和 $\chi = H/d$ =0.6) 时终点弹道计算结果,并与试验数据和理论模型进行比较。计算和试验结果表明,靶厚 H=8mm 时 (χ=0.4),弹丸和塞块的剩余速度在弹道极限处存在速度跳跃。Chen and Li(2003a) 假设这种情况是由金属靶板的结构响应 (即靶板弯曲效应) 引起的。假设穿甲后弹丸和塞块具有相同的速度,如图 5.6.2 所示,

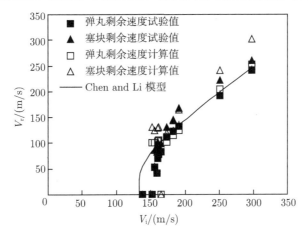

图 5.6.2 剩余速度的计算结果与理论预期和试验数据的比较 (H=8mm)

理论模型得到的速度跳跃和弹道极限速度分别为 28m/s 和 132.6m/s。数值计算得到的这两个速度值分别为 100m/s 和 155m/s。与之对比的是，当 $H=12$mm($\chi=0.6$) 时，数值计算、理论分析和试验数据都表明，弹道极限撞击速度下的剩余速度逐渐增加。数值计算和试验结果进一步证实了理论建模的合理性。

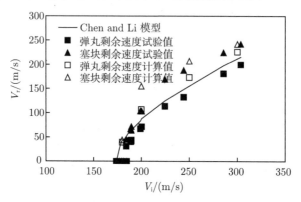

图 5.6.3　剩余速度的计算结果与理论预期和试验数据的比较 ($H=12$mm)

2. 常剪力假设

图 5.6.4 是撞击速度 160m/s，$H=8$mm 时，总剪力与头部阻力的比较。由于弹丸和塞块间的相互碰撞，以及弹塑性应力波在靶中传播和反射，侵彻阻力显著振荡衰减。但总剪力在穿甲过程中几乎恒定 (约等于 185kN)，其幅值近似等于侵彻阻力的平均值。数值计算结果表明了常剪力假设的合理性，进一步验证了理论模型提出的总剪力和弹丸头部阻力有相等幅值的结论。

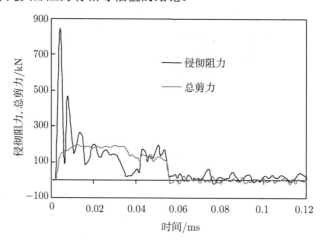

图 5.6.4　总剪力和弹丸头部阻力的对比 ($H=8$mm，$V_i=160$m/s)

3. 剪切失效

图 5.6.5(a)~(f) 是弹丸以 250m/s 速度穿甲 12mm 厚靶板时,断裂裂纹的传播和失效图像。弹丸第一次侵入时,弹丸前端的靶板界面很快出现临界损伤,裂纹开始增长。裂纹传播到靶板后端面时形成塞块。锯齿形的裂纹是由拉伸断裂引起的,可在靶板后端面观察到。事实上,如图 5.6.5(b)~(e) 所示,在局部膨胀区域出现的严重拉伸非常接近剪切断裂。因此,失效过程加速,拉伸断裂引起的裂纹从靶板后端面开始传播。当两个裂纹相遇时,穿甲完成,塞块被推出。但是,剪切失效在穿甲过程中占据优势,因为拉伸裂纹要晚于剪切裂纹。为了简化分析,有必要明确 Chen and Li(2003a) 理论模型中的主导失效机制。

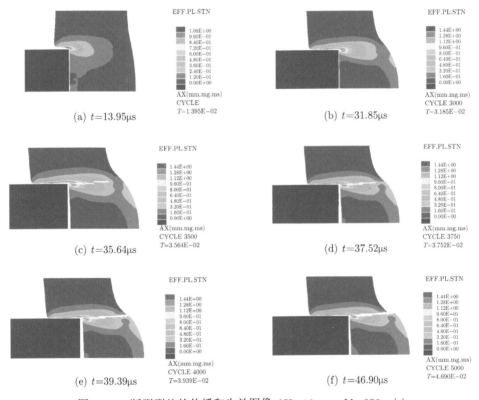

图 5.6.5　断裂裂纹的传播和失效图像 $(H=12\text{mm}, V_i=250\text{m/s})$

4. 靶厚对"有约束"和"无约束"穿甲塑性变形的影响

图 5.6.6(a)~(h) 表示弹丸在相同初始速度 $V_i=250\text{m/s}$ 时穿甲或挤凿不同厚度靶板时的网格变形图像。可以看出,靶板总的变形趋势是随着靶板厚度的增加而下降。如图 5.6.6(a)~(f) 所示,贯穿相对较薄的靶板后,可以观察到靶板后部膨胀,

但前部的膨胀未见。只有在 $\chi=1.0$ 时，出现少量的前部膨胀。这意味着塑性变形基本朝着后端面方向。特别是在 $\chi=1.5$ 和 $\chi=2.5$ 时，局部出现严重的挤凿但没有穿甲。$\chi=1.5$ 时，塑性变形和膨胀在靶板前后端面都有出现。当 $\chi=2.5$ 时，塑性流动只在前端面出现，后端面没有变化。

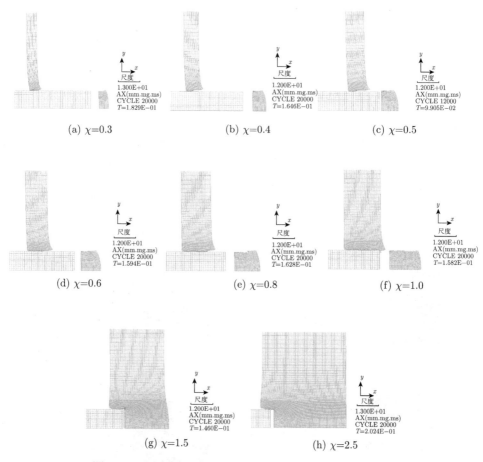

(a) $\chi=0.3$　　　　　　(b) $\chi=0.4$　　　　　　(c) $\chi=0.5$

(d) $\chi=0.6$　　　　　　(e) $\chi=0.8$　　　　　　(f) $\chi=1.0$

(g) $\chi=1.5$　　　　　　(h) $\chi=2.5$

图 5.6.6　不同靶厚时穿甲或挤凿的变形网格 ($V_{\mathrm{i}}=250\mathrm{m/s}$)

很明显，这些情况对应于无约束和有约束的塑性流，这是 Dikshit et al.(1995) 所定义的，它们表示靶板厚度对靶板硬度的影响程度。有约束到无约束的转变出现在弹丸到达靶板后端面时弹丸前方的靶板的塑性区域。因此，薄板侵彻时 ($H/d<1$)，出现无约束情形；而较厚靶板侵彻时，如 $H/d\gg1$，出现有约束情形。

前部膨胀的出现意味着局部塑性挤凿开始。挤凿被认为是一种特殊的，非常浅的侵彻。没有前部膨胀意味着没有局部挤凿的出现，可以认为这是一种纯剪切失效。在 $\chi=1.0$ 厚度的靶板中出现了非常小的前部膨胀，这表示到达前端面的塑性流与明显的剪切失效相比可以忽略。其中，$\chi=1.0$ 是剪切冲塞失效的临界厚度。

因此，如果 $\chi \leqslant 1.0$，塞块厚度与靶板厚度很接近。相反地，若 $\chi > 1.0$，塞块厚度变薄，塞块厚度近似为常数，这是由侧向流挤压靶材造成的。很明显，随着撞击速度和靶板厚度的增加，塞块厚度减薄机理与塑性变形和弹丸头部钝化有关。

Børvik et al.(2003) 和 Chen and Li(2003a) 在各自文献中都提到，钝头弹穿甲金属靶板的主要失效机制是剪切冲塞和延性扩孔。剪切冲塞出现时伴随靶板材料的侧向挤压，这是由钝头弹弹头附近的狭窄剪切带中产生的局部变形引起的。然而，随着靶板厚度增大，弹丸头部前端的靶板材料为形成侵彻通道，向侧面挤压，这就是通常所说的延性扩孔。当弹丸前部剩余靶板厚度达到某一临界值时，侵彻过程将从延性扩孔转变为剪切冲塞，而剪切冲塞这种失效机制消耗的能量较少。数值计算结果和试验数据都证实了动态空腔膨胀模型在钝头弹贯穿金属厚靶情况下的有效性。Chen and Li(2003a，b) 用公式表示了空腔膨胀时极限靶板的厚度，$\chi = \dfrac{H}{d} \geqslant \dfrac{\sqrt{3}}{4}(A + B\Phi_{\mathrm{J}}) > 1$，其中，$\Phi_{\mathrm{J}}$ 是 Johnson 损伤数，A 和 B 是动态空腔模型中的材料参数。显然，在数值模拟中，极限靶厚是 $\chi=1$。

5.7 带前舱物的钝头弹对金属靶的正穿甲分析

5.3 节和 5.4 节 (Chen and Li，2003a) 以及 Recht and Ipson(1963) 的理论模型适用于钝头裸弹的正撞靶分析。半穿甲战斗部的头部通常装配有前舱段 (如雷达舱、天线罩等)，该舱段物质稀松、结构易碎。弹靶撞击时，前舱物先行撞靶破碎或压实，且令靶体发生预结构响应和预破坏，起着能量吸收器作用而有利于弹体过靶。前舱物显著影响半穿甲战斗部撞击薄钢靶的终点弹道效应。

Chen et al.(2007，2008) 和陈小伟等(2006)考虑前舱物作用导致靶板的预结构响应，对 5.3 节和 5.4 节 (Chen and Li，2003a) 模型进行修正，得到更一般化的分析模型。假设前舱物与靶板的撞击中，除部分前舱物将破碎压实并附着在刚性弹体上，撞击过程中弹体质量发生损失且最终消失掉大部分前舱物。模型适用于超音速 (巡航) 导弹等短粗型钝头弹穿甲问题，对前舱段的结构几何设计有参考价值。

5.7.1 带前舱物的钝头弹体撞击金属薄靶的分析模型

考虑一直径 d 的弹体以初速 V_{i} 正撞击金属薄靶 (图 5.7.1(a))。靶板厚度和靶材密度分别为 H 和 ρ，前舱段长度和密度分别为 l 和 ρ_1。因前舱段结构中空易碎，在前舱段撞击过程中，弹体的过载较之弹体撞击靶板时甚小。因此假设质量 m 的部分前舱物在撞击中破碎且横向飞散，并导致靶板获得一预结构响应 (图 5.7.1(b))；

质量为 M 的弹体和部分压实附着前舱物继续以初速 V_i 正撞击金属薄靶,也即模型假设前舱物的撞击过程与后面的刚性弹体无关。可知刚性弹体和前舱段的总质量是 $(M + m)$。

进一步,前舱物撞击靶板的预结构响应相当于软弹撞靶问题,除部分前舱物将破碎压实并附着在刚性弹体上,撞击过程中弹体质量发生损失且最终消失掉大部分前舱物。

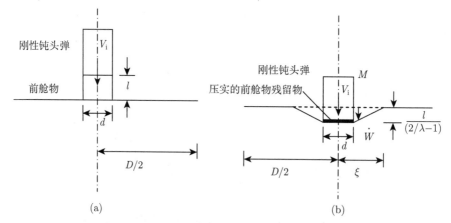

图 5.7.1　带前舱物的钝头弹体对金属薄靶的撞击

假设靶板是边界固支的直径为 D 的刚塑性圆板。带前舱物的弹体撞击靶板的过程如图 5.7.1(b) 所示。在前舱段变质量撞击过程中,圆靶获得一速度场,

$$\dot{W} = \begin{cases} V_0, & 0 \leqslant r \leqslant d/2 \\ 2V_0 (\xi - r)/(2\xi - d), & d/2 < r \leqslant \xi \\ 0, & \xi < r \leqslant D/2 \end{cases} \quad (5.7.1)$$

式中,$r = \xi$ 为弯曲铰的位置。

由于前舱段质量发生变化,在撞击过程中弯曲铰的位置实际是移行的。这里仅关心前舱段撞击终了时刻的速度场,对应于刚性弹体和部分压实附着前舱物刚接触靶板并发生剪切破坏。因此 $r = \xi$ 将由后续的刚性弹撞靶分析给出。

由 5.3.1 节 (Chen and Li, 2003a) 分析可知,在 $r = \xi$ 处,沿径向和环向的弯矩分别是,$M_r = -M_0$,$M_\theta = M_0$,其中 $M_0 = \sigma_y H^2/4$ 是刚塑性圆板的完全塑性弯矩,σ_y 是靶材的屈服应力。圆板沿环面 $r = \xi$ 单位长度的剪切阻力是 $Q = [\partial (rM_r)/\partial r - M_\theta]/r = -2M_0/\xi$,计及撞击方向的动量守恒,在前舱段撞击靶板的终了时刻有

$$-2\pi \int_0^{t_-} \xi Q \mathrm{d}t = 4\pi M_0 t_- = mV_i - 2\pi \rho H \int_0^\xi \dot{W} r \mathrm{d}r \quad (5.7.2)$$

假设该时刻对应于 $t_0 = 0$,而之前的前舱段撞靶过程时间为 t_-。为分析简便计,假设靶板速度场 ($\dot{W}$ 或 V_0) 是线性增加的。因此在前舱段撞击靶板的终了时刻有几何关系

$$l = \left(V_i - \frac{V_0}{2}\right) t_- \tag{5.7.3}$$

联合方程 (5.7.2) 和式 (5.7.3) 有

$$\frac{\beta}{2} V_0^2 - (1 + \beta) V_i V_0 + 2\left(V_i^2 - \frac{4\pi M_0 l}{m}\right) = 0 \tag{5.7.4}$$

其中,定义无量纲系数 β 和 η_1 分别为

$$\beta = 2\eta_1 \left[4 (\xi/d)^2 + 2\xi/d + 1\right] \Big/ 3 \tag{5.7.5}$$

$$\eta_1 = \frac{\rho\pi d^2 H}{4m} = \frac{\rho H}{\delta \rho_1 l} \tag{5.7.6}$$

式中,$\delta = \dfrac{4m}{\rho_1 \pi d^2 l}$ 为横向飞散的前舱物质量比。

因此可求解得到

$$V_0 = \lambda V_i \tag{5.7.7}$$

$$t_- = 2l/[(2 - \lambda) V_i] \tag{5.7.8}$$

须指出的是,当靶板足够厚时,前舱物的撞击并不能引起靶板的预结构响应,即靶板的速度场为零,$V_0 = 0$,这时式 (5.7.2) 有 $4\pi M_0 t_- \geqslant m V_i$,可推导得

$$\chi \geqslant \frac{1}{2} \sqrt{\delta \Phi_J \frac{\rho_1}{\rho}} \tag{5.7.9}$$

式中,$\chi = H/d$ 为无量纲靶厚;$\Phi_J = \rho V_i^2/\sigma_y$ 为 Johnson 破坏数。

因此最后有

$$\lambda = \begin{cases} \left[(1 + \beta) - \sqrt{(1 - \beta)^2 + \dfrac{16\beta\chi^2}{\delta\Phi_J} \cdot \dfrac{\rho}{\rho_1}}\right]\Big/\beta, & \chi < \dfrac{1}{2}\sqrt{\delta\Phi_J\dfrac{\rho_1}{\rho}} \\ 0, & \chi \geqslant \dfrac{1}{2}\sqrt{\delta\Phi_J\dfrac{\rho_1}{\rho}} \text{或} l = 0 \text{ (无前舱物)} \end{cases} \tag{5.7.10}$$

可进一步得到,在前舱段撞击靶板的终了时刻 $t_0 = 0$,靶板的最大变形和刚性弹体的最大位移分别是

$$W_1 = l/(2/\lambda - 1) \tag{5.7.11a}$$

$$W_0 = l/(1 - \lambda/2) \tag{5.7.11b}$$

　　从 $t_0 = 0$ 时刻起，该问题简化为，总质量 M 的刚性弹体和部分压实附着前舱物以初速 V_i 正撞击有初始速度场 W 的金属薄靶。相似于 5.2 节 ~5.4 节，须注意的是，与之前不同的是，在 $t_0 = 0$ 时刻，$\dot{W}_0 = V_* = \dfrac{1 + \lambda\eta}{1 + \eta}V_i$，$W_0 = \dfrac{l}{1 - \lambda/2}$。初始条件是 $t = 0$ 时，$W_1 = l/(2/\lambda - 1)$ 和 $\dot{W}_1 = V_0$。

　　重复 5.2 节~5.4 节的求解过程，可以分别得到中厚靶和薄靶情形的终点弹道性能。

　　中厚靶时终点弹道极限、对应时刻 t_{BL} 和靶板的最大变形分别是

$$V_{\mathrm{BL}} = \frac{2}{1 - \lambda}\sqrt{\frac{2k\chi(1 + \eta)(\eta + \vartheta)}{\sqrt{3}}} \cdot \sqrt{\frac{\sigma_y}{\rho}} \tag{5.7.12a}$$

$$t_{\mathrm{BL}} = \sqrt{\frac{\sqrt{3}k(1 + \eta)}{2(\eta + \vartheta)}} \cdot \sqrt{\frac{\rho\, dH}{\sigma_y}} \tag{5.7.12b}$$

$$W_1 = \frac{l}{(2/\lambda - 1)} + \frac{2(1 + \eta)kH}{(1/\lambda - 1)} + \frac{\vartheta kH}{\eta + \vartheta} \tag{5.7.12c}$$

　　分析中选择 $k = 1$ 用于计算靶板弹道极限 V_{BL} 和弹丸穿透靶板后的剩余速度 V_r。同理，弹丸和冲塞块的剩余速度在弹道极限存在速度跳跃，即

$$V_{\mathrm{Jump}} = \dot{W}_0(t_{\mathrm{BL}}) = \frac{[\vartheta(1 + \lambda\eta) + \lambda\eta(1 + \eta)]}{(1 + \eta)(\eta + \vartheta)}V_{\mathrm{BL}} > 0 \tag{5.7.13}$$

　　如果 $V_i \geqslant V_{\mathrm{BL}}$，弹丸和冲塞块将以剩余速度 $V_r = \dot{W}_0(t_{1*})$ 穿透靶板，剩余速度和冲塞穿甲对应时刻可分别求出

$$V_r = \frac{[\vartheta(1 + \lambda\eta) + \lambda\eta(1 + \eta)]V_i + \eta(1 - \lambda)\sqrt{V_i^2 - V_{\mathrm{BL}}^2}}{(1 + \eta)(\eta + \vartheta)} \geqslant V_{\mathrm{Jump}} \tag{5.7.14a}$$

$$t_{1*} = \frac{\sqrt{3}}{4(\eta + \vartheta)} \cdot \frac{\rho d(1 - \lambda)}{\sigma_y} \cdot \left(V_i - \sqrt{V_i^2 - V_{\mathrm{BL}}^2}\right) \tag{5.7.14b}$$

可证明 $t_{1*} \leqslant t_{\mathrm{BL}} = t_1$。

　　需要强调的是，由于方程 (5.7.12)~式 (5.7.14) 中 λ 与弹体初速 V_i（弹道极限时为 V_{BL}）相关，计算靶板弹道极限 V_{BL}、速度跳跃 V_{Jump} 和剩余速度 V_r 须分别联立方程 (5.7.10) 求解。

　　薄靶情形时终点弹道极限可由以下方程得到：

$$\frac{f}{g}t_{\mathrm{BL}}\sin(gt_{\mathrm{BL}}) + \frac{2\eta\sigma_y}{\sqrt{3}(1 + \eta)\rho d}t_{\mathrm{BL}}^2 - \frac{f}{g^2}[1 - \cos(gt_{\mathrm{BL}})] = kH \tag{5.7.15a}$$

$$V_{\mathrm{BL}} = \frac{1}{1 - \lambda}\left[\frac{f}{g}\sin(gt_{\mathrm{BL}})(1 + \eta) + \frac{4\eta\sigma_y}{\sqrt{3}\rho d}t_{\mathrm{BL}}\right] \tag{5.7.15b}$$

$$V_{\text{Jump}} = \lambda V_{\text{BL}} + \frac{f}{g} \sin\left(gt_{\text{BL}}\right) \tag{5.7.15c}$$

如果 $V_{\text{i}} \geqslant V_{\text{BL}}$，弹体将穿透薄靶，其剩余速度为

$$V_{\text{r}} = \frac{1}{1+\eta} \left[\left(1 + \lambda\eta\right) V_{\text{i}} - \frac{4\eta\sigma_{\text{y}}}{\sqrt{3}\rho d} t_{1*} \right] \tag{5.7.16}$$

式中 t_{1*} 由下式给出：

$$\frac{1}{1+\eta} \left[\left(1 - \lambda\right) V_{\text{i}} t_{1*} - \frac{2\eta\sigma_{\text{y}}}{\sqrt{3}\rho d} t_{1*}^2 \right] - \frac{f}{g^2} \left[1 - \cos\left(gt_{1*}\right) \right] = kH \tag{5.7.17}$$

其中 $t_{1*} \leqslant t_{\text{BL}}$。

同样，因为方程 (5.7.15)～式 (5.7.17) 中 λ 与弹体初速 V_{i}(弹道极限时为 V_{BL}) 相关，计算靶板弹道极限 V_{BL}、速度跳跃 V_{Jump} 和剩余速度 V_{r} 须分别联立方程 (5.7.10) 求解。

本节模型不计前舱物时与 5.2 节～5.4 节是一致的，同样包容 Recht and Ipson (1963)。当没有前舱物 ($l = 0$) 时，因为 $\lambda = 0$，本模型就退化到 Chen and Li(2003a) 情形。

5.7.2 试验分析

图 5.7.2～ 图 5.7.4 分别给出四种模型对三组试验的终点弹道分析。在远大于弹道极限的高速穿甲时，对应中厚靶和薄靶模型分别给出完全一致的结果。一般而言，对远大于弹道极限的高速撞击，终点弹道公式容易给出较好的理论预期；而在弹道极限附近，理论预期误差较大。因为撞击速度远大于弹道极限，弹体将保留其绝大多数动能而穿甲。剩余速度曲线作为撞击速度的渐近线，其值更接近撞击速度。

由于薄钢靶的结构响应，在弹道极限附近存在速度跳跃，四种模型均给出此结论。与 Chen and Li(2003a) 一致，考虑弯曲响应的中厚靶模型比考虑膜变形的薄靶模型给出更高的弹道极限和速度跳跃。特别地，带前舱物的中厚靶模型给出最大值的弹道极限和速度跳跃；而带前舱物和不带前舱物的薄靶模型对弹道极限和速度跳跃的预期则几乎是一致的。

对应于弹号为 V-05-2 的试验，两种厚靶模型认为弹体不能过靶，而两种薄靶模型给出了相接近的剩余速度值。因为 5 发试验的靶板都较薄，$\chi = H/d \leqslant 0.10$，靶板的膜变形较弯曲响应更显著。结合较高速度 ($\sim 700$ m/s) 的分析结果，我们认为，带前舱物的薄靶模型更适合于相关的穿甲试验分析。

针对带前舱物的钝头弹体撞击薄靶的三组试验，图 5.7.5 给出前舱物作用导致靶板预结构响应获得的最大速度 V_0 与弹体初速 V_{i} 的比值 $\lambda = V_0/V_{\text{i}}$。在 2～2.5 Ma

时，λ 值可分别达到 0.39 和 0.34，表明前舱物作用导致靶板预结构响应获得的最大速度可达弹体初速的 1/3。弹体过靶过程，其实质是前舱物撞击使靶体获得一初速度，降低弹靶间相对速度和减速度过载，延长了过靶时间，有利于弹体过靶。

由图 5.7.5 还可知，当弹体撞击速度减小时，λ 值指数下降；尤其当 $V_i < 200\text{m/s}$ 时，前舱物的撞击将不能引起靶板的预结构响应，表明较低速度下前舱物导致靶板预结构响应的影响非常有限，这与物理认知是一致的。这是在研制亚音速战斗部时需要引起重视的。

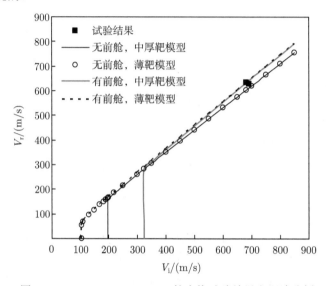

图 5.7.2　II-05-02/II-05-02K 的火炮试验结果和理论分析

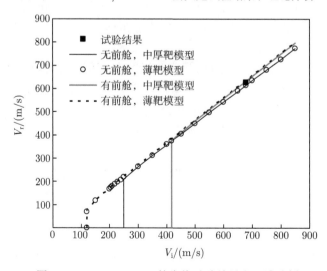

图 5.7.3　II-08G2K-03 的火炮试验结果和理论分析

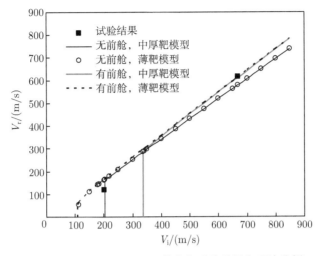

图 5.7.4 V-05-1/ V-05-2 的火炮试验结果和理论分析

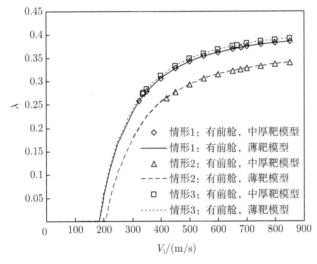

图 5.7.5 靶板预结构响应的 $\lambda = V_0/V_i$ 与弹体初速 V_i 的关系

5.7.3 讨论

根据 5.7.1 节的理论分析,弹道极限 V_{BL} 和速度跳跃 V_{Jump} 相关于 λ,而 λ 又相关于弹体撞击速度 V_i,因此伴随弹体初速 V_i 的变化,弹道极限 V_{BL} 和速度跳跃 V_{Jump} 的理论预期似乎也在变化,如图 5.7.6 和图 5.7.7 所示。但实际情况是,对应于确定的靶板和弹体,其真实的弹道极限 V_{BL} 和速度跳跃 V_{Jump} 是唯一的,也即对应于图 5.7.6 和图 5.7.7 中各曲线的最小值。这是应用带前舱物的两模型时需要注意的。

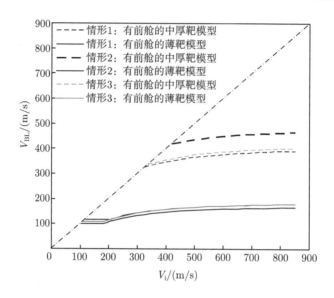

图 5.7.6　理论弹道极限随撞击速度的变化

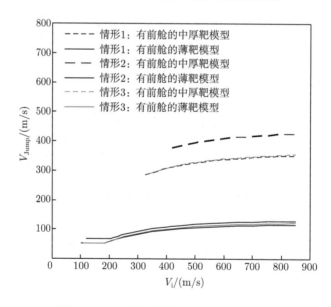

图 5.7.7　理论速度跳跃随撞击速度的变化

　　另一方面, 前述模型的理论分析并未给出如何确定前舱物撞击靶板后横向飞散的质量比 δ。5.7.2 节的试验分析采用早期试验研究的假定 $\delta = 0.5$, 也即前舱物总质量的一半在撞击中破碎且横向飞散, 并导致靶板获得一预结构响应; 而另一半质量的前舱物将压实附着在弹体头部, 继续以弹体初速 V_{i} 正撞击金属薄靶。

针对弹号 II-05-02 的试验，我们进一步讨论横向飞散的前舱物质量比 δ 对其终点弹道性能的影响。对应于 δ 的变化，$\delta = 0$ (即 $m = 0$) 表示前舱物撞击无质量损失，可认为前舱物与弹头同体，或不存在前舱物作用 (裸弹情形)；$\delta = 1$ 表示前舱物撞击后完全横向飞散，其动能完全用于靶板的预结构响应。

图 5.7.8 和图 5.7.9 分别给出带前舱物的钝头弹撞击中厚靶和薄靶模型对 II-05-02 试验终点弹道性能的预期。显然，两模型同时指出，剩余速度 V_r 随 δ 的增大而缓慢上升，$\delta = 0.5$ 时 V_r 对应于中间值。根据带前舱物的薄靶模型，δ 的变化基本不影响其弹道极限 V_{BL} 和速度跳跃 V_{Jump}，结果与无前舱物的薄靶模型一致。但若根据带前舱物的中厚靶模型，仅当 $\delta \leqslant 0.3$ 时，δ 的变化不影响 V_{BL} 和 V_{Jump}；当 $\delta > 0.3$ 时，V_{BL} 和 V_{Jump} 则随 δ 的增大而显著上升。另外，当 $\delta > 0.84$ 时，带前舱物的中厚靶模型认为，因为靶板的预结构响应过大，导致弹道极限显著升高，弹体不能过靶。

图 5.7.10 给出在弹道极限时 λ 随 δ 的变化。同样，根据带前舱物的薄靶模型，弹道极限 $V_{BL} = 101\mathrm{m/s}$，δ 的变化并不影响 λ ($\lambda = 0$)。而对于带前舱物的中厚靶模型，其弹道极限 $V_{BL} = 238 \mathrm{~m/s}$，当 $\delta \leqslant 0.3$ 时，$\lambda = 0$；而当 $\delta > 0.3$ 时，λ 随 δ 线性增加。

针对 5.7.2 节的试验数据，其无量纲靶厚 $\chi = H/d = 0.10$，靶板的膜变形较弯曲响应更显著，建议采用带前舱物的薄靶模型，这时利用 $\delta = 0.5$ 的工程假设是合适的，可以给出合理的终点弹道性能的预期。更一般地，对于不同厚度和材料的靶板，δ 的取值尚须视具体情况而定。

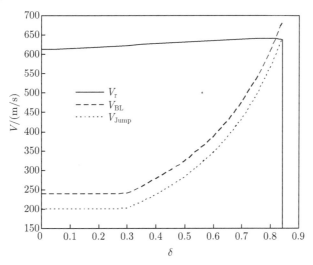

图 5.7.8 II-05-02 终点弹道性能随 δ 的变化 (有前舱的中厚靶模型)

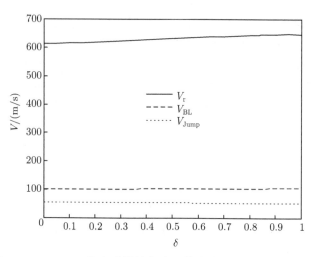

图 5.7.9　II-05-02 终点弹道性能随 δ 的变化 (有前舱的薄靶模型)

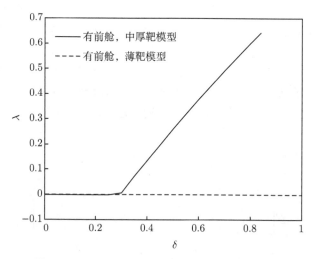

图 5.7.10　II-05-02 在弹道极限时 λ 随 δ 的变化

　　本章针对刚性弹穿甲中等厚度及薄靶金属靶进行理论建模、计算和试验分析。中等厚度及薄靶金属靶的穿甲通常将伴随结构响应, 并将影响其终点弹道性能, 本章首先对此作一简单评述; 考虑靶板的弯曲响应及膜力拉伸响应, 建立刚塑性穿甲模型。该理论模型解释了金属薄靶穿甲问题中终点弹道极限附近存在剩余速度跳跃和一定靶厚范围内弹道极限会随靶厚增加而反常下降的特殊物理现象。进一步运用数值模拟对该理论模型的基本假设开展合理性研究。最后考虑前舱物作用导致靶板的预结构响应, 将以上刚塑性穿甲模型进一步发展, 可应用于真实半穿甲战斗部。

参 考 文 献

陈小伟, 杨云斌, 路中华. 2006. 带前舱物的钝头弹对金属靶的正穿甲分析. 爆炸与冲击, 26(4): 294-302.

Awerbuch J, Bodner S R. 1974. Analysis of the mechanics of perforation of projectiles in metallic plates. Int J Solids Struct, 10(1): 671-684.

Awerbuch J. 1970. A mechanics approach to projectile penetration. Israel J Technol, 8: 375-383.

Børvik T, Hopperstad O S, Berstad T, Langseth M. 2001a. Numerical simulation of plugging failure in ballistic penetration. Int J Solids Struct, 38: 6241-6264.

Børvik T, Hopperstad O S, Berstad T, Langseth M. 2001b. A computational model of viscoplasticity and ductile damage for impact and penetration. Eur J Mech A/Solids, 20: 685-712.

Børvik T, Hopperstad O S, Berstad T, Langseth M. 2002a. Perforation of 12 mm thick steel plates by 20mm diameter projectiles with flat, hemispherical and conical noses. Part II: Numerical simulations. Int J Impact Eng, 27: 37-64.

Børvik T, Hopperstad O S, Langseth M, Malo K A. 2003. Effect of target thickness in blunt projectile penetration of Weldox 460 E steel plates. Int J Impact Eng, 28(4): 413-464.

Børvik T, Langseth M, Hopperstad O S, Malo K A. 1999. Ballistic penetration of steel plates. Int J Impact Eng, 22: 855-886.

Børvik T, Langseth M, Hopperstad O S, Malo K A. 2002b. Perforation of 12mm thick steel plates by 20 mm diameter projectiles with flat, hemispherical and conical noses. Part I: Experimental study. Int J Impact Eng, 27: 19-35.

Børvik T, Leinum J R, Solberg J K, Hopperstad O S, Langseth M. 2001c. Observations on shear plug formation in Weldox 460E steel plates impacted by blunt-nosed projectiles. Int J Impact Eng, 25: 553-572.

Backmann M E, Goldsmith W. 1978. The mechanics of penetration of projectiles into targets. Int J Eng Sci, 16: 1-99.

Batra R C. 1987. Steady state penetration of viscoplastic target. Int J Eng Sci, 25: 1131-1141.

Bishop R F, Hill R, Mott N F. 1945. The theory of indentation and hardness tests. Proc Phys Soc, 57(Part 3): 147-159.

Bulson P S. 1997. Explosive Loading of Engineering Structures. London: E & FN Spon.

Camacho G T, Ortiz M. 1997. Adaptive Lagrangian modeling of ballistic penetration of metallic targets. Comp Meth Appl Mech Engng, 142: 269-301.

Chen X W, Li Q M, Fan S C. 2005. Initiation of adiabatic shear failure in a clamped circular plate struck by a blunt projectile. Int J Impact Eng, 31(7): 877-893.

Chen X W, Li Q M. 2002. Deep penetration of a non-deformable projectile with different geometrical characteristics. Int J Impact Eng, 27: 619-637.

Chen X W, Li Q M. 2003a. Shear plugging and perforation of ductile circular plates struck by a blunt projectile. Int J Impact Eng, 28(5): 513-536.

Chen X W, Li Q M. 2003b. Perforation of a thick plate by rigid projectiles. Int J Impact Eng, 28(7): 743-759.

Chen X W, Yang Y B, Lu Z H, Chen Y Z. 2007. Modeling on a Blunt Projectile with a Nose-Cabin-Column Perforating into Metallic Plates. Tarragona, Spain: Proc of the 23rd International Symposium on Ballistics (Edt. Francisco Galvez, Vicente Sanchez-Galvez), 1227-1234.

Chen X W, Yang Y B, Lu Z H, Chen Y Z. 2008. Perforation of metallic plates struck by a blunt projectile with a soft nose. Int J Impact Eng, 35(6): 549-558.

Chen X W, Zhou X Q, Li X L. 2009. On perforation of ductile metallic plates by blunt rigid projectile. European Journal of Mechanics A/Solids, 28(2): 273-283.

Corbett G G, Reid S R, Johnson W. 1996. Impact loading of plates and shells by free-flying projectiles: a review. Int J Impact Eng, 18: 141-230.

Corran R S J, Shadbolt P J, Ruiz C. 1983. Impact loading of plates, an experimental investigation. Int J Impact Eng, 1: 3-22.

Dey S, Børvik T, Hopperstad O S, Leinum J R, Langseth M. 2004. The effect of target strength on the perforation of steel plates using three different projectile nose shapes. Int J Impact Eng, 30: 1005-1038.

Dienes J K, Miles J W. 1977. A membrane model for the response of thin plates to ballistic impact. J Mech Phys Solids, 25: 237-256.

Dikshit S N, Kutumbarao V V, Sundararajan G. 1995. The influence of plate hardness on the ballistic penetration of thick steel plates. Int J Impact Eng, 16(2): 293-320.

Forrestal M J, Brar N S, Luk V K. 1991. Penetration of strain-hardening targets with rigid spherical-nose rods. Trans ASME J Appl Mech, 58(1): 7-10.

Forrestal M J, Hanchak S J. 1999. Perforation experiments on HY-100 steel plates with 4340 Rc38 and maraging T-250 steel rod projectiles. Int J Impact Eng, 22: 923-933.

Forrestal M J, Tzou D Y, Askari E, Longcope D B. 1995. Penetration into ductile metal targets with rigid spherical-nose rods. Int J Impact Eng, 16: 699-710.

Goldsmith W, Finnegan S A. 1971, Penetration and perforation processes in metal targets at and above ballistic limits. Int J Mech Sci, 13: 843-866.

Goodier J N. 1965. On the mechanics of indentation and cratering in solid targets of strain-hardening metal by impact of hard and soft spheres. AIAA Proc. 7th Symposium on Hypervelocity Impact III, 215-259.

Johnson G R, Cook W H. 1983. A constitutive model and data for metals subjected to large strains, high strain rates and high temperature. Hague, Netherlands: Seventh

International Symposium of Ballistics, 541-547.

Johnson G R, Cook W H. 1985. Fracture characteristics of three metals subjected to various strain, strain rates and temperatures. Engng Fract Mech, 21: 31-48.

Jones N, Kim S B, Li Q M. 1997. Response and failure of ductile circular plates struck by a mass. Trans ASME J Pressure Vessel Technol, 119: 332-342.

Jones N. 1976. Plastic failure of ductile beams loaded dynamically. Trans ASME J Eng Ind, 98: 131-136.

Jones N. 1989. On the dynamic inelastic failure of beams//Wierzbicki T, Jones N. Structural Failure. New York: Wiley, 133-159.

Jones N. Structural Impact. 1989. Cambridge: Cambridge University Press.

Lemaitre J. 1996. A Course on Damage Mechanics. 2nd Ed. Berlin: Springer.

Li Q M, Chen X W. 2003. Dimensionless formulae for penetration depth of concrete target impacted by a Non-Deformable Projectile. Int J Impact Eng, 28: 93-116.

Li Q M, Jones N. 1999. Shear and adiabatic shear failures in an impulsively loaded fully clamped beams. Int J Impact Eng, 22: 589-607.

Li Q M, Jones N. 2000. Formation of a shear localization in structural elements under transverse dynamic loads. Int J Solid Struct, 37: 1-22.

Li Q M. 2000. Continuity conditions at bending and shearing interfaces of rigid, perfectly plastic structural elements. Int J Solid Struct, 37: 3651-3665.

Liss J, Goldsmith W, Kelly J M. 1983. A phenomenological penetration model of plates. Int J Impact Eng, 1(4): 321-341.

Liss J, Goldsmith W. 1984. Plate perforation phenomena due to normal impact of blunt cylinders. Int J Impact Eng, 2: 37-64.

Liu D Q, Stronge W J. 1995. Perforation of rigid-plastic plate by blunt missile. Int J Impact Eng, 16: 739-758.

Liu J H, Jones N. 1996. Shear and bending response of a rigid plastic circular plate struck transversely by a mass. Mech Struct Mach, 24(3): 361-388.

Menkes S B, Opat H J. 1973. Broken beams. Exp Mech, 13: 480-486.

Pereira J M, Lerch B A. 2001. Effects of heat treatment on the ballistic impact properties of Inconel 718 for jet engine fan containment applications. Int J Impact Eng, 25: 715-733.

Ravid M, Bodner S R, Holcman I. 1994. Penetration into thick targets-refinement of a 2D dynamic plasticity approach. Int J Impact Eng, 15(4): 491-499.

Ravid M, Bodner S R. 1983. Dynamic perforation of viscoplastic plates by rigid projectiles. Int J Eng Sci, 21: 577-591.

Recht R F, Ipson T W. 1963. Ballistic perforation dynamics. J Appl Mech, 30: 385-391.

Sangoy L, Meunier Y, Pont G. 1988. Steel for ballistic protection. Israel J Technol, 24: 319-326.

Shadbolt P J, Corran R S J, Ruiz C. 1983. A comparison of plate perforation models in the sub-ordnance range. Int J Impact Eng, 1: 23-49.

Symonds P S. 1968. Plastic shear deformation in dynamic load problems//Heyman J, Leckie F A. Engineering Plasticity. Cambridge: Cambridge University Press, 647-664.

Woodward R L. 1984. The interrelation of failure modes observed in the penetration of metallic targets. Int J Impact Eng, 2: 121-129.

Woodward R L. 1987. A structural model for thin plate perforation by normal impact of blunt projectiles. Int J Impact Eng, 6: 129-140.

Woodward R L. 1996. Modelling geometrical and dimensional aspects of ballistic penetration of thick metal targets. Int J Impact Eng, 18: 369-381.

第6章　金属靶板的绝热剪切穿甲

6.1　引　　言

由于在民用和军事上的重要性，平头刚性弹穿甲金属板的研究长期以来一直得到重视 (Backman and Goldsmith，1978；Anderson and Bodner，1988；Corbett et al，1996；Goldsmith，1999；Ben-Dor et al，2005)，近期工作可参见 Borvik et al.(1999，2001，2002a，b，2003)，Dey et al.(2004)，Chen and Li(2003a，b) 和 Chen et al.(2005，2006，2009)。伴随靶厚和撞击速度的增加，剪切冲塞非常容易成为平头刚性弹穿甲金属板的最终模式。已有多个分析模型可用于平头刚性弹穿甲金属板的终点弹道性能的预期分析，比如 Wen and Jone(1996)，Bai and Johnson(1982)，Ravid and Bodner(1983)。遵循动量和能量守恒，Recht and Ipson(1963) 根据撞击速度和量纲分析求得弹道极限速度，建议用剪切冲塞模型预测剩余速度，仍是目前较公认和常用的模型。该模型忽略相对较薄靶板的结构响应，以及相对较厚靶板的局部侵彻。Srivathsa and Ramakrishnan(1997，1998) 利用能量守恒的方法提出一个弹道性能指标参数来评估和比较金属靶材的终点弹道，该指标参数是靶材力学性能和弹体撞击速度的函数。将局部撞击响应和整体结构响应相结合，Chen and Li(2003a) 建议一杂交的刚塑性模型用于分析平头弹撞击韧性圆靶的剪切破坏穿甲，模型包括冲塞运动、靶板弯曲、膜力拉伸和局部的侵彻/压入，将 Recht and Ipson(1963) 模型包容进去，使其成为一个特例。借助于数值模拟，Chen et al.(2009) 进一步讨论了 Chen and Li(2003a) 模型理论假设的适用性及与试验和数值结果的差异。

平头弹在穿甲金属靶板的过程中，靶板厚度、靶材强/硬度及弹体初速等对其终点弹道性能都有重要的影响。Borvik et al.(2003)，Dey et al.(2004) 通过试验和数值分析，系统研究了靶厚和靶材强度对终点弹道的影响。一般来说，靶材失效仅为剪切冲塞时，弹道极限随靶厚和靶材强度增加而单调上升。但穿甲问题通常是一绝热过程。在平头弹穿甲过程中，塑性能转化成热能，导致局部剪切区域产生高温，当靶材的热软化竞争超过靶材的应变/应变率强化时，容易发生绝热剪切失效。伴随板厚和靶材强度的增加，穿甲模式有可能由剪切冲塞向绝热剪切冲塞转换。绝热剪切对终点弹道性能有着显著影响，弹道极限随靶厚和靶材强度增加的单调性不再成立，转而变化为 "S" 形关系 (Sangoy et al，1988；Li and Chen，2001)。Chen et al.(2005) 和 Chen and Liang(2012) 进一步考虑靶材失效可能的转换机制，分析给出了平头刚性弹穿甲金属板产生绝热剪切冲塞的临界条件，以及含绝热剪切冲塞穿甲的终点弹道分析模型。潘建华和文鹤鸣(2007)对延性金属靶在刚性平头弹正撞击下的含总体变形的局部简单剪切破坏和局部化的绝热剪切两种破坏模式也进行了研究,利用 Bai-Johnson 热塑性本构关系 (Bai and Johnson, 1982) 和 Wen-Jones 模型 (Wen and Jones, 1996) 给出两种破坏模式之间转化的临界条件。

本章首先对 Chen and Li(2003a) 和 Chen and Li(2003b) 进一步发展,明确提出绝热剪切冲塞穿甲的概念,并给出在绝热剪切冲塞条件下修正的终点弹道极限和剩余速度 (Chen et al, 2005; Chen and Liang, 2012)。对 Borvik et al.(2003) 和 Dey et al.(2004) 的平头弹穿甲 Weldox E 系列钢靶的试验数据进行系统的分析比较,讨论靶板厚度、靶材强度对终点弹道性能的影响 (Chen and Liang, 2012; 陈小伟 等, 2009)。进一步将单层靶的剪切冲塞和绝热剪切冲塞模型延伸应用于间隙式双层靶的穿甲分析 (刘兵和陈小伟, 2016)。

6.2　钝头弹穿甲金属靶时剪切失效向绝热剪切失效转换的临界条件

靶材、靶厚及弹速等对钝头弹穿甲金属靶的终点弹道都有重要影响。当不考虑靶板结构响应,靶板穿甲为单一模式 (如剪切冲塞) 时,弹道极限一般随靶厚和靶材强度增加而单调上升。但穿甲问题是一绝热过程,在钝头弹穿甲过程中,塑性能转化成热能,导致局部剪切区域产生高温,当靶材的热软化超过靶材的应变/应变率强化时,容易发生绝热剪切失效。伴随板厚和靶材强度的增加,靶板的结构响应通常可忽略,但其穿甲模式有可能由剪切冲塞向绝热剪切冲塞转换,或是两者的混合。绝热剪切对终点弹道性能有着显著影响,弹道极限随靶厚和靶材强度增加的单调性不再成立,转而变化为 "S" 形关系 (Sangoy et al, 1988; Li and Chen, 2001)。为此,Chen et al.(2005)、陈小伟等(2009)又进一步分析了绝热剪切失效在钝头弹穿甲金属靶中发生的终点弹道条件。

参考 Li and Jones(1999),Chen et al.(2005) 进一步给出可表征绝热剪切的剪切铰/带的特征宽度 $e_b = \alpha H/3$,其中

$$\alpha = \begin{cases} 1, & V_i/c_p < 1 \\ \exp\left[C\left(1 - V_i/c_p\right)\right], & V_i/c_p \geqslant 1 \end{cases} \tag{6.2.1}$$

这里,$c_p = \sqrt{E_h/3\rho}$ 是剪切铰传播速度,E_h 是塑性硬化模量; C 是经验参数,Chen et al.(2005) 建议 $C=5$。

由 5.3.1 节可知,中厚靶冲塞穿甲过程中,若 $\dot{W}_0 = \dot{W}_1$,可认为剪切滑移到达峰值,即其第一运动阶段结束,对应于 $t = t_1$ 时刻。根据式 (5.3.9) 和式 (5.3.7)

可知, 剪切和弯曲同时作用的第一运动阶段结束时的最大横向剪切位移和对应时刻为

$$W_{\mathrm{s}}(t_1) = W_0(t_1) - W_1(t_1) = \frac{V_{\mathrm{i}} t_1}{2(1+\eta)} = \frac{\sqrt{3}\Phi_{\mathrm{J}} \cdot d}{8(1+\eta)(\eta+\vartheta)} \tag{6.2.2a}$$

$$t_1 = \frac{\sqrt{3}}{4(\eta+\vartheta)} \cdot \frac{\rho d V_{\mathrm{i}}}{\sigma_{\mathrm{y}}} \tag{6.2.2b}$$

根据剪切应变的定义 $\gamma = W_{\mathrm{s}}/e_{\mathrm{b}}$, 可给出未穿透或弹道极限时 $(V_{\mathrm{i}} \leqslant V_{\mathrm{BL}})$ 剪切铰/带内的最大工程剪应变和平均剪应变率

$$\gamma_1 = \frac{3\sqrt{3}}{16\alpha\chi(1+\eta)(\eta+\vartheta)} \cdot \frac{\rho V_{\mathrm{i}}^2}{\sigma_{\mathrm{y}}} \tag{6.2.3a}$$

$$\dot{\gamma}_1 = \frac{\gamma_1}{t_1} = \frac{3}{4\alpha(1+\eta)} \cdot \frac{V_{\mathrm{i}}}{H} \tag{6.2.3b}$$

而在穿透情形 $(V_{\mathrm{i}} > V_{\mathrm{BL}})$, 剪切铰/带内的最大工程剪应变和平均剪应变率为

$$\gamma_{1*} = \frac{1.5}{\alpha} \tag{6.2.4a}$$

$$\dot{\gamma}_{1*} = \frac{\gamma_{1*}}{t_{1*}} = \frac{2\sqrt{3(\eta+\vartheta)}}{\alpha\left(V_{\mathrm{i}} - \sqrt{V_{\mathrm{i}}^2 - V_{\mathrm{BL}}^2}\right)} \cdot \frac{\sigma_{\mathrm{y}}}{\rho d} \tag{6.2.4b}$$

其中对应穿透的时刻 t_{1*} 可由 5.3.1 节求解为

$$t_{1*} = \frac{\sqrt{3}}{4(\eta+\vartheta)} \cdot \frac{\rho d}{\sigma_{\mathrm{y}}} \cdot \left(V_{\mathrm{i}} - \sqrt{V_{\mathrm{i}}^2 - V_{\mathrm{BL}}^2}\right) \tag{6.2.5}$$

计及温度和应变率的影响, 利用 Johnson-Cook 流动法则给出剪力的本构关系:

$$\tau = \frac{1}{\sqrt{3}}\left[a + b\left(\frac{\gamma}{\sqrt{3}}\right)^n\right]\left[1 + c\ln\left(\frac{\dot{\gamma}}{\sqrt{3}\dot{\varepsilon}_0}\right)\right]\left[1 - \left(\frac{T - T_{\mathrm{r}}}{T_{\mathrm{m}} - T_{\mathrm{r}}}\right)^m\right] \tag{6.2.6}$$

其中, von Mises 等效应变和等效应变率 $\varepsilon = \gamma/\sqrt{3}$, $\dot{\varepsilon} = \dot{\gamma}/\sqrt{3}$; a(或 $a = \sigma_{\mathrm{y}}$), b(近似为塑性硬化模量 E_{h}), c, n 为材料常数; $\dot{\varepsilon}_0$ 为参考应变率; T_{r} 和 T_{m} 分别为室温和靶材熔点温度。

剪切区内的绝热温升可由条件 $\mathrm{d}T = [\beta\tau/(\rho C_V)]\mathrm{d}\gamma$ 和式 (6.2.6) 积分得到, 其中 C_V 为比热容; β 是 Taylor-Quinney 系数。简单地设 $m=1$, 可得剪切区内的绝热温升

$$T = T_{\mathrm{m}} - \eta(T_{\mathrm{m}} - T_{\mathrm{r}}) \tag{6.2.7a}$$

$$\eta = \exp\left\{-\frac{\beta\gamma_1}{\sqrt{3}\rho C_V(T_{\mathrm{m}} - T_{\mathrm{r}})}\left[1 + c\ln\left(\frac{\dot{\gamma}_1}{\sqrt{3}\dot{\varepsilon}_0}\right)\right]\left[a + \frac{b}{n+1}\left(\frac{\gamma_1}{\sqrt{3}}\right)^n\right]\right\} \tag{6.2.7b}$$

　　而常应变率下 $(\mathrm{d}\dot\gamma = 0)$ 绝热剪切在最大剪应力时发生 $(\mathrm{d}\tau = 0$，失稳条件$)$(Bai and Dodd，1992)，

$$\frac{\partial \tau}{\partial \gamma} + \frac{\beta \tau}{\rho C_V} \cdot \frac{\partial \tau}{\partial T} = 0 \tag{6.2.8}$$

　　根据式 (6.2.3)、式 (6.2.4) 对剪切铰/带内的最大工程剪应变和平均剪应变率的定义，可由式 (6.2.8) 分别推导出在未穿透/弹道极限情形和穿透情形发生绝热剪切失效的相应临界速度 V_A 的表达式

$$\left[a + b \cdot \left(\frac{3\rho V_A^2}{16\alpha\chi \left(1 + \eta\right)\left(\eta + \vartheta\right)\sigma_y} \right)^n \right]^2 \left[1 + c \ln \left(\frac{\sqrt{3} V_A}{4\alpha \left(1 + \eta\right)\dot\varepsilon_0 H} \right) \right]$$
$$= \frac{nb\rho C_V \left(T_m - T_r\right)}{\beta} \cdot \left(\frac{3\rho V_A^2}{16\alpha\chi \left(1 + \eta\right)\left(\eta + \vartheta\right)\sigma_y} \right)^{n-1}, \quad V_i \leqslant V_{BL} \tag{6.2.9a}$$

$$\left[a + b \cdot \left(\frac{\sqrt{3}}{2\alpha} \right)^n \right]^2 \left[1 + c \ln \left(\frac{2\left(\eta + \vartheta\right)}{\alpha \left(V_A - \sqrt{V_A^2 - V_{BL}^2}\right)\dot\varepsilon_0} \right) \right]$$
$$= \frac{nb\rho C_V \left(T_m - T_r\right)}{\beta} \cdot \left(\frac{\sqrt{3}}{2\alpha} \right)^{n-1}, \quad V_i > V_{BL} \tag{6.2.9b}$$

　　方程 (6.2.9a)，式 (6.2.9b) 给出了绝热剪切临界速度 V_A 与靶厚、靶材参数 (强度、密度和力学性能等) 以及弹体参数之间的关系 (几何形状和质量)。

6.3　平头弹对金属靶的绝热剪切冲塞穿甲

　　绝热剪切条件在平头弹穿甲金属靶中一旦实现，由绝热温升导致的材料局部区域热软化，靶板材料失效因其所需能量较剪切失效更小而更易实现。因此可认为，平头弹对金属靶的穿甲由剪切冲塞向绝热剪切冲塞转换，也即，冲塞穿甲包括两种模式，剪切冲塞穿甲和绝热剪切冲塞穿甲。前一种模式的终点弹道可由 5.2 节完全描述。在绝热剪切冲塞穿甲模式中，其终点弹道性能相对较复杂，须分别考虑 (Chen and Liang，2012；陈小伟 等，2009)。

1. $V_A \leqslant V_{BL}$

　　绝热剪切失效先于剪切冲塞穿甲发生，可认为穿甲模式为绝热剪切冲塞。其弹道极限应修正为

$$V_{\text{ASB-BL}} = V_A \tag{6.3.1}$$

　　Chen et al.(2005) 分析表明，该工况对应于较大厚度靶板，无须计及靶板的结构响应。因此在更高速度撞击时，弹和冲塞块的剩余速度是

$$V_r = \sqrt{V_i^2 - V_{\text{ASB-BL}}^2} \Big/ \left(1 + \eta\right) \tag{6.3.2}$$

2. $V_A > V_{BL}$

Chen et al.(2005) 分析表明, 该工况对应于较小厚度靶板, 应考虑靶板结构响应。

在未穿透/弹道极限情形时 $(V_i \leqslant V_{BL} < V_A)$, 撞击过程不发生绝热剪切失效。

若 $V_{BL} < V_i < V_A$, 弹体剪切冲塞穿透靶板, 也不发生绝热剪切失效, 其终点弹道仍用 5.3 节的式 (5.3.10), 式 (5.3.14) 描述。

若 $V_i \geqslant V_A$, 弹体绝热剪切冲塞穿透靶板, 由于失效模式变换, 建议其剩余速度由式 (5.3.14) 修正为

$$V_r = \frac{\vartheta V_i + \eta \sqrt{V_i^2 - V_{\text{ASB-BL}}^2}}{(1 + \eta)(\eta + \vartheta)} \tag{6.3.3}$$

这里仍取 $V_{\text{ASB-BL}} = V_A$。

更进一步地, 在剪切冲塞向绝热剪切冲塞转换过程中, 剪切铰区的材料失效模式并非绝对得单一。试验结果也表明, 材料失效应是剪切失效和绝热剪切失效的混杂。因此, 更一般地, 可假设绝热剪切冲塞穿甲的弹道极限有函数关系

$$V_{\text{ASB-BL}} = (1 - \delta) \cdot V_A + \delta \cdot V_{BL}, \quad 0 < \delta \leqslant 1 \tag{6.3.4}$$

δ 的取值依赖于材料失效中哪种模式占据主要作用。若 $\delta = 0.5$, 则 $V_{\text{ASB-BL}} = (V_A + V_{BL})/2$。将式 (6.3.4) 应用于本节, 可得到修正的平头弹对金属靶的绝热剪切冲塞穿甲的终点弹道性能。

6.4 试 验 分 析

本节分析 Borvik et al.(2003), Dey et al.(2004) 的试验数据, 将讨论穿甲试验中靶材 Weldox 460E 钢的材料绝热剪切失效, 并讨论绝热剪切冲塞穿甲模型随靶厚及靶强度变化的适用性 (Chen and Liang, 2012; 陈小伟 等, 2009)。分析模型假定穿甲后弹丸和冲塞块的剩余速度相同, 可根据动量守恒定义名义剩余速度。须指出的是, 试验中弹丸和冲塞块的剩余速度是有一定差别的。

Borvik et al.(2003) 靶材为 Weldox 460E, 表 6.4.1 给出了模型分析所需的材料参数, 其中 $m = 1$ 是近似取值。Dey et al.(2004) 靶材包括 Weldox 460E、Weldox 700E 和 Weldox 900E 三种靶材, 其主要差别是屈服强度不同, 分别为 499MPa、859MPa 和 992MPa。分析中取 Weldox 700E 和 Weldox 900E 的其他材料参数与 Weldox 460E 相同。因此三种材料的剪切铰传播速度 $c_p = \sqrt{E_h/3\rho} = 185.11\text{m/s}$。钝头弹材为 Arne 工具钢 ($\sigma_y = 1900\text{MPa}$), 热处理后硬度为 HRC53, 质量、弹径、长度分别为 0.197kg、20mm 和 80mm。

表 6.4.1　Weldox 460E 钢材料参数 (Borvik et al, 1999, 2003; Chen et al, 2005)

弹性常数及密度			屈服应力和应变硬化			
E/GPa	ν	ρ/(kg/m^3)	a 或 σ_y/MPa	b 或 E_h/MPa		n
200	0.33	7850	490	807		0.73
应变率硬化			绝热加热及热软化系数			
$\dot{\varepsilon}_0$	c	C_V/(J/(kg·K))	β	T_m/K	T_r/K	m
5×10^{-4}	0.012	452	0.9	1800	293	1.0

6.4.1　靶板厚度对弹道性能的影响

图 6.4.1 给出不同厚度的 Weldox 460E 钢靶穿甲的终点弹道性能试验结果和由 Chen and Li(2003a) 得到的理论预期。靶板厚度分别为: 6mm、8mm、10mm、12mm、16mm 和 20mm, 相应的无量纲靶厚分别为 $(\chi = H/d)$ 0.3、0.4、0.5、0.6、0.8 和 1.0。

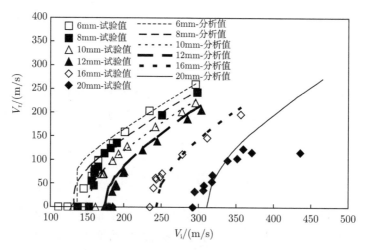

图 6.4.1　剩余速度的理论预期和试验数据

显然, 除高速穿甲 20mm 厚靶的剩余速度预期有出入外, 理论模型给出了与试验结果比较一致的预期。Borvik et al.(2003) 的更多试验表明, 靶板弯曲响应导致较薄靶板 (χ =0.3、0.4、0.5) 在弹道极限时分别有大小不一的速度跳跃, 其值随靶厚增加而减小; 而较厚靶板 (χ =0.6、0.8、1.0) 的剩余速度曲线则连续变化, 进一步证实了 Chen and Li(2003a) 理论建模的合理性。

比较可知, 图 6.4.1 中较薄靶板的弹道极限及其剩余速度跳跃与试验值有一定的差异。Chen and Li(2003a) 也给出了考虑膜力效应的薄靶模型分析, 并指出试验结果应介于薄靶和中厚靶模型之间。需要着重指出, 在靶厚 20mm($\chi = 1.0$) 及更厚靶情形 (25mm, 30mm), 理论模型给出的剩余速度预期小于试验结果, 原因主要在于理论分析中刚性弹假设与实际情况的差别。弹体的变形和钝粗更加严重,更多的能量用于弹体的塑性形变,甚至在更厚靶情形 (25mm, 30mm),弹体出现破碎。因此,Chen and Li(2003a) 模型有其特定的适用范围。

图 6.4.2 给出 Weldox 460E 钢靶厚度变化 (χ或者 H/d) 对弹道极限的影响。根据 Chen et al.(2005),图 6.4.2 同时给出绝热剪切失效的临界速度条件随靶厚变化的关系。试验数据表明,伴随靶厚增加,较薄靶板的弹道极限增加缓慢,而较厚靶板的弹道极限增加呈线性。理论分析指出这正是由靶板结构响应导致的。更一般地,Chen and Li(2003a) 还指出,在一定靶厚范围内,由于靶板结构响应的作用,较薄靶板的弹道极限有可能会随靶厚增加而反常下降。Borvik et al.(1999, 2001, 2003) 试验讨论了不同厚度靶板冲塞穿甲的不同失效模式,指出伴随靶厚的增加,靶板变形由薄靶结构响应向局部剪切冲塞、绝热剪切失效变化,分别有形变 (deformed ASB) 和相变 (transformed ASB) 绝热剪切带两类。

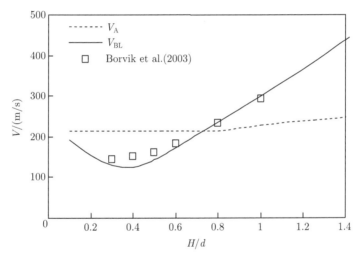

图 6.4.2 弹道极限 V_{BL} 和绝热剪切临界速度 V_A 随靶厚的变化

须强调的是,两条理论分析曲线在 $\chi = 0.7$ 附近相交。因此,当 $\chi < 0.7$ 时,因为 $V_A > V_{BL}$,表明较薄靶板,撞击速度即便超过弹道极限,其靶板失效仍为剪切冲塞,绝热剪切也不易产生;需要更高速度 ($V_i > V_A$) 穿甲才可能由局部剪切冲塞向绝热剪切冲塞转化。而当 $\chi > 0.7$ 时,因为 $V_A < V_{BL}$,表明较厚靶板,绝热剪切失效较易产生,即使在较低速度撞击而无穿甲时,也可能产生绝热剪切失效。特别地,当绝热剪切冲塞发生时,由于同时伴随有剪切失效和绝热剪切失效,其弹道极限应根据式 (6.3.4) 进行修正。如图 6.4.2,试验数据更靠近由剪切模型得到的弹道极限,表明其中的剪切较绝热剪切占据主要失效机制。因此,相应于 Borvik et al.(2003) 的试验,建议式 (6.3.4) 中 $\delta = 0.9$。

图 6.4.3 给出不同厚度靶板穿甲时剪切铰中温度随撞击速度的变化。其中，实线对应于穿甲速度上升至弹道极限，而虚线 (即实线的延伸) 则反映撞击速度大于 V_{BL} 的情形。同时，图 6.4.4 给出弹道极限时剪切铰中最大温升与靶厚的关系，其中实线代表由 V_{BL} 理论值给出的计算结果，而方框代表由 V_{BL} 试验值给出的结果。显然，当靶厚 $H/d < 0.7$ 时，剪切铰中最大温升小于 430℃，表明这时无法产生绝热剪切失效。相反地，当靶厚 $0.7 < H/d < 1.0$ 时，剪切铰中最大温升随靶厚增加迅速从 430℃ 上升至 1527℃，然后保持恒值，后者意指 Weldox 460E 的熔点温度 $T_m = 1800\text{K}$。Borvik et al.(2001) 指出，该材料由 α 到 γ 的相变在 723℃ 发生并在 850℃ 完成，而后者即是相变型 ASB 形成的最小温度。因此，对应于靶厚

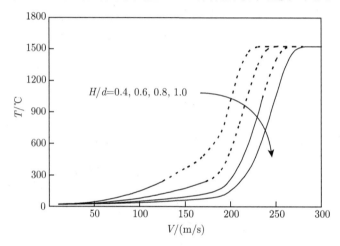

图 6.4.3 不同厚度靶板穿甲时剪切铰中温度随撞击速度的变化

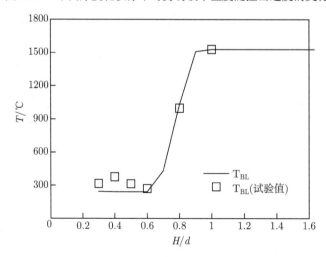

图 6.4.4 弹道极限时剪切铰中最大温升与靶厚的关系

$0.7 < H/d < 1.0$, 在弹道极限时, 靶材中绝热剪切带将从形变型向相变型转变。当靶厚 $H/d > 1.0$ 时, 对应于弹道极限时的穿甲, 材料失效则肯定是相变型。

6.4.2 靶板强/硬度对弹道性能的影响

在研究靶板强/硬度对弹道性能的影响问题上, Sangoy et al.(1988) 已指出分别存在三个区, 其一是较低强/硬度区, 侵彻阻力随材料强/硬度增加而增加; 其二是中等强/硬度区, 由绝热剪切损伤导致弹道极限随强/硬度增加而减少; 其三是高强/硬度区, 由于弹体的破碎重新导致侵彻阻力随材料强/硬度增加而增加。也即, 绝热剪切对终点弹道性能有着显著影响, 弹道极限随靶厚和靶材强度增加的单调性不再成立, 转而变化为 "S" 形关系 (Sangoy et al, 1988; Li and Chen, 2001)。

Dey et al.(2004) 针对 12mm 厚度的 Weldox 460E、Weldox 700E 和 Weldox 900E 三种靶板做了大量穿甲试验, 分析了靶板强/硬度对弹道性能的影响。三种靶材的主要差别是屈服强度的不同, 分别为 499MPa、859MPa 和 992MPa; 因此理论分析中取 Weldox 700E 和 Weldox 900E 的其他材料参数与 Weldox 460E 相同。

Chen et al.(2005) 利用 Johnson-Cook 材料模型, 讨论绝热剪切失效的影响, 其中靶材强度的作用也能得到较好的描述。图 6.4.5 给出绝热剪切失效的临界速度及由 Chen and Li(2003a) 给出的弹道极限随靶材强度的变化, 同时也给出不同靶材的弹道极限的试验结果。若单纯根据剪切冲塞穿甲模型 (Chen and Li, 2003a), 其弹道极限 V_{BL} 应随靶材强度单调上升。而由绝热剪切冲塞模型 (Chen et al, 2005), 在较低靶材强度范围内, 绝热剪切失效的临界速度 V_A 随强度增加先缓慢上升, 但在较高靶材强度范围内, V_A 则随强度增加缓慢下降。Chen et al.(2005) 可以较好地预期 Sangoy et al.(1988) 已指出的前两个分区的存在。

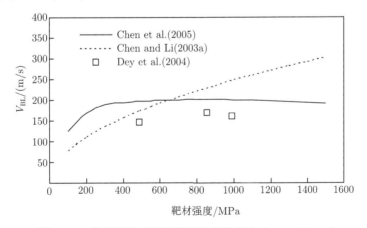

图 6.4.5 靶材强度对靶板弹道性能的影响 $(\chi = H/d = 0.6)$

图 6.4.6~ 图 6.4.8 分别给出了 12mm 厚度的 Weldox 460E、Weldox 700E 和

Weldox 900E 三种靶板穿甲的终点弹道试验数据, 以及由剪切冲塞穿甲模型 (Chen and Li, 2003a) 和绝热剪切冲塞模型 (Chen et al, 2005) 分别给出的理论预期。显然, 在较低速度内, Weldox 460E 靶材弹道极限的试验结果与剪切冲塞模型的理论预期比较一致, 表明这时其主要穿甲失效是剪切冲塞; 而在较高速度时, 其试验结果则在两个模型之间, 其失效机制应是剪切和绝热剪切共同作用。而 Weldox 700E 和 Weldox 900E 两种靶材弹道极限的试验结果与绝热剪切冲塞模型的理论预期更接近, 即两种靶材的穿甲失效机制主要为绝热剪切。

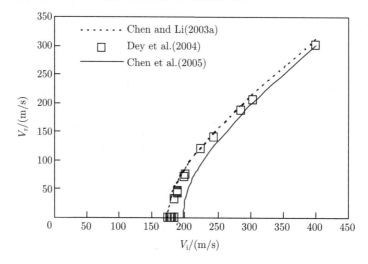

图 6.4.6　剩余速度的理论预期和试验数据 (Weldox 460E)

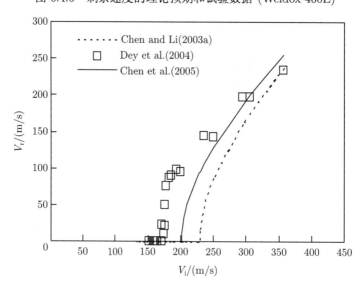

图 6.4.7　剩余速度的理论预期和试验数据 (Weldox 700E)

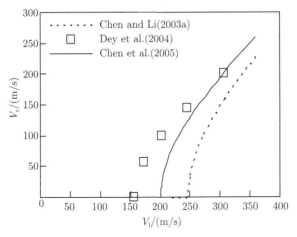

图 6.4.8   剩余速度的理论预期和试验数据 (Weldox 900E)

绝热剪切条件在钝头弹穿甲金属靶中一旦满足, 由绝热温升导致的材料局部区域热软化, 靶板材料失效因其所需能量较剪切失效更小而更易实现, 其穿甲模式将由剪切冲塞向绝热剪切冲塞转换。一般而言, 伴随靶板强度和厚度的增加, 刚性弹假设越来越不成立, 穿甲机理越易改变。因此, 任何一个理论模型都有特定的适用范围, 在具体应用时须特别强调。

6.5   平头弹穿透间隙式双层靶的失效模式分析

平头弹贯穿单层靶存在剪切冲塞和绝热剪切冲塞两种可能的穿甲模式, 靶材、靶厚、弹速等对穿甲模式产生重要影响。对于同种靶材, 随着靶厚的增加和弹速的增高, 穿甲模式均可能由剪切冲塞向绝热剪切冲塞转换。因此, 对于双层或多层靶的穿甲, 其不同层的靶板失效模式可能是不同的。

将单层靶的剪切冲塞和绝热剪切冲塞模型 (Chen and Li, 2003; Chen et al, 2005; Chen and Liang, 2012) 进一步延伸应用于间隙式双层靶的穿甲分析。对相关的平头弹穿甲 Weldox700 E 双层间隙式钢靶 (各层靶厚 6mm) 的试验数据进行分析, 讨论其穿甲模式 (刘兵和陈小伟, 2016)。

分析平头弹撞击的间隙式双层靶, 可简单地通过比较剪切冲塞和绝热剪切冲塞模型来进行分析。按照单一模型分析, 即假定两层靶板均分别发生剪切冲塞失效或绝热剪切失效, 可得到平头弹贯穿第一层靶后的剩余速度, 然后再以该速度作为穿甲第二层靶板的初速, 可得到最终的剩余速度。

另一方面, 若平头弹初速较高且大于绝热剪切临界速度 V_A, 第一层靶板将发生绝热剪切失效。贯穿第一层靶板后, 由于弹速降低, 贯穿第二层靶板将出现两种可能: 若弹速仍大于 V_A, 则第二层靶板失效模式仍表现为绝热剪切破坏; 若弹速小于 V_A, 则易发生剪切冲塞失效, 这使得平头弹穿甲间隙双层靶的失效形式是绝热剪切和剪切冲塞的混杂, 即先绝热剪切失效, 后剪切冲塞失效。

由以上分析得到的理论预期与 Dey et al.(2007) 试验结果进行对比, 由表 6.5.1 可知, 根据剪切冲塞模型和绝热剪切冲塞模型得到的弹道极限分别为 237.5m/s 或 295.5m/s, 而按照绝热/剪切冲塞混杂模型进行分析得到其弹道极限为 260.3m/s。

表 6.5.1　试验结果及数据分析

初速V_i/(m/s)	Dey et al.(2007) 试验	最终剩余速度V_r/(m/s)					
		剪切冲塞模型		绝热剪切模型		绝热/剪切冲塞混杂	
		V_1	V_2	V_1	V_2	V_1	V_2
400.0	—	317.5	275.8	309.5	254.9	309.5	254.9
380.0	—	300.1	258.3	291.6	235.3	291.6	235.3
360.0	—	282.7	240.5	273.6	214.8	273.6	214.8
351.1	189.9	274.9	232.5	265.4	205.3	265.4	205.3
330.0	—	256.3	213.0	245.9	180.9	245.9	180.9
309.4	89.8	238.0	193.1	226.5	157.2	226.5	157.2
297.0	155.6	226.8	180.7	214.5	143.8	214.5	143.8
296.7	97.7	226.6	180.4	214.2	142.3	214.2	142.3
296.0	—	225.9	179.6	213.5	141.1	213.5	141.1
295.5	—	225.5	179.1	213.0	0.0	213.0	140.4
282.6	86.4	213.7	165.5	200.2	0.0	200.2	127.2
270.8	96.6	202.9	152.1	188.1	0.0	188.1	113.4
269.3	128.4	201.5	150.4	186.6	0.0	186.6	111.5
261.0	—	193.7	140.1	177.8	0.0	177.8	96.3
260.3	—	193.1	139.2	177.0	0.0	177.0	0.0
259.7	73.3	192.5	138.4	176.3	0.0	176.3	0.0
255.0	—	188.1	132.1	171.2	0.0	171.2	0.0
251.7	0.0	184.9	127.3	167.5	0.0	167.5	0.0
249.1	101.7	182.4	123.3	164.5	0.0	164.5	0.0
244.0	69.6	177.5	114.4	158.6	0.0	158.6	0.0
238.0	—	171.7	98.2	151.2	0.0	151.2	0.0
237.5	—	171.2	0.0	150.6	0.0	150.6	0.0
225.2	0.0	159.0	0.0	133.7	0.0	133.7	0.0

注: V_1 为弹贯穿第一层靶板后的剩余速度, V_2 为弹贯穿第二层靶板后的剩余速度

当初始弹速大于 295.5m/s 时, 弹贯穿第一层靶后, 剩余弹速仍较高且大于 V_A 值, 继续穿甲第二层靶板仍表现为绝热剪切失效, 这样通过绝热/剪切冲塞混杂模型得到的剩余速度与绝热剪切模型相同; 当初始弹速小于或等于 295.5m/s 时, 弹贯穿第一层靶后, 剩余弹速将小于 V_A 值, 继续穿甲第二层靶板时其穿甲模式将变

为冲塞剪切，因此其弹道极限需要进行修正。

图 6.5.1 给出了由单一剪切冲塞模型分析 (2×6+24)mm 双层靶得到的剩余速度和试验结果对比。理论预期其弹道极限为 237.5m/s，对双层靶穿甲后的剩余速度理论预期则大于相关试验值。图 6.5.1 表明，利用单一剪切冲塞模型分析平头弹穿甲双层间隙靶是不合适的，其失效模式可能不是单一的剪切冲塞破坏。

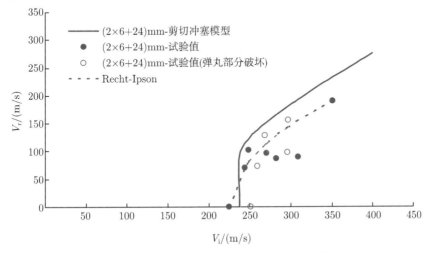

图 6.5.1 双层靶均发生剪切冲塞穿甲的弹道分析和试验结果对比

图 6.5.2 给出了由单一绝热剪切冲塞模型分析 (2×6+24)mm 双层靶得到的剩余速度和试验结果对比。其弹道极限理论预期值为 295.5m/s，较试验值显著偏大。在较高弹速范围内，剩余速度理论预期接近于试验结果；但当弹速低于 295.5m/s 时，理论模型无法预期试验结果，表明绝热剪切冲塞模型对弹速有一定要求。

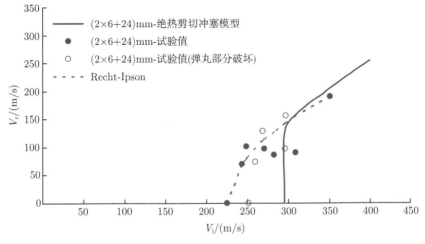

图 6.5.2 双层靶均发生绝热剪切冲塞穿甲的弹道分析和试验结果对比

图 6.5.3 则利用绝热/剪切冲塞混杂模型分析平头弹穿甲 (2×6+24)mm 双层间隙靶，并与试验结果比较。其弹道极限理论预期值为 260.3m/s，对剩余速度的预期也与试验值接近。该模型给出的弹道极限和剩余速度都与试验结果吻合度较好。

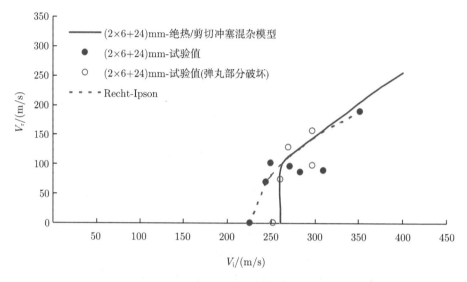

图 6.5.3　双层靶发生绝热/剪切冲塞混杂穿甲的弹道分析和试验结果对比

另外，两块靶板厚度均为 6mm，$\chi = 0.3 < 1/\sqrt{3}$，接近于 χ_1，两块靶板结构响应明显。因此，在以上模型分析中，在弹道极限附近存在剩余速度跳跃。综上，我们认为，在初始弹速 $V_i > 295.5$m/s，平头弹穿甲 (2×6+24)mm 双层间隙靶都为绝热剪切冲塞；而在中速范围 (即 260.3m/s$<V_i<$295.5m/s)，第一层靶板为绝热剪切冲塞，而第二层靶板为剪切冲塞失效；当初始弹速 213.0m/s$< V_i <$260.3m/s 时，尽管第一层靶板仍是绝热剪切冲塞，但无法穿透第二层靶；若初始弹速 171.2m/s$<V_i<$213.0m/s，则第一层靶板可剪切冲塞穿透，但仍无法穿透第二层靶。特别地，当初始弹速 255.0m/s$< V_i <$260.3m/s 时，尽管穿透第一层靶后弹残速可能大于单层靶弹道极限 171.2m/s，由于第一层靶塞块阻碍了第二层靶中的局部剪切，第二层靶产生较大弯曲变形 (即发生预结构响应)，导致第二层靶仍无法穿透。

因此，对于双层或多层靶的穿甲，其不同层的靶板失效模式可能是不同的。平头弹贯穿间隙式双层靶，较高速弹贯穿第一层靶板时发生绝热剪切冲塞，然后由于弹速降低，贯穿第二层靶板的失效模式则有可能由绝热剪切向剪切冲塞转换。最终失效模式为考虑结构响应的绝热剪切和剪切冲塞混杂失效，即先绝热剪切，后剪切冲塞。

简言之，无论单/双层靶或多层靶穿甲，其最终的终点弹道性能与靶板的穿甲失效模式相关，并进一步导致能量及动量的不同分配。可通过选择不同的靶板穿甲失效模式实现矛和盾的不同需要。

本章首先对剪切冲塞穿甲模型进一步发展，明确提出绝热剪切冲塞穿甲的概念，并给出在绝热剪切冲塞条件下修正的终点弹道极限和剩余速度。对相关试验数据进行分析，表明弹道极限随靶厚和靶材强度增加的单调性不再成立，靶板失效可以由剪切冲塞向绝热剪切冲塞转换。进一步将单层靶的剪切冲塞和绝热剪切冲塞模型延伸应用于间隙式双层靶的穿甲分析，表明双层或多层靶的不同层的靶板失效模式可能是不同的。

参 考 文 献

陈小伟, 梁冠军, 姚勇, 王汝恒, 陶俊林. 2009. 平头弹穿透金属靶板的模式分析. 力学学报, 41(1): 84-90.

刘兵, 陈小伟. 2016. 平头弹穿透间隙式双层靶的穿甲模式. 爆炸与冲击, 36(1): 24-30.

潘建华, 文鹤鸣. 2007. 平头弹丸正撞击下延性金属靶板的破坏模式. 高压物理学报, 21(2): 157-164.

Anderson C E, Jr, Bodner S R. 1988. Ballistic impact: the status of analytical and numerical modeling. Int J Impact Eng, 7: 9-35.

Backman M E, Goldsmith W. 1978. Mechanics of penetration of projectiles into targets. Int J Eng Sci, 16: 1-99.

Bai Y L, Dodd B. 1992. Adiabatic Shear Localization: Occurrence, Theories and Application. UK: Pergamon Press.

Bai Y L, Johnson W. 1982. Plugging: physical understanding and energy absorption. Metals Technol, 9: 182-190.

BenDor G, Dubinsky A, Elperin T. 2005. Ballistic impact: recent advances in analytical modeling of plate penetration dynamics—a review. ASME Applied Mechanics Reviews, 58(11): 355-371.

Borvik T, Hopperstad O S, Berstad T, Langseth M. 2002b. Perforation of 12mm thick steel plates by 20mm diameter projectiles with blunt, hemispherical and conical noses, Part II: Numerical simulations. Int J Impact Eng, 27(1): 37-64.

Borvik T, Hopperstad O S, Langseth M, Malo K A. 2003. Effect of target thickness in blunt projectile penetration of Weldox 460E steel plates. Int J Impact Eng, 28(4): 413-464.

Borvik T, Langseth M, Hopperstad O S, Malo K A. 1999. Ballistic penetration of steel plates. Int J Impact Eng, 22: 855-886.

Borvik T, Langseth M, Hopperstad O S, Malo K A. 2002a. Perforation of 12mm thick steel plates by 20mm diameter projectiles with blunt, hemispherical and conical noses, Part I: Experimental study. Int J Impact Eng, 27(1): 19-35.

Borvik T, Leinum J R, Solberg J K, Hopperstad O S, Langseth M. 2001. Observations on shear plug formation in Weldox 460E steel plates impacted by blunt-nosed projectiles. Int J Impact Eng, 25: 553-572.

Chen X W, Li Q M, Fan S C. 2005. Initiation of adiabatic shear failure in a clamped circular plate struck by a blunt projectile. Int J Impact Eng, 31(7): 877-893.

Chen X W, Li Q M, Fan S C. 2006. Oblique perforation of thick metallic plates by rigid projectiles. ACTA Mechanic Sinica, 22: 367-376.

Chen X W, Li Q M. 2003a. Shear plugging and perforation of ductile circular plates struck by a blunt projectile. Int J Impact Eng, 28(5): 513-536.

Chen X W, Li Q M. 2003b. Perforation of a thick plate by rigid projectiles. Int J Impact Eng, 28(7): 743-759.

Chen X W, Liang G J. 2012. Perforation modes of metal plates struck by a blunt rigid projectile. Engineering Transactions, 60(1): 15-29.

Chen X W, Zhou X Q, Li X L. 2009. On perforation of ductile metallic plates by blunt rigid projectile. European Journal of Mechanics A/Solids, 28(2): 273-283.

Corbett G G, Reid S R, Johnson W. 1996. Impact loading of plates and shells by free-flying projectiles: a review. Int J Impact Eng, 18: 141-230.

Dey S, Borvik T, Hopperstad O S, Leinum J R, Langseth M. 2004. The effect of target strength on the perforation of steel plates using three different projectile nose shapes. Int J Impact Eng, 30: 1005-1038.

Dey S, Borvik T, Teng X, Wierzbicki T, Hopperstad O S. 2007. On the ballistic resistance of double-layered steel plates: an experimental and numerical investigation. International Journal of Solids and Structures, 44: 6701-6723.

Goldsmith W. 1999. Review: non-ideal projectile impact on targets. Int J Impact Eng, 22: 95-395.

Li Q M, Chen X W. 2001. Penetration and perforation into metallic targets by a non-deformable projectile, Chapter 10. Zhang L Z. Engineering Plasticity and Impact Dynamics. Republic of Singapore: World Scientific Publishing, 173-192.

Li Q M, Jones N. 1999. Shear and adiabatic shear failures in an impulsively loaded fully clamped beams. Int J Impact Eng, 22: 589-607.

Ravid M, Bodner S R. 1983. Dynamic perforation of viscoplastic plates by rigid projectiles. Int J Impact Eng, 21(6): 577-591.

Recht R F, Ipson T W. 1963. Ballistic perforation dynamics. J Appl Mech, 30: 385-391.

Sangoy L, Meunier Y, Pont G. 1988. Steels for ballistic protection. Israel J Tech, 24: 319-326.

Srivathsa B, Ramakrishnan N. 1997. On the ballistic performance of metallic materials. Bull Mater Sci, 20(1): 111-123.

Srivathsa B, Ramakrishnan N. 1998. A ballistic performance index for thick metallic armour. Comput Model Simul Eng, 3(1): 33-39.

Wen H M, Jones N. 1996. Low-velocity perforation of punch-impact-loaded metal plates. J Pressure Vessel Technol, 118(2): 181-187.

第7章 刚性弹撞击素/钢筋混凝土靶的局部效应

7.1 引　言

高速侵彻动力学的关键科学问题直接与弹靶的材料、结构动力学特征和破坏行为密切相关。作为其中一类代表性材料及结构，素/钢筋混凝土在各类国防与民用土木工程领域有着广泛的应用，是主要的抗冲击防护结构。在民用领域，混凝土可浇注成核设施保护层、桥梁等。在国防领域，绝大多数防护工程都由混凝土构造，如指挥所、机窝等。当这些高价值建筑物作为攻击目标时，如何有效摧毁目标和有效发挥防护功能成为主要关注的问题。以素/钢筋混凝土靶为对象，重点研究其高速侵彻机理，对弹体侵彻及防护工程设计具有重要意义 (Goldsmith, 1999; Li et al, 2005; 陈小伟, 2007, 2009)。

根据弹靶的相对变形特征可将弹体分类为"软弹"或"硬弹"。"软弹"意指相较于靶体变形，弹体变形更加显著，本书中绝大多数章节不涉及。而"硬弹"是指弹体的变形较之靶体可忽略，并可采用刚性弹或不变形弹假设。本章综述将主要集中在刚性弹撞击素/钢筋混凝土，主要关心靶体变形响应，包括局部效应和整体结构响应。

一般而言，靶体结构的整体响应包括弯曲和剪切。而局部破坏则通常指弹体对靶的穿甲/侵彻，以及伴随的靶板前后面的层裂/崩落。厚靶情形则一般不会出现后靶面效应。但当逐渐减薄靶体厚度时，崩落将会产生。若进一步减薄，尽管靶厚可能仍大于厚靶时弹体的最终侵彻深度，靶体仍可被穿透。混凝土靶的穿透通常伴随有崩落和剪切现象。如此局部效应严重依赖于混凝土强度、撞击速度、能量以及弹体尺寸 (如弹径) 等，Kennedy(1976) 对此已有详细讨论。下面针对局部撞击问题将特别定义几个术语：

侵彻深度 (x) —— 弹体侵彻混凝土靶的深度，不计及穿甲及崩落。也即，侵彻深度与靶厚无关。

穿甲极限 (e) —— 混凝土靶体不被穿透的最小厚度。

崩落极限 (h_s) —— 混凝土靶体不出现后表面崩落的最小厚度。

层裂 —— 靶体在承受弹体撞击或爆炸加载时，应力波在自由面反射，导致承载面局部出现混凝土崩裂形成前坑。

图 7.1.1 分别给出了侵彻、层裂、崩裂、穿透及结构整体响应的相关示意。Johnson(1972) 破坏/损伤数 $\Phi_J = \rho V_i^2 / \sigma_y$ 常应用于区别弹体撞击的严重性，也即，

① $\varPhi_J < 1$，靶体整体响应比局部侵彻严重；② $\varPhi_J \sim 1$，靶体局部效应和整体响应同等重要；③ $\varPhi_J \gg 1$，靶体局部侵彻效应显著，可忽略整体响应。当弹体以亚音速 (250～350 m/s) 撞击混凝土靶体时，常规混凝土靶的 Johnson(1972) 破坏/损伤数通常为 4～8。因此，这时局部效应和整体响应都可能出现。混凝土靶的整体响应的数值模拟远比其局部效应的模拟更成熟。因此，这里将主要关注刚性弹撞击混凝土靶的局部效应。

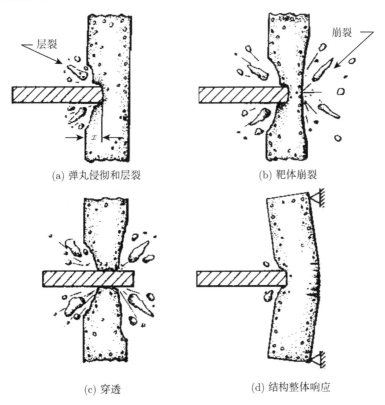

(a) 弹丸侵彻和层裂   (b) 靶体崩裂

(c) 穿透   (d) 结构整体响应

图 7.1.1　混凝土靶穿甲的失效模式 [Kennedy(1976)]

　　刚性弹对钢筋/素混凝土靶的撞击问题已有广泛研究，各国已有大量全尺寸或缩比的撞击试验 (Anderson and Bodner，1988；Backman and Goldsmith，1978；Corbett et al，1996；Jonas and Zukas，1978；Kennedy，1976；Williams，1994；Sliter，1980)。根据这些有效试验数据，大量的经验公式已被提出 (Kennedy，1976)。刚性弹撞击混凝土靶的局部效应通常用这些经验公式予以预测分析。伴随有限元及离散元发展，弹体撞击钢筋/素混凝土靶的响应分析更多可用数值模拟实现 (Agardh and Laine，1999；Broadhouse and Neilson，1987a, b；Chen，1993a, b；Govindjee et al，1995；Rice，1992)。分析及计算模型可有效提供撞击过程的细节信息，如应力应变和变形历史。但其显著受限于混凝土的本构关系,特别是混凝土失效判据。作为多相非均质的半脆性材料,尽管已有若干可用的本构关系发表并应用于计算程序,混凝土的本构关系一直以来都是研究前沿和热点 (Bing et al, 2000; Broadhouse, 1995; Dube et al, 1996; Farag and Leach, 1996; Han and Chen, 1987; Malvar et al, 1997; Winnicki and Cichon, 1998)。

在混凝土防护结构设计中,弹丸撞击是需要重点考虑的一类冲击加载,针对不同的防护结构,弹丸也有不同的质量、速度范围。通常,当给定弹丸参数及靶体强度时,可用经验公式预测分析侵彻深度,以及防止出现穿透及崩落的靶体厚度等。

与素混凝土只受其强度影响不同的是,钢筋混凝土抵抗侵彻的能力由混凝土强度和钢筋配比共同决定。钢筋混凝土侵彻过程与素混凝土相同,也包括初始弹坑和隧道区等过程。弹坑的形状和深度取决于钢筋网眼的布局和嵌埋。其他因素,如材料强度、钢筋直径、网眼大小和间距,也严重影响着侵彻和穿甲的最终结果。

经过一个多世纪的努力,对素混凝土靶的侵彻研究,无论是工程模型 (经验公式),还是试验研究、理论建模或数值分析,都日臻成熟 (Li et al, 2005; Luk and Forrestal, 1987; Hanchak et al, 1992; Forrestal et al, 1993, 1994, 2003; Frew et al, 2006; Chen and Li, 2002; Li and Chen, 2003; Chen et al, 2004),形成了一套以工程模型为初始设计,分析模型为理论保证,数值分析为详细设计方法,试验研究为验证手段的研究与设计体系。但对钢筋混凝土靶侵彻问题,由于钢筋加入,其具有更为复杂的非均质、各向异性、多项组分的材料特点,在强冲击载荷下,这些材料组分间的变形、破坏及相互作用与加载强度及应变率密切相关,产生非常复杂的结构行为,给其动力学特性的研究带来困难。

本章将重点阐述关于刚性弹撞击钢筋/素混凝土靶的局部效应的两方面内容。首先,给出相关的文献综述,包括应变率效应、经验公式、分析方法及数值模拟。其次,特别论证已发表经验公式的有效性及应用极限。还将分析讨论钢筋混凝土靶侵彻机理及弹道稳定性、钢筋混凝土靶的侵彻试验方法与测试技术,以及高速侵彻钢筋混凝土靶的弹靶结构响应。

这里给出不同速度范围内刚性弹撞击混凝土靶的相关文献综述。首先讨论混凝土应变率效应的相关试验及经验公式。原则上若忽略应变率,将导致混凝土冲击响应分析的较大误差。针对经验公式的客观评价表明其可在一定范围内给出侵彻深度、穿甲极限及崩落极限等合理预期。分析和计算模型等可以给出撞击过程的较详细信息,如应力及变形历史。但须强调的是,相关分析都严重依赖于真实材料模型的缺乏,尤其是材料失效产生后。

事实上,已有众多优秀的文献讨论刚性弹撞击混凝土靶,重点集中在靶体行为,材料动态性能及相关分析和模拟模型 (Anderson and Bodner, 1988; Backman and Goldsmith, 1978; Corbett et al, 1996; Fu et al, 1991a, b; Jonas and Zukas, 1978;

Kennedy, 1976; Malvar, 1998; Malvar and Ross, 1998; Sliter, 1980; Williams, 1994; Goldsmith, 1999; Li et al, 2005)。以下根据文献，针对弹速范围内的刚性弹撞击混凝土靶局部效应给出相应评述。

7.2 混凝土的应变率效应

冲击加载下混凝土模型应该包含应变率效应。应变率将导致混凝土强度显著增加，但同时导致其脆性增加而易引起灾难性结果。自 Abrams(1917) 首先观察到混凝土的动态强度增加后，其应变率效应已为世人所接受。

大量试验研究讨论分析混凝土应变率效应，主要集中在压缩强度 (Fu et al, 1991a, b; Malvar, 1998; Malvar and Ross, 1998)。Fu et al.(1991a) 特别指出，相关试验结果无法进行精确比较，原因有二。首先，不同试验使用了不同的加载装置。而加载力和加载速率的精准测量是非常困难的。不同试验的装置刚度及试件几何又变化无常。另外，应变率效应是强烈相关于众多材料参数的，如静态材料压缩强度、骨料特征、试件制作条件及温湿度等。这些因素将可能导致应变率效应的不确定性，因此，若干实际应用中应变率效应常被忽略。

1. 单轴压缩

单轴压缩试验常使用落锤技术 (Banthia et al, 1996; Mander et al, 1988; Mindess et al, 1987; Shah, 1987; Suaris and Shah, 1983)，分离式 Hopkinson 压杆技术 (Goldsmith et al, 1966; Tang et al, 1992)，爆炸驱动装置 (Gran et al, 1989) 以及伺服液压加载装置 (Dilger et al, 1984)。试验可针对不同静态强度 (f_{cs}) 及加载速率，当应变率 $\dot{\varepsilon} \sim 10\ \mathrm{s}^{-1}$ 时，混凝土强度可增加达 100%。基于这些试验，以下给出有关混凝土动态压缩强度 f_{cd} 的率相关方程：

Tang et al.(1992)

$$f_{cd}/f_{cs} = 1.155\,(\dot{\varepsilon}/\dot{\varepsilon}_0)^{0.12}, \quad 5\mathrm{s}^{-1} \leqslant \dot{\varepsilon} \leqslant 230\mathrm{s}^{-1} \tag{7.2.1}$$

$$f_{cd}/f_{cs} = 1 + 0.22\ln\,(\dot{\varepsilon}/\dot{\varepsilon}_0), \quad 5\mathrm{s}^{-1} \leqslant \dot{\varepsilon} \leqslant 230\mathrm{s}^{-1}\ (\dot{\varepsilon}_0 = 1.0\mathrm{s}^{-1}) \tag{7.2.2}$$

Dilger et al.(1984)

$$f_{cd}/f_{cs} = 1.38 + 0.08\log\dot{\varepsilon}, \quad \dot{\varepsilon} \geqslant 1.6 \times 10^{-5}\mathrm{s}^{-1} \tag{7.2.3}$$

Mikkola and Sinisalo(1982)

$$f_{cd}/f_{cs} = 1.6 + 0.104\ln\dot{\varepsilon} + 0.0045\,(\ln\dot{\varepsilon})^2 \tag{7.2.4}$$

Soroushian et al.(1986)

$$f_{cd}/f_{cs} = 1.48 + 0.16 \log \dot\varepsilon + 0.0127 \left(\log \dot\varepsilon\right)^2, \quad \dot\varepsilon \geqslant 10^{-5} \mathrm{s}^{-1} \tag{7.2.5}$$

CEB(1988)

$$f_{cd}/f_{cs} = (\dot\varepsilon_d/\dot\varepsilon_{cs})^{1.026\delta}, \quad \dot\varepsilon_d \leqslant 30 \mathrm{s}^{-1} \tag{7.2.6}$$

$$f_{cd}/f_{cs} = \gamma \left(\dot\varepsilon_d/1(\mathrm{s}^{-1})\right)^{1/3}, \quad \dot\varepsilon_d > 30 \mathrm{s}^{-1} \tag{7.2.7}$$

这里 $\dot\varepsilon_{cs} = 30 \times 10^{-6} \mathrm{s}^{-1}$，$\log \gamma = 6.156\delta - 0.49$，$\delta = [5 + 3f_{cu}/4(\mathrm{MPa})]^{-1}$，$f_{cu}$ 是混凝土静态立方体压缩强度。

图 7.2.1 给出 11 位研究者关于混凝土单轴压缩强度随应变率变化关系的结果，其中混凝土静态强度介于常规和高强之间 (16.5~103 MPa)。除 Hughes and Watson(1978) 的试验数据稍有例外，其余结果都给出了较合理预期。试验表明，当应变率小于 $5\times10^{-4}\mathrm{s}^{-1}$ 时，混凝土强度可完全忽略应变率。但当应变率大于该值时，混凝土强度与应变率呈幂次函数关系，Williams(1994) 给出了以下表达：

$$f_{cd}/f_{cs} = 1.563\dot\varepsilon^{0.059}, \quad \dot\varepsilon \geqslant 5 \times 10^{-4} \mathrm{s}^{-1} \tag{7.2.8}$$

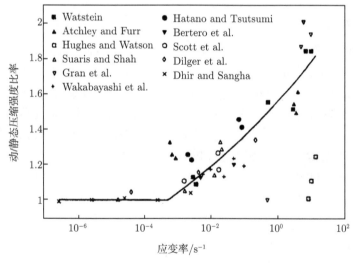

图 7.2.1　混凝土单轴压缩强度随应变率变化 (Williams，1994)

图 7.2.2 给出了以上不同率相关方程的比较，其中，Williams(1994) 和 Mikkola and Sinisalo(1982) 较一致，而高应变率时 Dilger et al.(1984) 和 Soroushian et al.(1986) 低估了混凝土强度。Tang et al.(1992) 主要依据高强混凝土的 SHPB 试验结果，与多数试验相差较远。式 (7.2.8) 综合了不同试验方法及混凝土试验结果，可认为是众多试验中最好的经验公式。

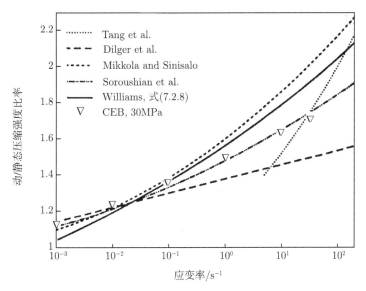

图 7.2.2 考虑应变率效应的混凝土单轴压缩强度公式比较 (Williams，1994)

2. 拉伸及弯曲强度

混凝土拉伸的动态试验相对于动态压缩少得多，图 7.2.3 给出相关试验结果 (Weerheijm，1992)，较之于图 7.2.1，显示其拉伸强度的应变率效应比压缩强度更显著。在一定应变率范围内，拉伸强度随应变率增加而稳定增加，当应变率达到一定阈值后，应变率效应放大导致拉伸强度陡升。

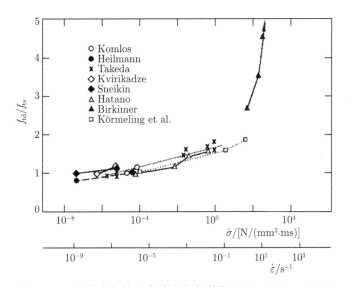

图 7.2.3 混凝土拉伸强度随应变率变化 (Weerheijm，1992)

　　Suaris and Shah(1983) 和 Shah(1987) 认为拉伸及弯曲时混凝土的率敏感性比拉伸时更严重, 通过对未加筋混凝土梁的落锤试验, 获得应变率 $0.27\mathrm{s}^{-1}$ 时的屈服模量为其静态时的 1.46 倍。基于连续损伤力学的本构考虑了拉压时率敏感性的差异 (Suaris and Shah, 1984, 1985)。在单轴拉伸时, 模型要求 3 个参数用以拟合试验数据。

　　CEB(1988) 推荐拉伸强度的动态放大因子 (DIF) 如下:

$$f_{\mathrm{td}}/f_{\mathrm{ts}} = (\dot\varepsilon_{\mathrm{d}}/\dot\varepsilon_{\mathrm{ts}})^{1.016\delta}, \quad 3 \times 10^{-6}\mathrm{s}^{-1} < \dot\varepsilon_{\mathrm{d}} \leqslant 30\mathrm{s}^{-1} \tag{7.2.9a}$$

$$f_{\mathrm{td}}/f_{\mathrm{ts}} = \beta\,(\dot\varepsilon_{\mathrm{d}}/\dot\varepsilon_{\mathrm{ts}})^{1/3}, \quad 30\mathrm{s}^{-1} < \dot\varepsilon_{\mathrm{d}} < 300\mathrm{s}^{-1} \tag{7.2.9b}$$

其中 $\dot\varepsilon_{\mathrm{ts}} = 3 \times 10^{-6}\mathrm{s}^{-1}$, $\log\beta = 7.11\delta - 2.33$, $\delta = \dfrac{1}{10 + 6f_{\mathrm{cs}}/f_{\mathrm{co}}}$ 及 $f_{\mathrm{co}} = 10\mathrm{MPa}$。$f_{\mathrm{td}}$ 是 $\dot\varepsilon_{\mathrm{d}}$ 时的动态拉伸强度, 而 f_{ts} 是 $\dot\varepsilon_{\mathrm{ts}}$ 时的静态拉伸强度。

　　Malvar and Ross(1998) 评述了混凝土拉伸强度的应变率效应, 动态放大因子 (DIF) 似与对数应变率分段线性, 即在 $10^{-6}\mathrm{s}^{-1}$ 以下时为常数, 然后在 $10^{-6}\mathrm{s}^{-1}$ 和 $1\mathrm{s}^{-1}$ 之间 DIF 线性增加, 当应变率大于 $1\mathrm{s}^{-1}$ 时, DIF 斜率 (线性系数) 变化。在应变率 $157\mathrm{s}^{-1}$ 时得到 DIF 最高值为 7。注意到在应变率大于 $1\mathrm{s}^{-1}$ 时, 试验数据与 CEB 公式相比有一定的不同, Malvar and Ross(1998) 给出 DIF 另一公式:

$$f_{\mathrm{td}}/f_{\mathrm{ts}} = (\dot\varepsilon_{\mathrm{d}}/\dot\varepsilon_{\mathrm{ts}})^{\delta}, \quad 10^{-6}\mathrm{s}^{-1} < \dot\varepsilon_{\mathrm{d}} \leqslant 1\mathrm{s}^{-1} \tag{7.2.10a}$$

$$f_{\mathrm{td}}/f_{\mathrm{ts}} = \beta\,(\dot\varepsilon_{\mathrm{d}}/\dot\varepsilon_{\mathrm{ts}})^{1/3}, \quad \dot\varepsilon_{\mathrm{d}} > 1\mathrm{s}^{-1} \tag{7.2.10b}$$

其中 $\dot\varepsilon_{\mathrm{ts}} = 10^{-6}\mathrm{s}^{-1}$, $\log\beta = 6\delta - 2$, $\delta = \dfrac{1}{1 + 8f_{\mathrm{cs}}/f_{\mathrm{co}}}$, $f_{\mathrm{co}} = 10\mathrm{MPa}$。

　　与动态单轴压缩相同, 目前混凝土单轴动态拉伸的应变率也小于 $10^2\mathrm{s}^{-1}$。因此, 为满足更高应变率 $(>10^3\mathrm{s}^{-1})$ 条件下的应用 (如侵彻等), 须将以上分析可信地进行推广并满足应变率要求。

　　3. 多轴加载

　　混凝土在实际情况下更多地承受多轴应力作用。Gran et al.(1989) 在应变率 $0.5\sim10\ \mathrm{s}^{-1}$ 范围内针对高强混凝土 $(f_{\mathrm{cs}} = 103\mathrm{MPa})$ 进行了三轴试验, 通过比较偏应力和液压应力的关系, 获得混凝土近似失效值较之静态加载时高 $30\%\sim40\%$。Weerheijm et al.(1991) 针对混凝土试件在静态侧压下进行拉伸冲击试验, 认为侧向压缩显著降低了拉伸强度的应变率效应。Mlakar et al.(1985) 针对中空圆柱体混凝土试件同时进行轴向压缩和周向拉伸, 试验表明其拉伸强度随应变率增加而轻微增加, 但随正交压缩应力增加而减小。但总体而言, 因加载装置及数据分析的复杂性, 多轴加载下混凝土的动态力学行为研究甚少进行。

4. 杨氏模量

有限的试验数据 (Suaris and Shah, 1983; Shah, 1987; Dilger et al, 1984; Mander et al, 1988) 表明, 杨氏模量随应变率增加但远不如压缩强度显著。图 7.2.4 给出了动/静杨氏模量比率 ($E_{\mathrm{cd}}/E_{\mathrm{cs}}$) 随应变率的变化。拟合曲线

$$\frac{E_{\mathrm{cd}}}{E_{\mathrm{cs}}} = 1.325\dot{\varepsilon}^{0.0234}, \quad \dot{\varepsilon} \geqslant 6 \times 10^{-6}\mathrm{s}^{-1} \tag{7.2.11}$$

基本表达了变化趋势。但因为数据严重分散及试验方法存疑, 须慎重使用该公式。一般地, 推荐认为杨氏模量与应变率无关。

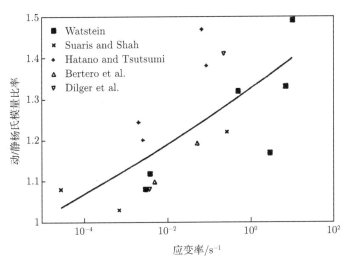

图 7.2.4 杨氏模量与应变率的相关性 (Williams, 1994)

7.3 混凝土靶穿甲经验公式

针对刚性弹撞击混凝土靶已有不同的经验公式用于预测侵彻深度 x、穿甲极限 e 及崩落极限 h_{s} 等。Sliter(1980) 针对撞击速度范围 27~312 m/s 收集了大量试验数据, Clifton(1982) 评述了混凝土侵彻阻力的研究工作。Nash et al.(1985) 在 365~610 m/s 速度范围内利用实心钢弹进行混凝土侵彻试验。Iremonger et al.(1989) 则开展了 800~924 m/s 的穿甲试验, 当弹体严重变形时, 试验结果无法与经验公式一致。

尽管多数试验来自钢筋混凝土靶, 但经验公式一般不显示考虑钢筋因素。轻度或中度钢筋含量对侵彻或崩落影响较小, 但重度钢筋含量将严重影响侵彻性能, 尤其显著提高侵彻阻力。因此, 已发表的经验公式对重度钢筋混凝土而言是较保守

的, 例外的是, Barr(1990) 和 Boswell(1991) 的穿甲公式计及了钢筋因素, 但使用范围有限。

可以给出更多的关于钢筋混凝土靶侵彻及穿甲的相关文献, 如 Almansa and Canovas(1999), Ayaho et al.(1991), Dancygier(1997, 1998, 2000), Dancygier and Yankelevsky(1996), Dancygier et al.(1999), Degen(1980), Forrestal et al.(1994, 1996), Gold et al.(1996), Hanchak et al.(1992), Kuang(1991), Wilkins(1978), Yankelevsky(1997) 和 Yankelevsky and Adin(1980)。近期高强混凝土技术发展迅速且应用广泛, 但研究较少 (Dancygier, 1998; Dancygier and Yankelevsky, 1996; Almansa and Canovas, 1999)。众多的经验公式仅限于常规混凝土, 因此在推广至高强混凝土靶时, 必须进行修正。这里将较完整地给出相关经验公式及相关讨论。

7.3.1　经验公式汇总

本节给出最常用的混凝土靶穿甲/侵彻/崩落等的经验公式汇总, 包括正侵彻的最大深度、靶体穿甲极限及崩落极限等。

1. 修正的 Petry 公式 (Kennedy, 1976)

厚混凝土靶的侵彻深度 X (in, 1in=2.54cm):

$$X = 12K_{\mathrm{p}}A_{\mathrm{p}} \log\left(1 + \frac{V_{\mathrm{i}}^2}{215000}\right) \tag{7.3.1}$$

该公式来源于假设瞬时侵彻阻力为常数项及速度平方项 V_{i}^2 (fps, 1fps=3.048×10^{-1}m/s) 之和后求解运动方程得到。A_{p} 是弹体截面压力, 量纲表示为单位面积的力 (lbs/ft^2, 1lbs/ft^2(1psf)=0.0000479MPa)。K_{p} 是相关于混凝土强度和钢筋的材料系数。原式被 Kennedy 命名为 "modified Petry I", 而其修正式为 "modified Petry II"。

Amirikian(1950) 建议靶体穿甲极限厚度为 (Kennedy, 1976)

$$e = 2X \tag{7.3.2}$$

2. Army Corps of Engineers 公式 (ACE)(Kennedy, 1976)

混凝土厚靶的侵彻深度由下式给出:

$$\frac{X}{d} = \frac{282Dd^{0.215}}{(f_{\mathrm{c}})^{1/2}}\left(\frac{V_{\mathrm{i}}}{1000}\right)^{1.5} + 0.5 \tag{7.3.3}$$

其中 d 为弹体弹径 (in), f_{c} 是混凝土压缩强度 (psi, 1psi=0.0068948MPa), D 是弹体截面密度 W/d^3 (lbs/in^3), 而 W 是弹体重量。靶体穿甲极限厚度是

$$\frac{e}{d} = 1.32 + 1.24\left(\frac{X}{d}\right), \quad 3 \leqslant \frac{e}{d} \leqslant 18 \tag{7.3.4}$$

而混凝土崩落极限厚度与修正的 NDRC(the national defence research committee) 公式一致。

3. 修正的 NDRC 公式 (Kennedy, 1976)

修正的 NDRC 给出了混凝土靶侵彻深度的经验表达:

$$G\left(\frac{X}{d}\right) = \frac{KNW}{d}\left(\frac{V_i}{1000d}\right)^{1.8} \tag{7.3.5a}$$

$$G\left(\frac{X}{d}\right) = \begin{cases} \left(\dfrac{X}{2d}\right)^2, & \dfrac{X}{d} \leqslant 2.0 \\[3mm] \left[\left(\dfrac{X}{d}\right) - 1\right], & \dfrac{X}{d} > 2.0 \end{cases} \tag{7.3.5b}$$

其中 W 是弹体重量 (lb, 1lb=4.448222N), d 为弹径 (in), V_i 为弹体初速 (ft/s), N 为弹头形状因子 (分别定义平头弹、半球形弹、尖卵形弹和尖头弹的 N 值为 0.72、0.84、1.0 和 1.14), K 为混凝土强度参数, 由 Kennedy(1976) 给出:

$$K = 180/(f_c)^{1/2} \tag{7.3.5c}$$

靶体穿甲极限厚度是

$$\frac{e}{d} = \begin{cases} 3.19\left(\dfrac{X}{d}\right) - 0.718\left(\dfrac{X}{d}\right)^2, & \dfrac{X}{d} \leqslant 1.35 \\[3mm] 1.32 + 1.24\left(\dfrac{X}{d}\right), & 1.35 < \dfrac{X}{d} \leqslant 13.5 \end{cases} \tag{7.3.6}$$

混凝土崩落极限厚度 h_s 是

$$\frac{h_s}{d} = \begin{cases} 7.91\left(\dfrac{X}{d}\right) - 5.06\left(\dfrac{X}{d}\right)^2, & \dfrac{X}{d} \leqslant 0.65 \\[3mm] 2.12 + 1.36\left(\dfrac{X}{d}\right), & 0.65 < \dfrac{X}{d} \leqslant 11.75 \end{cases} \tag{7.3.7}$$

4. UKAEA 公式 (i.e., Barr 公式)(Barr, 1990)

英国原子能机构 (U.K. Atomic Energy Authority) 推荐给出侵彻深度及靶体穿甲极限厚度 (Barr, 1990)。Barr 进一步对修正的 NDRC 侵彻深度公式在低速情形进行修正

$$G\left(\frac{X}{d}\right) = \begin{cases} 0.55\dfrac{X}{d} - \left(\dfrac{X}{d}\right)^2, & \dfrac{X}{d} < 0.22 \\[3mm] \left(\dfrac{X}{2d}\right)^2 + 0.0605, & 0.22 \leqslant \dfrac{X}{d} < 2.0 \\[3mm] \dfrac{X}{d} - 0.9395, & \dfrac{X}{d} \geqslant 2.0 \end{cases} \tag{7.3.8}$$

对穿甲极限条件下的撞击速度, Barr 建议如下:

$$V_p = 1.3\rho_c^{1/6} f_c^{1/2} \left(\frac{Pe^2}{\pi M}\right)^{2/3} (r+0.3)^{1/2} \tag{7.3.9}$$

其中 V_p 是穿透速度 (m/s), ρ_c 是混凝土密度 (kg/m^3), f_c 是混凝土压缩强度 (Pa), P 是弹体横截面周长 (m), e 是穿甲极限厚度 (m), M 是弹体质量 (kg), r 是钢筋配筋比 (%)。

Barr 建议的混凝土崩落极限厚度是

$$\frac{h_s}{d} = 5.3 \left[G\left(\frac{X}{d}\right)\right]^{0.33} \tag{7.3.10}$$

Barr 公式是根据相对新近的试验数据给出, 并限定相应的范围:

$$11 < V_i < 300, \quad 15 \times 10^6 < f_c < 37 \times 10^6$$
$$0.0 < r < 0.75, \quad 0.2 < \frac{P}{\pi e} < 3, \quad 150 < \frac{M}{P^2 e} < 10^4 \tag{7.3.11}$$

5. Ballistic Research Laboratory 公式 (BRL) (Kennedy, 1976)

BRL 给出直接计算穿甲极限厚度公式:

$$\frac{e}{d} = \frac{427}{(f_c)^{1/2}} D d^{0.2} \left(\frac{V_i}{1000}\right)^{1.33} \tag{7.3.12}$$

与 ACE 公式 (7.3.3) 和式 (7.3.4) 相似。

6. Ammann and Whitney 公式 (Kennedy, 1976)

较高速度下小爆炸破片侵彻混凝土深度

$$\frac{X}{d} = \frac{282 N D d^{0.2}}{(f_c)^{1/2}} \left(\frac{V_i}{1000}\right)^{1.8} \tag{7.3.13}$$

该式与 ACE 公式 (7.3.3) 及修正的 NDRC 公式 (7.3.5a) 相近, N 采用修正的 NDRC 公式定义的弹头形状因子。

7. Haldar 公式 (Haldar and Hamieh, 1984)

Haldar and Hamieh(1984) 建议侵彻深度公式为

$$\frac{X}{d} = a + bI \tag{7.3.14}$$

其中 I 是撞击因子, 定义为

$$I = \frac{MNV_i^2}{d^3 f_c} \tag{7.3.15}$$

M、N、$V_{\rm i}$、d 和 $f_{\rm c}$ 与修正的 NDRC 公式定义一致 ($M = W/g$, W 是弹体重量)。须注意 "I" 无量纲, 因此可任意定义 M, N, $V_{\rm i}$, d 和 $f_{\rm c}$ 的单位。式 (7.3.14) 中常数 "a" 和 "b" 由试验结果确定, 其中撞击因子在 0.3~455 变化。

$$0.3 \leqslant I \leqslant 4.0: \quad a = 0.0308, \quad b = 0.2251$$
$$4.0 < I \leqslant 21.0: \quad a = 0.6740, \quad b = 0.0567 \tag{7.3.16}$$
$$21.0 < I \leqslant 455: \quad a = 1.1875, \quad b = 0.0299$$

穿透极限由修正的 NDRC 公式给出。

崩落极限 $h_{\rm s}$ 按以下确定:

当 $I \leqslant 21$ 时, 按修正的 NDRC 公式 (7.3.7) 给出, 其中 X/d 是式 (7.3.14) 给出的侵彻深度。

当 $21 \leqslant I \leqslant 385$ 时,

$$\frac{h_{\rm s}}{d} = 3.3437 + 0.0342 \cdot I \tag{7.3.17}$$

8. Kar 公式 (Kar, 1978)

Kar 对试验数据进行回归分析给出经验公式:

$$G\left(\frac{X}{d}\right) = \frac{180}{(f_{\rm c})^{0.5}} N \left(\frac{E}{E_{\rm m}}\right)^{1.25} \frac{W}{d} \left(\frac{V_{\rm i}}{1000d}\right)^{1.8} \tag{7.3.18}$$

其中 E 和 $E_{\rm m}$ 分别是靶体和弹体的弹性模量, 侵彻深度 X 由式 (7.3.5b) 确定。

穿甲极限厚度 e 按下式给出:

$$\frac{e - a}{d} = 3.19 \frac{X}{d} - 0.718 \left(\frac{X}{d}\right)^2, \quad \frac{X}{d} \leqslant 1.35 \tag{7.3.19a}$$

$$\frac{e - a}{d} = 1.32 + 1.24 \left(\frac{X}{d}\right), \quad 3 \leqslant \frac{X}{d} \leqslant 18 \tag{7.3.19b}$$

其中 a 是混凝土中骨料特征尺寸。Kar 公式与修正的 NDRC 公式基本一致。其区别在于是否考虑弹靶材料的弹性模量及骨料尺寸。

9. Hughes 公式 (Hughes, 1984)

根据弹尖侵彻阻力的假设, Hughes 给出侵彻深度 X 的相关公式:

$$\frac{X}{d} = 0.19 N_{\rm h} \frac{I_{\rm h}}{S} \tag{7.3.20}$$

其中 $N_{\rm h}$ 是弹头形状系数 (平头、钝头、半球形及尖头时分别为 1.0、1.12、1.26 及 1.39), $I_{\rm h}$ 是撞击因子, 按下式定义:

$$I_{\rm h} = \frac{MV_{\rm i}^2}{d^3 f_{\rm t}} < 3500 \tag{7.3.21}$$

M、V_i、d 和 f_t 分别是弹体质量、速度、弹径和混凝土拉伸强度。与 Haldar 公式 (7.3.15) 类似，"I_h" 是无量纲的，因此 M，V_i，d 和 f_t 可任意定义单位。Hughes 在式 (7.3.20) 中通过引入因子 "S"，考虑了混凝土的率敏感性：

$$S = 1.0 + 12.3 \ln(1.0 + 0.03 I_h) \tag{7.3.22}$$

10. Chang 公式 (Chang, 1981)

针对一平头圆柱弹撞击钢筋混凝土靶，Chang 给出穿甲极限厚度 e 和崩落极限厚度 h_s 公式：

$$\frac{e}{d} = \left(\frac{u}{V_0}\right)^{0.25} \left(\frac{MV_i^2}{d^3 f_c}\right)^{0.5} \tag{7.3.23}$$

$$\frac{h_s}{d} = 1.84 \left(\frac{u}{V_0}\right)^{0.13} \left(\frac{MV_i^2}{d^3 f_c}\right)^{0.4} \tag{7.3.24}$$

其中 M 为弹体质量，d 为弹径，V_i 为弹初速。参考速度 $u = 200\text{fps}$ 或 61m/s，依赖于方程使用单位。

11. CEA-EDF 公式 (Berriaud et al, 1978)

根据系列落锤和空气炮试验，CEA-EDF 给出穿甲极限厚度公式：

$$e = 0.3083 f_c^{-0.375} \left(\frac{M}{d}\right)^{0.5} V_i^{0.75} \tag{7.3.25}$$

公式采用 N，kg，m 和 s 单位。

12. Bechtel 公式 (Kennedy, 1976)

Bechtel 建议一崩落极限厚度公式：

$$h_s = 38.98 \frac{M^{0.4} V_i^{0.5}}{f_c^{0.5} d^{0.2}} \tag{7.3.26}$$

公式采用 SI 单位。

13. 程序指南

常用的军事防护设计指南通常都推荐使用经验公式进行局部撞击效应的评价 (TM-5-855-1, 1986; TM-5-1300, 1990; ESL-TR-57, 1987; Mays and Williams, 1992)。例如，美军手册 TM-5-855-1(1986) 推荐 ACE 公式分析侵彻深度，与修正的 NDRC 公式的结果近似，但后者适用性较窄。美国空军手册 ESL-TR-87-57(1987)，分别推荐使用修正的 NDRC 公式预测侵彻深度，ACE 公式预测穿甲和崩落极限。英军手册 (Mays and Williams, 1992) 建议 Barr 公式分析侵彻，而用 CEA-EDF 公式分析穿甲。一般而言，在弹速范围内，不同公式大抵都可给出近似的分析结果，但在非军事应用的低速条件下差别较大。

7.3.2 建议

这里对已有经验公式的不同及有效性进行分析并识别其应用范围。

1. 公式的不同之处

Kennedy(1976) 对混凝土靶侵彻速度及穿甲极限厚度的不同经验公式进行了比较,包括了美国及欧洲至 20 世纪 70 年代末的相关试验数据。Yankelevsky(1997) 进一步讨论了穿甲及侵彻的经验公式的异同。当弹重 45.45kg,弹径 15.24cm,弹头形状因子 $N=1$,图 7.3.1 给出按不同经验公式预测的侵彻深度,同样图 7.3.2 给出按不同经验公式预测的穿甲极限厚度。

Sliter(1980) 对速度范围 27~312 m/s 的撞击试验数据进行分析,并评价了不同经验公式的分析结果,Williams(1994) 也作了类似的比较分析。根据 Sliter(1980) 报道的侵彻深度试验数据,图 7.3.3 利用修正的 NDRC 和 Barr 公式进行比较分析。明显地,式 (7.3.8) 针对较小侵彻深度有较好预测,但在 X/d 达到 2.0 之后,比式 (7.3.5b) 的分析结果要差。

针对 Sliter(1980) 报道的试验数据,图 7.3.4 给出按式 (7.3.4),式 (7.3.6) 和式 (7.3.25) 计算得到的靶厚与穿甲极限厚度 t_{p} (或 e) 的比值。式 (7.3.4) 和式 (7.3.6) 所用侵彻深度按 Barr 公式计算。图中方形代表穿透情形,原则上应在 $t/e = 1$ 线下方;而三角形代表未穿透,应位于 $t/e = 1$ 线上方。在试验允许的误差范围内,各经验公式对穿甲极限厚度的预测都是合理的。式 (7.3.4) 和式 (7.3.6) 低估其穿甲极限厚度的唯一例外是弹径较大情形 (靶厚的 1.5 倍)。

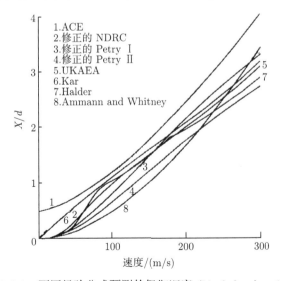

图 7.3.1 不同经验公式预测的侵彻深度 (Yankelevsky,1997)

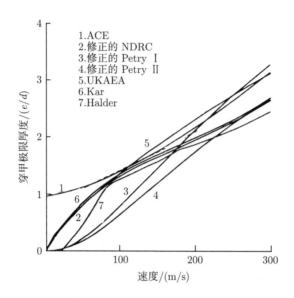

图 7.3.2　不同经验公式预测的穿甲极限厚度 (Yankelevsky，1997)

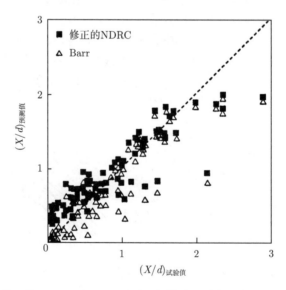

图 7.3.3　修正的 NDRC 和 Barr 公式预测侵彻深度的比较 (Williams，1994)

图 7.3.5 给出用式 (7.3.7)，式 (7.3.10) 和式 (7.3.26) 计算的靶厚与崩落极限厚度的比值。同理，有无崩落情形的 t/t_s 值应分别位于 $t/t_s = 1$ 线上下。明显地，式 (7.3.7) 严重低估了低速时的靶体崩落极限厚度，而式 (7.3.10) 和式 (7.3.26) 结果较好。

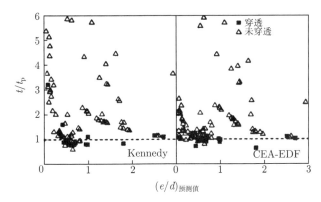

图 7.3.4   不同经验公式给出的靶厚与穿甲极限厚度的比值 (Williams，1994)

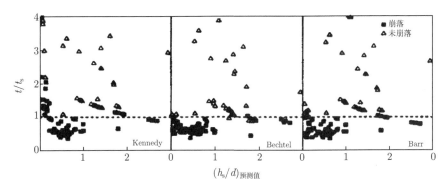

图 7.3.5   不同经验公式给出的靶厚与崩落极限厚度的比值 (Williams，1994)

2. 经验公式的应用范围

一般而言，多数经验公式都是根据一定参数范围内的试验结果得到的，对小型刚性弹撞击混凝土靶的侵彻、穿甲及靶体崩落等预测有效。可以肯定的是所有弹体都无自旋，且是零攻角正撞击。

这里评论的所有经验公式都仅在亚弹速条件下适用，即对应于较低速度。Iremonger et al.(1989) 在速度为 $800\sim924$ m/s 时的试验结果明显与经验公式不符，这时弹体已有显著变形。

经验公式的优化过程中，都通常假设靶体局部效应不受其剪切或弯曲等整体响应的影响。这是在靶体足够大且有显著刚性的前提下得到的。事实上实际试验中，整体结构响应和局部响应同时发生并相互作用，对最终结果是有直接影响的，这一点在防护结构设计中必须考虑到。

多数经验公式唯一考虑的靶材参数是混凝土强度项 f_c^β，其中 f_c 代表特征强度 (Kennedy(1976) 为压缩强度，而 Hughes(1984) 为拉伸强度)，β 是经验参数 (修正的 NDRC 和 Barr 公式取 $\beta = 1/2$)。而其他参数，如骨料尺寸和钢筋配筋比，没有在公式中显现。唯一例外的是 Barr(1990) 在式 (7.3.9) 中计及了平均钢筋含量，Kar(1978) 在式 (7.3.19a) 和式 (7.3.19b) 中考虑了骨料尺寸。

事实上，Sliter(1980) 报道的英国撞击试验中弹径与最大骨料尺寸比在 0.5~50 变化，仅观察到与骨料尺寸的弱相关性，侵彻深度与 $(d/c)^{0.1}$ 成正比。因为设计中与局部效应相关联的 d/c 范围不会发生量级变化，$(d/c)^{0.1}$ 变化不会超过平均值 $\pm 13\%$。该变化与试验数据的分散允许 (通常 $\pm 25\%$) 相比是无法区别出来。尽管修正的 NDRC 已包括了 75 种不同的混凝土类型，但骨料尺寸的影响仍未充分认识，因此，该公式也未计及骨料因素。

由于多数试验基于钢筋混凝土靶，因此试验结果已包含钢筋影响。但多数经验公式并未显示考虑钢筋含量影响。轻度或中度钢筋含量 (配筋比 0.3%~1.5%) 对侵彻或崩落影响甚小，但在重度钢筋含量时，有可能显著提高侵彻阻力而改变侵彻性能。经验公式依据的试验数据都是轻度钢筋混凝土 (截面配筋比都小于 1.5%)，因此用于重度钢筋混凝土靶分析时将会相对保守。

重度钢筋混凝土 (截面配筋比 1.5%~3%) 的相关试验数据甚少，主要应用于反应堆混凝土墙等。钢筋将明显增强靶体阻止发生局部效应的能力，尤其是密实的钢筋网格将阻止穿甲发生。因为穿透阻力比崩落或侵彻阻力更相关于钢筋含量，因此穿透公式仅适用于正常钢筋含量的混凝土靶，若应用于重度或非常轻度钢筋混凝土靶，则会过高或过低预期其局部响应。

Barr(1990) (即 UKAEA) 针对穿透，Boswell(1991) 针对穿甲及崩落，相关公式已包括了钢筋 (配筋比及网距) 影响，但应用范围都比较有限。

3. 经验公式的确认

最常用的经验公式是 Petry，ACE 及修正的 NDRC 等公式。一般地，修正的 NDRC 公式在 152~305 m/s 速度范围内对刚性弹撞击混凝土的侵彻及崩落等给出最佳分析拟合。因此以下讨论主要针对修正的 NDRC 公式，但相关结论仍适用于其他经验公式。

修正的 NDRC 侵彻深度公式忽略了靶背面 (后边界) 效应，严格讲其仅适用于靶体足够厚而靶背面无崩落或冲塞锥块形成。靶背面 (后边界) 效应将导致比公式预期更大的侵彻深度。

如图 7.3.6 所示，修正的 NDRC 在无量纲侵彻深度 $0.6 \leqslant X/d \leqslant 2.0$ 范围内对刚性弹侵彻试验给出较合理的分析结果，但当侵彻深度下降时，将与实际情况不一致。侵彻深度越小，分析值越大于实测值。当 $X/d < 0.6$ 时，经验公式对侵彻深度的高估，甚至可达 8 或 9 倍。因此，修正的 NDRC 对小侵彻深度或大弹侵彻并不适合，可比较的是，Haldar 公式对较宽范围弹径刚性弹侵彻深度预测较好。

对于较小侵彻深度，侵彻现象容易被弹靶接触区内的材料约束所掩盖。这与小弹深侵彻时不易观察到的所谓前坑现象类似。转折点 $X/d = 0.6$，可能暗含失效机理的变化，仍然值得研究。尽管如此，若引入一修正因子，对图 7.3.6 中侵彻深度 $X/d < 0.6$ 的情形，我们仍可给出较合理的分析预测。

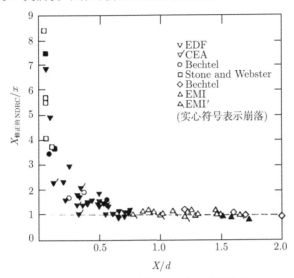

图 7.3.6 刚性弹侵彻试验的试验值与经验公式的比较 (Sliter, 1980)

对大弹情形，靶体崩落极限小于修正的 NDRC 分析值。可能的解释是，大弹容易引起较大区域的平面撞击，压缩应力波经靶背面反射形成拉伸波，导致靶前崩落产生。而较集中撞击产生崩落并形成剪切冲塞块运动，最终形成靶表面撞击附近圆形区域混凝土碎块崩裂。这将导致较厚的混凝土崩落极限厚度。

修正的 NDRC 公式左边是无量纲的，但其右边有量纲。因此，修正的 NDRC 公式 (包括其他多数经验公式) 都有量纲相关的缺点。Haldar 公式通过引入无量纲撞击因子 "I" 而表现为无量纲。同时须指出的是，Chang(1981) 公式也是无量纲的，尽管他并未有意识地引入无量纲因子。

毫无疑问，经验公式对混凝土防护结构设计可提供简便直接的近似分析。总体而言，对较宽范围内的试验数据，Barr 公式对侵彻 (式 (7.3.5a) 和式 (7.3.8))，CEA-EDF 公式对穿甲 (式 (7.3.25))，Bechtel (式 (7.3.26)) 和 Barr (式 (7.3.10)) 公式对崩落等都能给出较合理的分析预期。

7.4 素/钢筋混凝土靶侵彻机理

针对混凝土靶侵彻机理，较为成功的侵彻理论模型为基于动态球形和柱形空腔膨胀的刚性弹动力学模型, 美国 Sandia 国家实验室 Forrestal 研究组在这方面进行了大量工作, 并将其成功应用于混凝土、岩石和土壤介质侵彻 (Luk and Forrestal, 1987; Hanchak et al, 1992; Forrestal et al, 1993, 1994, 2003; Frew et al, 2006)。以 Forrestal 及其合作者的研究为基础, Chen 和 Li 总结给出了控制刚性弹侵彻力学的两个无量纲特征参数, 即撞击函数和弹体几何函数 (Chen and Li, 2002; Li and Chen, 2003), Chen et al.(2004) 据此进一步给出了混凝土靶穿甲/侵彻的初始弹坑、隧道区及剪切冲塞三阶模型。对于混凝土侵彻, 空腔膨胀理论一般认为在由弹体形成的混凝土空腔之外分别是破碎区 (也即塑性变形区)、弹性变形区以及未扰动区。其中破碎区分别包括双向破坏粉碎区 (径向压缩和环向拉伸) 以及单向破坏区 (环向拉伸) (Luk and Forrestal, 1987; Forrestal et al, 1993, 1994)。

　　对撞击过程进行分析建模时, 通常假定弹体刚性, 且靶体响应由一种变形模式主控, 一般通过动量或能量平衡进行推导。混凝土靶的侵彻或穿透常假设为韧性扩孔 (尤其在高速尖头弹体情形)、剪切冲塞 (低速钝头情形) 或两者兼顾。在低速撞击时, 整体弯曲有时也较严重, 下面对几种分析模型进行比较分析。

1. 动态空腔膨胀模型

　　韧性扩孔模式可简化为一维柱形或球形空腔膨胀近似。Luk and Forrestal(1987), Forrestal and Luk(1988) 和 Forrestal et al.(1988) 等将其应用于混凝土或岩石靶的侵彻已有先驱性工作。最简单的近似是球形空腔膨胀模型 (Forrestal and Luk, 1988; Luk and Forrestal, 1987)。更复杂的是柱形空腔膨胀模型 (Forrestal et al, 1988), 其中假设混凝土理想化为与侵彻方向垂直的一系列独立薄层, 并径向膨胀变形。由此通过数值求解常微分方程进行分析。须指出的是, Yankelevsky and Adin(1980) 和 Yankelevsky(1997) 给出类似的求解。

　　这里简单介绍 Luk and Forrestal(1987) 发表的球形空腔膨胀模型。假设混凝土有常剪切强度, 静压线性自锁。在低应变率下, 混凝土表现为常体积模量的可压缩流动, 一旦达到一定的体积应变值, 混凝土将 "自锁" 而不可压, 如图 7.4.1 所示。这是 Hightower(1983) 对 $f_{cs} = 34.5\text{MPa}$ 常规混凝土三轴静压试验结果的理想化。因此, 弹头侵彻通道, 按球形空腔膨胀速度 V_c 代表, 可认为被塑性区及不可压弹性区包围。钢筋的效应仅在于阻止空腔周围径向裂纹的发展。

　　高速撞击时, 侵彻过程可分为两相。当速度足够高时, 混凝土在第 1 相中表现为静水压力自锁; 伴随侵彻进行, 弹速减速至小于临界速度 V_t, 混凝土表现为线性行为。低速撞击则只有静水压力线性情形。

　　空腔膨胀分析表明, 空腔壁的径向应力 σ_r 与膨胀速度有以下关系:

$$\frac{\sigma_r}{Y} = A_i + B_i V_c^2, \quad i = 1, 2 \tag{7.4.1}$$

其中下标 1 和 2 分别对应于自锁和线性静水压力情形。

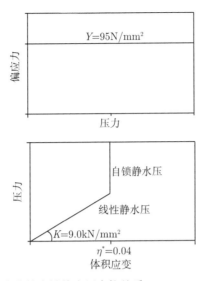

图 7.4.1 混凝土线性自锁静水压本构关系 (Luk and Forrestal, 1987)

自锁静水压力情形时

$$A_1 = \frac{2}{3} \left(1 - \ln \eta^*\right) \tag{7.4.2a}$$

$$B_1 = \frac{\rho}{Y\gamma^2} \left[\frac{3Y}{E_{cs}} + \eta^* \left(1 - \frac{3Y}{2E_{cs}}\right)^2 + \frac{3\left(\eta^*\right)^{2/3} - \eta^* \left(4 - \eta^*\right)}{2\left(1 - \eta^*\right)} \right] \tag{7.4.2b}$$

$$\gamma = \left[\left(1 + \frac{Y}{2E_{cs}}\right)^3 - 1 + \eta^* \right]^{1/3} \tag{7.4.2c}$$

其中, ρ 是卸载密度, Y 是极限偏应力, η^* 是自锁体积应变。线性静水压力情形时, A_2 可显式确定 (Forrestal and Luk, 1988), B_2 则是根据临界速度 V_t 的应力值得到的

$$A_2 = \frac{2}{3} \left[1 + \ln \left(\frac{2E_{cs}}{3Y} \right) \right] \tag{7.4.3a}$$

$$B_2 = B_1 + \frac{25\rho}{81Y} \left(A_1 - A_2\right) \tag{7.4.3b}$$

如图 7.4.2 所示的尖卵形弹体，定义其弹头形状率 $\psi = r/d$。空腔膨胀速度与弹头速度 V 相关, $V_c = V \cos\phi$, $\cos\phi$ 从弹头母线根部的 0 变化至尖部的 $\sqrt{(\psi - 1/4)}/\psi$。将 V_c 代入方程 (7.4.1) 并积分 σ_r 可得侵彻阻力

$$F_z = \frac{\pi d^2 Y}{4} \left(A_i + \frac{8\psi - 1}{24\psi^2} B_i V^2 \right) \tag{7.4.4}$$

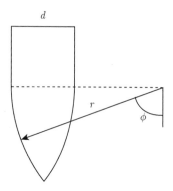

图 7.4.2　尖卵形弹头几何

通过求解可进一步获得侵彻深度，首先在转变速度时

$$x_{\mathrm{t}} = \frac{M}{2\beta_1} \ln \left(\frac{\alpha_1 + \beta_1 V_{\mathrm{i}}^2}{\alpha_1 + \beta_1 V_{\mathrm{t}}^2} \right) \tag{7.4.5}$$

然后可得最终侵彻深度

$$X = x_{\mathrm{t}} + \frac{M}{2\beta_2} \ln \left(1 + \frac{\beta_2 V_{\mathrm{t}}^2}{\alpha_2} \right) \tag{7.4.6}$$

在方程 (7.4.5) 和式 (7.4.6) 中，α_i 和 β_i 分别是常数项和方程 (7.4.4) 中 V^2 的系数，分别对应于自锁和线性静水压力情形。

图 7.4.3 给出按方程 (7.4.1)～方程 (7.4.6) 和 Barr 经验公式给出的侵彻深度的比较。其中，弹丸质量 6.8kg，弹径 76mm，弹头形状相应变化。Barr 经验公式在低速时可对侵彻给出非常好的预期，但在高速时会稍微低估。明显地，当 $V_{\mathrm{i}}\sqrt{\rho/Y} < 1.5$ 时，空腔膨胀近似对侵彻深度低估，暗示低速时会有其他机理主导。对半球形

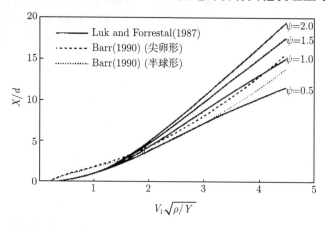

图 7.4.3　混凝土侵彻深度的理论预期与经验公式分析比较 (Luk and Forrestal，1987)

弹丸 ($\psi = 0.5$), Luk and Forrestal(1987) 与 Barr(1990) 在中速范围内符合较好, 但高速时低估。对尖卵形弹丸, Luk and Forrestal(1987) 的分析中, 仅较钝头形 ($\psi = 1.0$) 与 Barr(1990) 的尖头弹分析在全弹速范围一致。对更尖的头形, Luk and Forrestal(1987) 的分析给出更大的侵彻深度, 可认为原因在于应变率对材料强度的影响未进入 Luk and Forrestal(1987) 模型。可对比的是, Gran et al.(1989) 认为应变率效应将导致材料屈服强度增加 30%∼40%。

空腔膨胀近似有以下优点: ①可给出应力全场信息和侵彻历史; ②基于撞击现象的较直接模型理论; ③完全考虑了弹头形状。但不易应用于不规则头形, 且在钝头形状或低速撞击时, 相应侵彻机理可能不合适。

2. 剪切冲塞

剪切冲塞最早是从中厚金属靶的弹道撞击中发展而来的, 如 Awerbuch and Bodner(1974a, b) 三阶段剪切穿甲模型。初始阶段考虑剪切界面周围的材料压缩, 得到压缩力及惯性力 F_c 和 F_i。然后是剪切冲塞形成, 产生剪切力 F_s。最后是塞块与靶体分离, 过程中仅剪切力作用。分别得到穿甲各阶段的载荷, 可给出动量方程

$$\rho A V^2 + (M + \rho A z) V \frac{\mathrm{d}V}{\mathrm{d}z} = -(F_c + F_i + F_s) \tag{7.4.7}$$

其中, A 是弹体横截面积, z 是撞击面至流动材料前沿的距离, $\rho A V^2$ 代表靶材在弹丸路径上的径向流动。可积分式 (7.4.7) 得到速度及位移历史。由于钢筋与混凝土剪切冲塞间的复杂作用, 上述分析尚无法应用于钢筋混凝土靶 (Evason and Fullard, 1991)。

混凝土剪切冲塞模型一般限于较低速度撞击且比 Awerbuch and Bodner (1974a, b) 理论模型简单。Eibl(1987) 用二自由度模型进行分析, 即先是局部剪切冲塞, 然后是靶板整体弯曲。冲塞阻力用三阶函数表示, 分别由混凝土拉伸强度、剪切面阻力及远端纵向钢筋作用控制。

Evason and Fullard(1991) 提出一简单的两相穿甲混凝土靶模型, 两相穿甲过程含压入及剪切开裂相, 通过塑性压缩的能量平衡和剪切冲塞的力平衡进行分析。与低速范围的试验数据相一致。

根据速度为 15m/s 的平头弹大尺寸试验结果, Fullard(1991) 提出了混凝土靶中锥形剪切冲塞形成的半经验近似。假设弹体的动能通过三种方式耗散: 混凝土的穿透, 锥形剪切裂纹形成, 以及钢筋对剪切冲塞的阻力。但分析须将侵彻深度作为输入条件。

Yankelevsky(1997), Yankelevsky and Adin(1980), 利用盘形近似, 提出低速弹丸穿甲/侵彻混凝土靶的二阶段模型。模型包括侵彻阶段和剪切冲塞, 可分析得到阶段的转变、侵彻时间历史及剪切冲塞阻力和形状等。

3. 钢筋混凝土靶的穿甲/侵彻

目前国内外对钢筋混凝土的高速侵彻机理认识并不完善，主要表现在：如何考虑钢筋对混凝土破碎区的约束及对应的空腔膨胀理论完善，侵彻阻力如何考虑钢筋作用阻力项，钢筋几何分布对弹道稳定性的影响及等效性，钢筋混凝土的材料本构关系与失效判据，如何认识侵彻过程中钢筋与混凝土的相互作用与分离机制等[陈小伟等(2015)]。

对钢筋混凝土介质侵彻问题的理论建模通常忽略钢筋或人为将配筋作用局限化，如 Luk and Forrestal(1987) 和 Forrestal et al.(1994) 给出尖卵形弹侵彻钢筋混凝土靶的深度公式，认为钢筋的唯一作用是阻碍混凝土径向裂纹的扩展，未考虑钢筋对弹丸侵彻的直接阻力，导致相关分析结果与试验误差超过 20%。其他一些近似则包括将其等效为强度增强的均匀混凝土介质，或将其等效为混凝土和薄钢板的叠压夹层结构等，都较少涉及具体配筋对侵彻过程的影响。事实上，钢筋将对混凝土破碎区等产生几何约束并影响各区域分布，由此显著影响侵彻阻力的积分效应。针对空腔膨胀理论中如何考虑钢筋作用因素，第 9 章将介绍作者近期的相关分析工作。

例外的是，Amini 的弹体侵彻计算模型 (Amini and Anderson，1993；Amini，1997) 用于分析钢筋混凝土侵彻时，通过增加用于混凝土中钢筋延长或弯曲的能量项来模拟钢筋的影响。Riera(1989) 认为钢筋的主要贡献在于提高了钢筋混凝土靶的抗拉强度，从而提高了靶板的极限穿透速度，但并未在公式中加以体现。Dancygier(1997) 进一步给出了定量描述配筋率对钢筋混凝土穿甲阻力影响的模型。Chen et al.(2008) 考虑钢筋的配筋率和拉伸强度，提出了钢筋混凝土靶穿甲/侵彻的三阶段模型。但是 Riera(1989)，Dancygier(1997) 和 Chen et al.(2008) 的共同假设是：考虑所有的钢筋都接近靶板后表面，即只有作用在后坑才能抵抗弹丸穿甲。可以看到，尽管以上文献对钢筋混凝土侵彻问题进行了不同程度的理论建模，但囿于模型局限，仍然尚未提出令人信服的有效的、可靠的理论研究方法与模拟手段。

7.5　弹靶结构响应及弹道稳定性

在钢筋混凝土靶的高速侵彻研究中，随着弹目交会，条件更加严酷，高速及非正着靶等条件容易导致侵彻体和混凝土靶产生严重的结构响应，甚至导致弹体失效破坏，如弹体侵蚀、弯曲、屈曲、断/破裂等 (陈小伟，2009)，同时，高速侵彻的终点弹道也将因不稳定而产生偏转。这时，刚性弹假设将不再适用。钢筋混凝土靶及弹体的破坏与失效研究、高速侵彻的弹道稳定性等是目前防护及弹药工程的研究热点。

穿甲/侵彻是矛与盾的关系，研究者通常根据自身需要或工作重点，分别关注弹体或靶体的局部响应。文献 (Jerome et al, 2000; Wu et al, 2008; Chen et al, 2010) 通过缩比试验分别重点研究了弹体的弯曲、屈曲及破坏的响应特征。Warren and Poormon(2001)，Warren et al.(2004) 针对不同靶体的斜侵彻，数值计算采用考虑靶板自由面影响修正后的空腔膨胀理论，较好地描述了弹体的弯曲变形和弹道改变。须指出的是，侵彻体的结构响应一般仅能基于终态回收的弹体宏观形变得到观察，因此，相应的理论分析或数值计算也以侵彻终态作为校验。

另一方面，弹/靶的结构响应事实上是相互耦合的。即使在正侵彻条件下，钢筋混凝土靶的变形、破坏等结构响应，将令其对弹体的侵彻阻力由单纯的轴向载荷变化为轴向与横向载荷交互作用，从而导致弹体产生复杂的结构响应 (何丽灵等，2013)。侵彻通道与钢筋的相互作用位置、钢筋与混凝土的作用与分离等因素，也将对弹体的多轴侵彻过载产生扰动影响 (武海军，2003; Huang et al, 2005; 屈明和陈小伟，2008)。因侵彻体弯曲等结构响应也将可能导致侵彻弹道失稳，即侵彻轨迹偏离速度方向甚至产生 J 形弹道 (Warren and Poormon, 2001; Warren et al, 2004; Wu et al, 2014，2015)。

弹靶的结构响应及失效破坏将直接带来装药安定性和引控装置可靠性差等特殊的侵彻效应，相关问题直接与高速侵彻体的结构设计和优化密切相关 [陈小伟(2009)]。在工程设计中，侵彻弹体的几何特征尺寸 (如壁厚、装填比等) 与结构刚度和材料强度总是存在设计矛盾。弹体设计往往忽略动载下结构和材料的响应、钢筋配筋率以及倾/攻角等非正侵彻因素的影响，基于最大惯性载荷，采取静力学等效的方法，再引入较大的安全系数保证其刚度及结构稳定性 (陈小伟，2009)。而随着侵彻着速的提高，侵彻体结构刚度及稳定性冗余量将迅速降低。弹体结构的优化设计必须考虑以上因素，在相应指标条件下开展精细的静/动力学分析。

弹道稳定性是精确打击的重要保证。目前对弹道稳定性的研究主要基于弹靶分离方法。若同时考虑弹靶的侵彻响应，将涉及复杂的弹靶接触算法问题，且计算规模庞大 (马爱娥等，2008; Silling and Forrestal, 2007; Liu et al, 2009，2011)。为减小计算规模，Bless et al.(1999) 和 Warren and Poormon(2001)，Warren(2002)，Warren et al.(2004) 发展了一种等效方法：他们采用靶体响应力函数表征弹体的侵彻阻力，并与微分面力法 (DAFL) 和局部相互作用原理 (LIT) 相结合，把弹体侵彻问题等效为在靶体响应力函数作用下弹体的变形和运动问题，从而回避了计算靶体的侵彻响应，也不涉及弹靶的接触算法问题，显著减小了计算规模，成为目前主流的研究方法之一，例如，Li and Flores-Johnson(2011) 也沿用此方法开展弹道稳定性分析。

靶体响应力函数是上述等效方法的核心，可由经验和半经验公式法、理论分析和数值模拟确定。假设靶介质无限大，基于动态空腔膨胀模型，可以建立靶体响应力函数, 同时须考虑两方面因素: ①在自由面附近, 靶对弹体的约束减弱, 这对非正侵彻弹体运动的影响十分显著 (Warren and Poormon, 2001; Warren, 2002; Warren et al, 2004; Longcope et al, 1999; Macek and Duffey, 2000)。若假设靶介质无限大, 靶体响应力函数将无法表征此类自由面效应。上述文献修正了靶体响应力函数, 计及了自由面效应的影响, 其中, Warren and Poormon(2001), Warren et al.(2004) 采用衰减函数表征自由面效应, 物理意义明确, 且与实际吻合较好。②假设靶介质均匀, 无法体现混凝土靶局部强度的随机变化, 因此不能体现其对弹体侵彻行为的影响。建立计及混凝土局部强度随机变化的靶体响应力函数十分必要。

尽管如此, 所得到的微分方程具有很强的非线性, 因此尚未在理论上建立弹道稳定性的一般准则。与较低速度 (800m/s) 比较, 在钢筋混凝土靶的高速侵彻 (1000~1500 m/s) 中, 弹道稳定性对其终点弹道效应有着更加重要的作用。当考虑钢筋混凝土靶体的不均匀性与随机性时, 影响弹道稳定性的因素增加, 对研究弹道稳定性提出了新的挑战。其中, 侵彻的着弹位置 (与钢筋有无接触、正好碰上钢筋, 以及擦着钢筋穿透等) 及与钢筋的相互作用都将显著增加弹道稳定的不确定性。

为实现钢筋混凝土高速侵彻条件下弹体结构稳定和终点弹道稳定, 预测侵彻体的结构响应, 研究者首先需要解决的科学问题是: 正/非正侵彻条件高速弹体的力学承载条件及弹靶结构响应分析模型; 攻角、倾角及非对称头部侵蚀等对弹体结构响应的影响规律; 钢筋对弹体侵彻过载的影响; 非刚性侵彻条件下弹体实时结构响应特征定量预估; 弹靶结构失效破坏判据等。

7.6　混凝土靶高速侵彻的数值模拟研究

素/钢筋混凝土穿甲/侵彻的数值模拟一直是计算动力学中一个复杂而有挑战性的问题, 受到研究者的长期广泛关注 (曹德青, 2000; 张震宇, 2004; 武海军, 2003; Huang et al, 2005; 屈明和陈小伟, 2008; Liu et al, 2009, 2011)。已经有大量文献开展钢筋混凝土侵彻的有限元分析, 并在材料本构、算法、模型及工程计算等方面取得进展。曹德青(2000)利用 LS-DYNA3D, 采用 ALE 算法对弹体侵彻钢筋混凝土的数值模拟作了有益探讨。张震宇(2004)将用于岩石破碎的连续损伤模型加入 DYNA2D 中, 并数值再现 Hanchak et al.(1992) 侵彻试验。武海军(2003)和 Huang et al.(2005) 等采用分离式建模, 钢筋与混凝土之间采用面面接触, 控制参数采用缺省选项, 对弹体贯穿钢筋混凝土过程进行了数值模拟分析。屈明和陈小伟(2008)比较了混凝土和钢筋相互作用的不同处理方式 (即接触方法和耦合方法) 对穿甲结果的影响, 并考虑弹着点与钢筋的相对位置对弹丸终点弹道性能的影响。

对攻防结构设计, 结构响应的数值模拟越显重要, 其中特别关心侵彻、穿甲及碎裂的失效过程。软件选择和材料模型都严重相关于计算模拟的目的及实际物理现象。对于瞬时冲击加载的钢筋混凝土结构响应,可用计算流体动力学程序或显式有限元分析。冲击问题建议使用 3-D 固体单元,须重点考虑局部失效、接触作用和波效应。

数值模拟应用于混凝土穿甲/侵彻研究已有较多成熟的 Langrangian 或 Eulerian 型计算软件,如 LS-DYNA,AUTODYN 和 ABAQUS 等。原则上,都基于连续介质力学原理。可用于分析不同的冲击问题,包括大变形、网格自动重构、接触、侵蚀等。其中,材料本构关系在数值模拟中起关键作用。另一方面,从连续介质力学出发,在材料失效时由于不连续将面临严重挑战。有限元法、有限差分法或边界元法等仅能在有限范围内考虑少量不连续问题。

作为替代近似技术,离散元法完全将介质考虑为不连续的,其基本思想源自分子动力学,假定各离散单元满足各自运动方程并考虑相互作用力,最早由 Cundall(1971) 引入,后由 Meguro and Hakuno(1989) 修正并首先应用于结构坍塌的研究中,新近已有不少的方法及应用研究 (Kusano et al, 1992; Magnier and Donze, 1998; Masuya et al, 1994; Riera and Iturrioz, 1998; Sawamoto et al, 1998; Shirai et al, 1994),但距离工程应用尚远。

计算程序中混凝土本构关系通常包括三部分:① 状态方程,与压力、密度及体积应变相关;② 强度判据或变形法则,描述应力加载面或应变增量;③ 材料失效判据。Jonas and Zukas(1978) 认为 $V_i > 3\text{km/s}$ 的超高速撞击适宜用计算流体动力学程序,其中状态方程将主导材料响应;而在弹速及以下范围,材料的强度及失效判据更重要。一般而言,程序模拟材料失效仍是永恒的难题。

混凝土模型通常基于宏观水平上的现象行为观察,静水压及偏应力可解耦并用张量不变量表示。冲击波加载时,静水压部分可用 Hugoniot 冲击压力–比容关系描述 (EOS),而偏应力则用外载、失效及主应力空间中剩余强度面描述。混凝土材料模型通常忽略温度变化的影响。

图 7.4.1 已给出素混凝土的简单本构关系,但对于动态冲击分析仍显不完整,例如,状态方程须包括卸载条件,应变率相关性等。而失效判据是更麻烦的,应包含微裂纹发展的细节:损伤激发、生长率及方向等。另外,材料损伤还可能带来模型的不确定性。

商业软件 (如 LS-DYNA) 已有较多材料模型可用于模拟混凝土,如伪张量模型、混凝土损伤模型、Winfrith 混凝土模型、脆性损伤模型、HJC、TCK 及 K&C 模型等。须指出的是,由于混凝土是典型的拉压不对称半脆性材料,各种本构一般都有其局限性,如 HJC 以描述混凝土的压缩见长,而 TCK 则优于描述其拉伸行为。混凝土本构的复杂性还表现在其各向异性,是砂浆、骨料及粘接层组合的非均匀介质。钢筋混凝土还须考虑钢筋与混凝土的相互作用。更重要的是,目前尚没有较满意的本构模型可用于描述钢筋混凝土此类结构性材料。因此,混凝土或钢筋混凝土的本构关系在未来相当长时间内仍将是研究热点。

还须指出的是,即使数值模拟中选择了一个较好的混凝土材料本构,其材料参数对计算成败也是非常敏感的。为保证计算的合理性和结果精度,通常要求对计算参数小心选择并做相应的参数分析,进行相应的模型验证和确认,材料模型参数必须经由合理的材料试验获得。

显然,钢筋混凝土穿甲/侵彻模拟不但需要对混凝土的材料特性进行准确的理论描述,如本构关系、破坏准则和状态方程等 (商霖等,2005; Zhang et al, 2009; Ou et al, 2010; Holmquist et al, 1993),还需要处理混凝土和钢筋的开裂与滑移 (Yao et al, 2013)。

为保证混凝土与钢筋的协调,钢筋混凝土的模型离散一般都简化处理,目前主要有三种处理方法:整体方法、组合方法和分离方法 (Huang et al, 2005; 屈明和陈小伟,2008)。前两者实质都是等效近似。整体方法是将混凝土和钢筋等效近似为一种材料;而组合方法则是在同一单元中考虑两种材料,不同材料之间利用变形协调条件。若要真实模拟钢筋混凝土靶的结构响应、失效及破坏,分析钢筋对侵彻的影响,必须使用分离方法分别对混凝土和钢筋建模,在钢筋和混凝土之间插入联结单元或者通过接触和耦合的方式来模拟钢筋与混凝土之间的粘结和滑移相互作用。由于钢筋混凝土中钢筋与混凝土之间动态粘结及滑移机理研究不够充分,数值模拟中其粘结关系常采用静态数据或使用缺省设置,甚至不进行控制,造成模型误差。因此,无论试验、理论或数值研究,钢筋混凝土中钢筋与混凝土之间的相互作用及失效破坏机理都值得进一步加大研究力度。

特别需要指出的是,混凝土是典型的多相非均质复合材料,主要由粗骨料、水泥水化物及骨料与水泥砂浆粘结带等组成,各相材料性质差异较大。即使是严格的刚性弹正侵彻,由于混凝土随机因素作用,弹体可能受到非对称力作用从而发生弹道偏转。若计算中将混凝土当作均匀材料分析,无法反映侵彻过程中弹体与骨料/砂浆的相互作用,以及弹体弯曲破坏、弹道偏转等典型的物理现象 (何翔等,2010)。

随着计算机性能的提高,从混凝土细观层次角度出发对该类问题进行数值模拟分析已成为可能。建立反映混凝土细观组成的数值模型 (邓勇军等,2017),能较为直观地分析侵彻过程中弹体受力特点及侵彻规律,这对于改进弹体侵彻效应及提高结构防护能力有重要意义,这部分工作待时机成熟时将专门写作。

7.7　钢筋混凝土靶的侵彻试验方法与测试技术

钢筋混凝土靶侵彻或贯穿试验是不可缺少的研究手段 (Goldsmith, 1999; Li et al, 2005; 陈小伟,2009),可针对侵彻效应诸因素进行深入的定性和定量研究,获得其侵彻机理和规律认识,为钢筋混凝土靶侵彻破坏的理论研究、数值模拟以及弹体结构和弹道参数优化提供试验依据。

过去一个世纪，各国开展了大量的混凝土靶侵彻试验研究并分析总结给出了大量的穿甲/侵彻经验公式 (Goldsmith，1999；Li et al，2005)，其中以 Petry、ACE、Barr(或 UKAEA) 及修正的 NDRC 等公式最流行，为混凝土防护结构设计提供直接和便利的参考。尽管众多试验数据来源于钢筋混凝土靶，除 Petry、Barr(或 UKAEA)、Boswell 等公式计及钢筋对穿甲极限的影响外，绝大多数公式没有考虑钢筋因素 (Li et al，2005)。另外，经验公式的以下缺点限制了其应用 (陈小伟，2009)：①经验公式是量纲相关的；②各公式因弹头形状因子定义各异而无法统一；③公式适用性依赖于相关试验数据范围，绝大多数公式仅适用于中低速 (即 $<1000\mathrm{m/s}$) 侵彻深度分析。

全尺寸的钢筋混凝土侵彻/贯穿试验是研究侵彻规律和攻防设计的最有效手段。但由于全尺寸试验非常复杂昂贵，需要动用大量人力和物力，而且大多配合型号研制进行，其相关试验结果一般不予公开 (陈小伟，2009)。由于受现有试验技术、条件与研究经费的限制，进行全尺寸试验是极困难的。因此，一般地，合理的有效途径是，通过开展缩比模型试验并与全尺寸试验进行比较验证解决这一问题 (陈小伟 等，2006)。

如何在实验室实现大质量弹体的高速发射并保证正确的着弹姿态，始终是困扰研究者的发射技术难题。随弹体质量的增加，目前的发射手段分别包括轻气炮、火炮、平衡炮和火箭撬等技术，最真实的全尺寸试验则是导弹发射的实弹打靶 [陈小伟(2009)]。通过靶体迎弹面倾斜或垂直可实现正/斜 (倾角) 侵彻，但攻角侵彻的发射技术尚不成熟。由于真实侵彻的终点弹道总有一定的倾攻角，一般可通过交互式立体高速摄影确定侵彻倾攻角，但其角度幅值存在随机性。在轻气炮的近距离次口径侵彻试验中，可通过炮膛内预置攻角实现攻角非正侵彻 (Chu et al，2004)，但该技术在应用于火炮时，存在较大的安全风险。

钢筋混凝土防护结构已有通用的设计规范，如美军技术手册 TM5-1300《抗偶然爆炸结构设计手册》(1990) 和 TM5-855-1《常规武器防护设计原理》(1986)。但如何在缩比侵彻试验中进行钢筋混凝土靶体的设计，考虑不同靶体的设计等效性，以达到正确模拟实际防护结构的功能和作用，尚未有现成的设计规范或准则可用。钢筋混凝土靶设计包括靶体强度、钢筋结构与尺寸、靶体几何尺寸、靶体边界以及骨料等。靶体强度可根据设计指标或技术预期进行设置，但靶体的几何设计则需要从试验成本和试验合理性 (试验设计和试验结果) 两方面进行权衡。更进一步，钢筋结构与尺寸、配筋率等参数对侵彻的影响、尺寸效应等，都是靶体设计中需要综合考虑的。侵彻试验研究需要重点分析混凝土强度、配筋结构与尺寸、配筋率等参数对侵彻的影响，重点研究尺寸效应对钢筋混凝土介质侵彻模型靶的影响。

需要特别指出的是，目前高速侵彻试验中的相关测试技术与表征方法亟须进

一步发展 (陈小伟, 2009)。高速摄影、电磁线圈或激光测速仅能得到弹体着靶姿态及速度等信息, 无法获知弹体在靶体内的终点弹道。弹载加速度测试已可以获得全弹道最高幅值 20 万 g 左右的单轴加速度时程曲线 (何丽灵 等, 2013), 但亟须发展多轴高动载加速度计, 以获得多轴加速度时程。X 射线摄影受靶体几何限制以及无法实现连续或多帧立体拍摄, 较难推广应用于大型侵彻试验。近期发展的靶体预埋格栅 (徐伟芳 等, 2016; Xu et al, 2017) 和压力传感器、加速度计的试验测试技术有可能间接实时获得高速侵彻过程中钢筋混凝土靶体结构响应及弹体侵彻深度、轨迹等, 若进一步完善可成为较成熟技术。

总之, 钢筋混凝土的侵彻试验技术与测试方法都须大力发展, 须重点关注的是发射技术、靶体等效性设计、钢筋配筋比效应、靶体预埋格栅和压力传感器、加速度计的试验实时测试技术。

7.8　结论及建议

高应变率下材料强度增强显著影响混凝土冲击行为。应变率效应目前更多在单轴压缩时考虑, 拉伸或多轴加载时仅有限数据可用。因此, 其本构关系中应变率效应仅能简单利用经验公式或单轴试验数据进行拟合, 这在其冲击模拟时明显不足。混凝土本构关系仍然是非常有挑战的热点研究方向。

毋庸置疑, 经验公式可直观近似地应用于防护结构设计。但分析模型或数值模拟可进一步提供冲击行为的细节信息, 因此更有效地认识其过程, 是今后该领域研究的重点方向。

针对素/钢筋混凝土靶侵彻问题, 尽管前人在工程模型、理论建模、数值分析和试验研究等方面开展了大量工作, 但仍然没有完全认识其侵彻破坏机理, 仍然缺乏有效、可靠的研究方法与模拟手段, 工程设计仍然缺乏必要的理论指导。国内外目前仍缺乏素/钢筋混凝土的高速侵彻机理与规律、缩比模拟试验与测试技术、弹靶结构响应、弹道稳定性、弹体侵蚀及破坏与失效、多轴侵彻过载研究、弹体结构设计理论等诸多机理、理论和基础数据。

参 考 文 献

曹德青. 2000. 弹体侵彻钢筋混凝土. 北京: 北京理工大学博士学位论文.

陈小伟. 2007. 混凝土靶的侵彻与穿甲理论. 解放军理工大学学报, 8(5): 486-495.

陈小伟, 黄风雷, 王志华, 何丽灵. 2015. 钢筋混凝土靶侵彻破坏机理研究进展. 虞吉林, 余同希, 周凤华. 材料和结构的动态吸能. 合肥: 中国科技大学出版社, 257-266.

陈小伟, 张方举, 杨世全, 谢若泽, 高海鹰, 徐艾明, 金建明. 2006. 动能深侵彻弹的力学设计 III: 缩比实验分析. 爆炸与冲击, 26(2): 105-114.

陈小伟. 2009. 穿甲/侵彻问题的若干工程研究进展. 力学进展, 39(3): 316-351.

邓勇军, 陈小伟, 姚勇, 杨涛. 2017. 基于细观模型的刚性弹正侵彻混凝土靶的弹道偏转分析. 爆炸与冲击, 37(3): 377-386.

何丽灵, 高进忠, 陈小伟, 孙远程, 姬永强. 2013. 弹体高过载硬回收测量技术的实验探讨. 爆炸与冲击, 33(6): 608-612.

何翔, 徐翔云, 孙桂娟, 等. 2010. 弹体高速侵彻混凝土效应的实验研究. 爆炸与冲击, 30(1): 1-6.

马爱娥, 黄风雷, 初哲, 等. 2008. 弹体攻角侵彻混凝土数值模拟. 爆炸与冲击, 28(1): 33-37.

屈明, 陈小伟. 2008. 钢筋混凝土穿甲的数值模拟. 爆炸与冲击, 28(4): 341-349.

商霖, 等. 2005. 强冲击载荷作用下钢筋混凝土本构关系的研究. 固体力学学报, 26(2): 175-181.

武海军. 2003. 钢筋混凝土数值模拟研究. 北京: 北京理工大学博士学位论文.

徐伟芳, 陈小伟, 张荣, 李会敏, 黄海莹, 卢永刚. 2016. 钢筋混凝土靶体侵彻破坏响应及其原位测试技术研究. 中国科学 G: 技术科学, 46(4): 407-414.

张震宇. 2004. 钢筋混凝土板抗爆炸震塌的连续损伤模型. 中国黄山: 第三届全国爆炸力学实验技术交流会论文集.

Abrams D A. 1917. Effect of rate of application of load on the compressive strength of concrete. Proceedings ASTM, 17: 364-365.

Agardh L, Laine L. 1999. 3D FE-simulation of high-velocity fragment perforation of reinforced concrete slabs. Int J Impact Eng, 22: 911-922.

Almansa E M, Canovas M F. 1999. Behaviour of normal and steel fiber-reinforced concrete under impact of small projectiles. Cement & Concrete Research, 29: 1807-1814.

Amini A, Anderson J. 1993. Modeling of projectile penetration into geologic targets based on energy tracking and momentum impulse principles. Proceedings of the 6th International Symposium on Interaction of Non-nuclear Munitions with Structures.

Amini A. 1997. Modeling of projectile penetration into reinforced concrete targets. Proceedings of the 8th International Symposium on Interaction of the Effects of Munitions with Structures.

Anderson C E, Bodner S R. 1988. Ballistic impact: the status of analytical and numerical modelling. Int J Impact Eng, 7(1): 9-35.

Awerbuch J, Bodner S R. 1974a. Analysis of the mechanics of perforation of projectiles in metallic plates. Int J Solids and Struct, 10: 671-684.

Awerbuch J, Bodner S R. 1974b. Experimental investigation of normal perforation of projectiles in metallic plates. Int J Solids and Struct, 10: 685-699.

Ayaho M, Michael W K, Manabu F. 1991. Analysis of failure modes for reinforced concrete slabs under impulsive loads. ACI Struct J, 88(5): 538-545.

Backman M E, Goldsmith W. 1978. Mechanics of penetration of projectiles into targets. Int J Eng Sci, 16: 1-99.

Banthia N, Mindess S, Trottier J F. 1996. Impact resistance of steel fiber reinforced concrete. ACI Mater J, 93: 472-479.

Barr P. 1990. Guidelines for the design and assessment of concrete structures subjected to impact. Report, UK Atomic Energy Authority, Safety and Reliability Directorate, HMSO, London.

Berriaud C, Sokolovsky A, Gueraud R, Dulac J, Labrot R. 1978. Local behaviour of reinforced concrete walls under missile impact. Nucl Eng Des, 45: 457-469.

Bing L, Park R, Tanaka H. 2000. Constitutive behavior of high-strength concrete under dynamic loads. ACI Struct J, 97(4): 619-629.

Bless S J, Satapathy S, Normandia M J. 1999. Transverse loads on a yawed projectile. Int J Impact Eng, 23: 77-86.

Boswell L F. 1991. Some results concerning the response of reinforced concrete slabs to high velocity impact. Brighton, UK: Proc International Seminar on Structural Design for Hazardous Loads: The role of Physical Testing, 117-125.

Broadhouse B J, Neilson A J. 1987a. Modelling of reinforced concrete structures in DYNA-3D. Report AEEW-M2465, UK, Atomic Energy Authority, Winfrith.

Broadhouse B J, Neilson A J. 1987b. Modelling reinforced concrete structures in DYNA3D. London, UK: DE88705942-XAB(DYNA3D user group conference.

Broadhouse B J. 1995. The winfrith concrete model in LS-DYNA3D. Dorchester, UK: Atomic Energy Agency, AEA Technology, SPD/D(95)363.

CEB. 1988. Concrete structure under impact and impulsive loading. Synthesis Report, Bulletin D'information, No. 187, Committee Euro-International Du Beton.

Chang W S. 1981. Impact of solid missiles on concrete barriers. J Struct Div ASCE, 107(ST2): 257-271.

Chen E P. 1993a. Numerical simulation of dynamic fracture of concrete targets impacted by steel rods. Ukraine: 8th Int Conf on Fracture, DE92011655-XAB.

Chen E P. 1993b. Numerical simulation of perforation of concrete targets by steel rods// Chen E P, Luk V K. Advances in Numerical Simulation Techniques for Penetration and Perforation of Solids. New Orleans, Louisiana: ASME Winter Annual Meeting.

Chen X W, Li Q M, Zhang F J, He L L. 2010. Investigation of the structural failure of penetration projectiles. Int J Protective Structures, 1(1): 41-65.

Chen X W, Fan S C, Li Q M. 2004. Oblique and normal penetration/perforation of concrete target by rigid projectiles. Int J Impact Eng, 30(6): 617-637.

Chen X W, Li Q M. 2002. Deep penetration of a non-deformable projectile with different geometrical characteristics. Int J Impact Eng, 27(6): 619-637.

Chen X W, Li X L, Huang F L, Wu H J, Chen Y Z. 2008. Normal perforation of reinforced concrete target by rigid projectile. Int J Impact Eng, 35(10): 1119-1129.

Chu Z, Zhou G, Yang Q L. 2004. Study of the robust earth penetrator penetrating concrete target. 爆炸与冲击, 24 (2): 115-121.

Clifton J R. 1982. Penetration resistance of concrete: a review. PB82-177932.

Corbett G G, Reid S R, Johnson W. 1996. Impact loading of plates and shells by free-flying projectiles: a review. Int J Impact Eng, 18: 141-230.

Cundall P A. 1971. A computer model for simulating progressive, large scale movement in blocky rock systems. Nancy: Proc ISRM 2, 129-136.

Dancygier A N, Yankelevsky D Z, Baum H. 1999. Behavior of reinforced concrete walls with internal plaster coating under exterior hard projectile impact. ACI Mater J, 96(1): 116-125.

Dancygier A N, Yankelevsky D Z. 1996. High strength concrete response to hard projectile impact. Int J Impact Eng, 18(6): 583-599.

Dancygier A N. 1997. Effect of reinforcement ratio on the resistance of reinforced concrete to hard projectile impact. Nucl Eng Des, 172: 233-245.

Dancygier A N. 1998. Rear face damage of normal and high-strength concrete elements caused by hard projectile impact. ACI Struct J, 95: 291-304.

Dancygier A N. 2000. Scaling of non-proportional non-deforming projectiles impacting reinforced concrete barriers. Int J Impact Engn, 24: 33-55.

Degen P P. 1980. Perforation of reinforced concrete slabs by rigid missiles. J Struct Div ASCE, 106(ST7): 1623-1642.

Dilger W H, Koch R, Kowalczyk R. 1984. Ductility of plain and confined concrete under different strain rates. ACI J Proc, 81(1): 73-81.

Dube J F, Pijaudier C G, Borderie L C. 1996. Rate dependent damage model for concrete in dynamics. J Eng Mech ASCE, 122: 939-947.

Eibl J. 1987. Design of concrete structures to resist accidental impact. Structural Engineer (London), 65A(1): 27-32.

ESL-TR-57. 1987. Protective Construction Design Manual. U.S. Air Force Engineering Services Laboratory, Florida.

Evason B R, Fullard K. 1991. Methodology for assessment of high mass low velocity impacts on concrete structures. Manchester, UK: Proc Int Conf on Earthquake, Blast and Impact, 374-384.

Farag H M, Leach P. 1996. Material modelling for transient dynamic analysis of reinforced concrete structures. Int J Number Math Eng, 39(12): 2111-2129.

Forrestal M J, Altman B S, Cargile J D, Hanchak S J. 1994. An empirical equation for penetration depth of ogive-nose projectiles into concrete targets. Int J Impact Eng, 15(4): 395-405.

Forrestal M J, Cargile J D, Tzou R D Y. 1993. Penetration of concrete targets. Sandia National Laboratory, SAND-92-2513C.

Forrestal M J, Frew D J, Hanchak S J, Brar N S. 1996. Penetration of grout and concrete targets with ogive-nose steel projectiles. Int J Impact Eng, 18(5): 465-476.

Forrestal M J, Frew D J, Hickerson J P, Rohwer T A. 2003. Penetration of concrete targets with deceleration-time measurements. Int J Impact Eng, 28(5): 479-497.

Forrestal M J, Luk V K. 1988. Dynamic spherical cavity-expansion in a compressible elastic-plastic solid. Trans ASME J Appl Mech, 55: 275-279.

Forrestal M J, Okajima K, Luk V K. 1988. Penetration of 6061-T651 Aluminum Targets with rigid long rods. Trans ASME J Appl Mech, 55: 755-760.

Frew D J, Forrestal M J, Cargile J D. 2006. The effect of concrete target diameter on projectile deceleration and penetration depth. Int J Impact Eng, 32(10): 1584-1594.

Fu H C, Erki M A, Seckin M. 1991a. Review of effects of loading rate on concrete in compression. J Struct Eng ASCE, 117(12): 3645-3659.

Fu H C, Erki M A, Seckin M. 1991b. Review of effects of loading rate on reinforced concrete. J Struct Eng ASCE, 117(12): 3660-3679.

Fullard K. 1991. Interpretation of low velocity damage tests on concrete slabs. Manchester, UK: Proc Int Conf on Earthquake, Blast and Impact, 126-133.

Gold V M, Vradis G C, Pearson J C. 1996. Concrete penetration by eroding projectiles: experiments and analysis. J Eng Mech ASCE, 122: 145-152.

Goldsmith W, Polivka M, Yang T. 1966. Dynamic behaviour of concrete. Exp Mech, 6: 65-79.

Goldsmith W. 1999. Non-ideal projectile impact on targets. Int J Impact Eng, 22: 95-395.

Govindjee S, Gregory J K, Simo J C. 1995. Anisotropic modelling and numerical simulation of brittle damage in concrete. Int J Numer Analy Methods Geomech, 38: 3611-3633.

Gran J K, Florence A L, Colton J D. 1989. Dynamic triaxial tests of high-strength concrete. J Eng Mech ASCE, 115(5): 891-904.

Haldar A, Hamieh H. 1984. Local effect of solid missiles on concrete structures. J Struct Div ASCE, 110(5): 948-960.

Han D J, Chen W F. 1987. Constitutive modelling in analysis of concrete structures. J Engng Mech ASCE, 113(4): 557-593.

Hanchak S J, Forrestal M J, Young E R, Ehrgott J Q. 1992. Perforation of concrete slabs with 48MPa and 140MPa unconfined compressive strengths. Int J Impact Eng, 12(1): 1-7.

Hightower M M. 1983. Effects of curing and aging on the triaxial properties of concrete in underground structures. Colorado: Proc 1st Symp on the Interaction of Non-Nuclear Munitions with Structures, U.S. Air Force Academy, 65-68.

Holmquist T J, Johnson G R, Cook W H. 1993. A computational constitutive model for concrete subjected to large strains, high strain rate and high pressures. 14th Int Symp Ballistics, 591-600.

Huang F L, Wu H J, Jin Q K, Zhang Q M. 2005. A numerical simulation on the perforation of reinforced concrete targets. Int J Impact Eng, 32: 173-187.

Hughes B P, Watson A J. 1978. Compressive strength and ultimate strain strain of concrete under impact loading. Magazine of Concrete Research (London), 30(No.105): 189-199.

Hughes G. 1984. Hard missile impact on reinforced concrete. Nucl Engng Des, 77: 23-35.

Iremonger M J, Claber K J, Ho K Q. 1989. Small arms penetration of concrete. Florida: Proc 4th Int Symp on the Interaction of Non-Nuclear Munitions with Structures, Panama City Beach, 74-79.

Jerome D M, Tynon R T, Wilson L L, et al. 2000. Experimental observations of the stability and survivability of ogive-nosed, high-strength steel alloy projectiles in cementious materials at striking velocities from 800-1800m/sec. San Diego, CA: 3rd Joint Classified Ballistics Symposium.

Johnson W. 1972. Impact Strength of Materials. London: Edward Arnold.

Jonas G H, Zukas J A. 1978. Mechanics of penetration: analysis and experiment. Int J Eng Sci, 16: 879-903.

Kar A K. 1978. Local effects of tornado generated missiles. ASCE J Struct Div, 104(ST5): 809-816.

Kennedy R P. 1976. A review of procedures for the analysis and design of concrete structures to resist missile impact effects. Nucl Eng Des, 37: 183-203.

Kuang J S. 1991. Punching of restained reinforced concrete slabs. Dept of Engineering, Cambridge Univ, PB91-226001-XAB.

Kusano N, Aoyagi T, Aizawa J, Ueno H, Morikawa H, Kobayashi N. 1992. Impulsive local damage analyses of concrete structure by the distinct element method. Nucl Eng Des, 138: 105-110.

Li Q M, Chen X W. 2003. Dimensionless formulae for penetration depth of concrete target impacted by a non-deformable projectile. Int J Impact Eng, 28(1): 93-116.

Li Q M, Flores-Johnson E A. 2011. Hard projectile penetration and trajectory stability. Int J Impact Eng, 38(10): 815-823.

Li Q M, Reid S R, Wen H M, Telford A R. 2005. Local impact effects of hard missiles on concrete targets. Int J Impact Eng, 32(2): 224-284.

Liu Y, Ma A, Huang F L. 2009. Numerical simulations of oblique-angle penetration by deformable projectiles into concrete targets. Int J Impact Eng, 36: 438-446.

Liu Y, Huang F L, Ma A E. 2011. Numerical simulations of oblique penetration into reinforced concrete targets. Computers and Mathematics with Applications, 61: 2168-2171.

Longcope Jr. D B, Tabbara M R, Jung J. 1999. Modeling of oblique penetration into geologic targets using cavity expansion penetrator loading with target free-surface effects, SAND99-1104.

Luk V K, Forrestal M J. 1987. Penetration into semi-infinite reinforced concrete targets with spherical and ogival nose projectiles. Int J Impact Eng, 6(4): 291-301.

Macek R W, Duffey T A. 2000. Finite cavity expansion method for near surface effects and layering during earth penetration. Int J Impact Eng, 24: 239-258.

Magnier S A, Donze F V. 1998. Numerical simulations of impacts using a discrete element method. Mech Cohesive-Frict Mater, 3: 257-276.

Malvar L J, Crawford J E, Wesevich J W, Simons D. 1997. A plasticity concrete material model for DYNA-3D. Int J Impact Eng, 19(9-10): 847-873.

Malvar L J, Ross C A. 1998. Review of strain rate effects for concrete in tension. ACI Mater J, 95(6): 735-739.

Malvar L J. 1998. Review of static and dynamic properties of steel reinforcing bars. ACI Mater J, 95(5): 609-616.

Mander J B, Priestley M, Park R. 1988. Observed stress-strain behaviour of confined concrete. J Struct Eng-ASCE, 114(8): 1827-1849.

Masuya H, Kajikawa Y, Nakata Y. 1994. Application of the distinct element method to the analysis of the concrete members under impact. Nucl Eng Des, 150: 367-377.

Mays G C, Williams M S. 1992. Assessment, strengthing, harding, repair and demolition of structures. London: Military Engineering Vol 9, Ministry of Defence.

Meguro K, Hakuno M. 1989. Fracture analyses of concrete structures by the modified distinct element method. Struct Engng Earthquake Engng, 6(2): 283s-294s.

Mikkola M J, Sinisalo H S. 1982. Nonlinear dynamic analysis of reinforced concrete structures. Berlin: Proc Inter-association Symposium on Concrete under Impact and Impulsive loading, 534-547.

Mindess S, Banthia N, Cheng Y. 1987. The fracture toughness of concrete under impact loading. Cement and Concrete Research, 17: 231-241.

Mlakar P F, Vitaya-Udom K P, Cole R A. 1985. Dynamic tensile-compressive behaviour of concrete. ACI J Proc, 82(4): 484-491.

Nash P T, Zabel P H, Wenzel A B. 1985. Penetration studies into concrete and granite. New York: Response of Geologic Materials to Blast Loading and Impact, AMD-V.69, ASME, 175-181.

Ou Z C, Duan Z P, Huang F L. 2010. Analytical approach to the strain rate effect on the dynamic tensile strength of brittle materials. Int J Impact Eng, 37: 942-945.

Rice D L. 1992. Finite element analysis of concrete subjected to ordnance velocity impact. AD-A258-266-6-XAB, Doctoral Thesis.

Riera J D, Iturrioz I. 1998. Discrete elements model for evaluating impact and impulsive response of reinforced concrete plates and shells subjected to impulsive loading. Nucl Eng Des, 179: 135-144.

Riera J D. 1989. Penetration, scabbing and perforation of concrete structure hit by solid missile. Nucl Eng Des, 115: 121-131.

Sawamoto Y, Tsubota H, Kasai Y, Koshika N, Morikana H. 1998. Analytical studies on local damage to reinforced concrete structures under impact loading by discrete element method. Nucl Eng Des, 179: 157-177.

Shah S P. 1987. Strain rate effects for concrete and fiber reinforced concrete subjected to impact loading. AD-A188-659-7-XAB.

Shirai K, Ito C, Onuma H. 1994. Numerical studies of impact on reinforced concrete beam of hard missile. Nucl Eng Des, 150: 483-489.

Silling S A, Forrestal M J. 2007. Mass loss from abrasion on ogive-nose steel projectiles that penetrate concrete targets. Int J Impact Eng, 34(11): 1814-1820.

Sliter G E. 1980. Assessment of empirical concrete impact formulas. J Struct Div ASCE, 106(ST5): 1023-1045.

Soroushian P, Choi K, Alhamad A. 1986. Dynamic constitutive behaviour of concrete. ACI J Proc, 83(2): 251-258.

Suaris W, Shah S P. 1983. Properties of concrete subjected to impact. J Struct Eng ASCE, 109(7): 1727-1741.

Suaris W, Shah S P. 1984. Rate-sensitive damage theory for brittle solids. J Struct Eng ASCE, 110(6): 985-997.

Suaris W, Shah S P. 1985. Constitutive model for dynamic loading of concrete. J Struct Eng ASCE, 111(3): 563-576.

Tang T, Malvern L E, Jenkins D A. 1992. Rate effects in uni-axial dynamic compression of concrete. J Eng Mech ASCE, 118(1): 108-124.

TM5-1300《抗偶然爆炸结构设计手册》, 1990.

TM5-855-1《常规武器防护设计原理》, 1986.

Warren T L, Hanchak S J, Poormon K L. 2004. Penetration of limestone targets by ogive-nosed VAR 4340 steel projectiles at oblique angles: experiments and simulations. Int J Impact Eng, 30: 1307-1331.

Warren T L, Poormon K L. 2001. Penetration of 6061-T6511 aluminum targets by ogive-nosed VAR 4340 steel projectiles at oblique angles: experiments and simulations. Int J Impact Eng, 25: 993-1022.

Warren T L. 2002. Simulation of the penetration of limestone targets by ogive-nose 4340 steel projectiles. Int J Impact Eng, 27: 475-496.

Weerheijm J, Reinhardt H W, Postma S. 1991. Fracture modelling of concrete under lateral compression and impact tensile loading. Kyoto: Proc Int Conf on Material Response to Impact Loads.

Weerheijm J, Reinhardt H W. 1989. Modeling of concrete fracture under dynamic tensile loading. Cardiff: Proc Symp on Recent Developments in Fracture of Concrete and Rocks, 721-729.

Weerheijm J. 1992. Concrete under impact tensile loading and lateral compression. TNO

Prins Maurits Lab, Delft University of Technology.

Wilkins M L. 1978. Mechanics of Penetration and perforation. Int J Eng Sci, 16: 793-807.

Williams M S. 1994. Modeling of local impact effects on plain and reinforced concrete. ACI Struct J, 91(2): 178-187.

Winnicki A, Cichon C. 1998. Plastic model for concrete in plane stress state. I: Theory. J Eng Mech ASCE, 124(6): 591-602.

Wu H, Chen X W, Fang Q, He LL. 2014. Stability analyses of the mass abrasive projectile high-speed penetrating into concrete target. Part II: Structural stability analyses. Acta Mechanica Sinica, 30(6): 943-955.

Wu H, Chen X W, Fang Q, Kong X Z, He L L. 2015. Stability analyses of the mass abrasive projectile high-speed penetrating into concrete target. Part III: terminal ballistic trajectory analyses. Acta Mechanica Sinica, 31(4): 558-569.

Wu HJ, Wang Y N, Huang F L. 2008. Penetration concrete targets experiments with non-ideal and high velocity between 800 and 1100m/s. Int J Modern Physics B, 22(9-11): P1087-1093.

Xu W F, Chen X W, He L L, Zhang R, Li H M, Huang H Y. 2017. The in-situ measurement of the penetration responses in steel reinforced concrete target by grid measurement method. Int J Protective Structures, 8(2): 287-303.

Yankelevsky D Z, Adin M A. 1980. A simplified analytical method for soil penetration analysis. Int J Numer Anal Meth Geomech, 4: 233-254.

Yankelevsky D Z. 1997. Local response of concrete slabs to low velocity missile impact. Int J Impact Eng, 19(4): 331-343.

Yao W, Wu H J, Huang F L. 2013. Experimental investigation about dynamic bond-slip between reinforcing steel bar and concrete. Applied Mechanics and Materials, 249-250: 1073-1081.

Zhang M, Wu H J, Li Q M, Huang F L. 2009. Further investigation on the dynamic compressive strength enhancement of concrete-like materials based on split Hopkinson pressure bar tests. Part I: Experiments Int J Impact Eng, 36: 132713-132734.

第8章 素混凝土靶的侵彻与穿甲

8.1 刚性弹对素混凝土靶的撞击和侵彻

8.1.1 量纲分析

刚性弹对加筋或无筋混凝土靶的侵彻和穿甲在民用与军事应用中已得到广泛研究。Kennedy(1976) 对侵彻和穿甲混凝土厚靶的相关经验公式有一较详细的综述，覆盖了 20 世纪 70 年代前美国及欧洲的试验数据。Sliter(1980) 汇编了较低撞击速度下 (27~312 m/s) 混凝土穿甲的试验数据，并对已有经验公式进行评价。Williams (1994) 也对不同的经验公式和试验数据进行比较。Yankelevsky(1997)，Dancygier (2000)，Li and Chen(2003) 和 Li et al.(2005) 对相关侵彻深度与穿甲极限的公式也有较详细的讨论。

各种经验公式中以 Petry，ACE，UKAEA 及 Barr，或修正的 NDRC 等公式最流行。这些公式可为混凝土防护结构设计提供直接和便利的参考。但是，经验公式的以下缺点限制了它们的应用：首先，绝大多数经验公式是量纲相关的；其次，各经验公式的弹头形状因子定义各异，有必要统一各经验公式的弹头形状因子定义；最后，经验公式的适用性依赖于相关试验数据范围，绝大多数经验公式仅适用于低速至中等撞击速度的侵彻深度的分析。

对于刚性弹侵彻混凝土靶问题，其侵彻深度一般可表示为 (Li and Chen，2003)

$$X = f(M, V_i, d, N^*; \rho_c, f_c, E_c; a, r, \mu_m) \tag{8.1.1}$$

其中 M、V_i 和 d 分别是刚性弹质量、初始撞击速度和弹径；N^* 是弹头形状因子；ρ_c、E_c 和 f_c 分别是混凝土靶密度、杨氏模量及无围压单轴抗压强度；a 是卵石或骨料的特征长度；r 是钢筋平均含量；μ_m 是侵彻过程中弹靶间的滑动摩擦系数。刚性弹假设条件下，弹体的截面质量 M/d^2 是重要的，而无须考虑弹体长度，因此不再引入弹体的密度和长度。

一般地，如果假定混凝土靶为半无限的，则在侵彻分析中后边界的影响可忽略，无须引进任何有关混凝土靶的特征几何尺寸。在衡量式 (8.1.1) 中各无量纲数的作用时，我们有以下的试验观察：

(1) 绝大多数已公开的经验公式并未显性考虑钢筋和骨料的影响。Sliter(1980) 公布的侵彻试验数据中，d/a 值由 0.5~50 变化，但只观察到很弱的骨料相关性，即侵彻深度近似正比于 $(d/a)^{0.1}$。同时，试验已证明中度以下钢筋含量 (即钢筋截面平均百分比 0.3%～1.5%) 几乎不影响混凝土靶的侵彻和穿甲。当然，中度以上钢筋含量 (即钢筋截面平均百分比 1.5%～3%) 将提高穿甲阻力。

(2) 撞击速度小于 800m/s，仅有少量的弹头损伤和侵蚀，可见 Forrestal et al. (1986，1994) 的试验。这说明混凝土侵彻问题中弹靶之间的滑动摩擦仅起二阶的作用，因此大多数的理论模型分析和经验公式已忽略摩擦效应。但摩擦在侵彻过程中的平均影响仍可估计，如文献 (Jones and Rule，2000；Chen and Li，2002)。

(3) 研究表明靶材的杨氏模量对侵彻深度仅有二阶的影响，见文献 (Forrestal and Luk，1988；Luk et al，1991) 等。同时不同强度混凝土的杨氏模量值变化很小。因此，混凝土靶材的杨氏模量对侵彻深度的影响可在式 (8.1.1) 中省略。事实上各经验公式都未考虑混凝土靶材的杨氏模量影响。

因此，忽略次要影响因素，式 (8.1.1) 的量纲分析简化为 (Li and Chen，2003)

$$\frac{X}{d} = f\left(\frac{MV_{\mathrm{i}}^2}{d^3 f_{\mathrm{c}}},\ \frac{M}{\rho_{\mathrm{c}} d^3},\ N^*\right) \tag{8.1.2}$$

我们定义式 (8.1.2) 右边第一、二项分别为撞击因子和刚性弹的无量纲质量

$$I^* = \frac{MV_{\mathrm{i}}^2}{d^3 f_{\mathrm{c}}} \tag{8.1.3a}$$

$$\lambda = \frac{M}{\rho_{\mathrm{c}} d^3} \tag{8.1.3b}$$

λ 可视作刚性弹的截面质量 M/d^2 与半无限靶的截面密度 $\rho_{\mathrm{c}} d$ 的比值。这两个截面参数均已广泛应用于混凝土的侵彻和穿甲动力学，但它们都是有量纲的，因此根据这两个截面参数给出的经验公式必然是量纲相关的。冲击动力学中熟知的 Johnson 破坏数 $\Phi_{\mathrm{J}} = \rho_{\mathrm{c}} V_{\mathrm{i}}^2 / f_{\mathrm{c}}$，常用于区分冲击问题的严重程度，是与无量纲数 I^* 和 λ 相关的，也即 $\Phi_{\mathrm{J}} = I^* / \lambda$。

根据动态空腔膨胀理论，考虑侵彻阻力在弹体头部的积分效应，定义弹头形状因子 N^* 为 (Li and Chen，2003；Chen and Li，2002)

$$N^* = -\frac{8}{d^2} \int_0^h \frac{yy'^3}{1 + y'^2} \mathrm{d}x \tag{8.1.4}$$

式 (8.1.4) 用于描述侵彻过程中刚性弹弹头形状的影响，其中 $y = y(x)$ 是描述弹头形状的母线函数 (图 8.1.1)。形状因子 N^* 的定义避免了穿甲/侵彻动力学中各经验公式对弹体头部形状的含糊描述 (表 8.1.1)。常用的弹体头形，如尖卵形、截卵形、尖锥形、钝头或半球形等，其 N^* 都有简单的数学表达式 (见 1.3.1 节)。

分析表明，N^* 值越小，弹头形状越尖。一般地，弹头的形状因子有 $0 < N^* < 1$。例如，平头弹 $N^*=1$，而半球形弹 $N^*=0.5$。形状因子 N^* 的数学定义避免了侵彻与穿甲动力学中各经验公式对弹体头部形状的含糊描述，这正是常用经验公式的缺点之一。表 8.1.1 给出不同经验公式弹头形状参数与式 (8.1.4) 的比较。

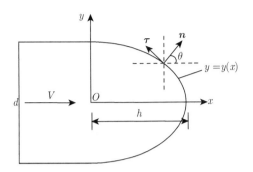

图 8.1.1 任意弹头形状的剖面形状

表 8.1.1 各经验公式中弹头形状因子的定义

弹头形状因子	取值	定义
$N_{修正的NDRC}$[a]	0.72	平头
	0.84	钝头
	1.0	半球形
	1.14	尖头
N_{Hughes}[b]	1.0	平头
	1.12	钝头
	1.26	半球形
	1.39	尖头
N_{Sandia}[c]	$0.56 + 0.183\psi$	尖卵形 ($\psi = s/d$ 为 CRH)
	$0.56 + 0.25\psi$	尖锥形 ($\psi = s/d$, s 是弹头头部长度)
N_{ACE}[d]	0.56	平头
	0.65	半球形 ($\psi = s/d = 1$)
	0.82	尖锥形 ($\psi = 1$)
	0.82	尖卵形 ($\psi = 1.4$)
	0.92	尖卵形 ($\psi = 2$)
	1.0	尖卵形 ($\psi = 2.4$)
	1.08	尖锥形 ($\psi = 2$)
	1.11	尖卵形 ($\psi = 3$)
	1.19	尖卵形 ($\psi = 1.5$)
	1.33	尖锥形 ($\psi = 3$)
N^*	公式 (8.1.4)	任意弹头形状
	$\dfrac{1}{3\psi} - \dfrac{1}{24\psi^2}$	尖卵形 ($0 < N^* < 0.5$), 其中 $\psi = s/d$ 为 CRH
	$\dfrac{1}{1 + 4\psi^2}$	尖锥形 ($0 < N^* < 1.0$), 其中 $\psi = s/d$, s 是弹头头部长度
	$1 - \dfrac{1}{8\psi^2}$	钝头/半球形 ($0.5 < N^* < 1.0$), 其中 $\psi = s/d$, s 为球形半径

[a] 适用于修正的 NDRC, UKAEA, Ammann and Whitney 公式, Haldar and Hamieh 公式, Kar 公式; [b] Hughes 公式; [c] Sandia 公式; [d] US ACE 公式

8.1.2　由 Forrestal 模型导出的无量纲数

刚性弹侵彻半无限混凝土靶的破坏包括一个锥形弹坑 (深度为 $k_c d$, 其中经验常数 k_c 的范围为 $1.5 < k_c < 2.5$) 和一个隧道区, 侵彻阻力分别在锥形弹坑区和隧道区上升及下降。根据动态空腔膨胀理论, Forrestal et al.(1994, 1996) 和 Frew et al.(1998) 半解析地提出了尖卵形刚性弹以初速 V_i 侵彻半无限混凝土靶的模型。Li and Chen(2003) 将其推广至任意头形弹丸侵彻混凝土问题。在锥形弹坑区和隧道区, 作用在弹头头部的轴向总阻力分别为

$$F = cX, \quad X < k_c d \tag{8.1.5a}$$

$$F = \frac{\pi d^2}{4} \left(\tau_0 A + N^* B \rho_c V^2 \right), \quad X/d \geqslant k_c \tag{8.1.5b}$$

根据 2.1 节的讨论, 式 (8.1.5b) 忽略摩擦效应。c 是一常数 (稍后待定), τ_0 是混凝土靶的抗剪强度, A 和 B 是混凝土靶的材料常数, V 是刚性弹的瞬时速度。

Forrestal et al.(1994) 认为, 式 (8.1.5b) 中参数 B 主要依赖于靶材的可压缩性, 其值变化很小, 例如, 混凝土 $B=1.0$, 铝合金靶 $B=1.1$, 土靶 $B=1.2$。另一方面, $\tau_0 A$ 主要依赖于靶材的抗剪强度, 不同靶材其值变化较大。Forrestal et al.(1994) 建议 $\tau_0 A = S f_c$, 其中 S 是相关于混凝土无约束抗压强度的一个经验常数。因此侵彻深度为

$$X = \sqrt{\frac{M}{c}} V_i, \quad X < k_c d \tag{8.1.6a}$$

$$X = \frac{2M}{\pi d^2 N^* \rho_c} \ln \left(1 + \frac{N^* \rho_c V_1^2}{S f_c} \right) + k_c d, \quad X/d \geqslant k_c \tag{8.1.6b}$$

其中

$$V_1^2 = \frac{M V_i^2 - \dfrac{\pi k_c d^3}{4} S f_c}{M + \dfrac{\pi k_c d^3}{4} N^* \rho_c} \tag{8.1.7a}$$

$$c = \frac{\pi d}{4k} \frac{N^* \rho V_i^2 + S f_c}{1 + \dfrac{\pi k_c d^3}{4M} N^* \rho} \tag{8.1.7b}$$

S 可由式 (8.1.6b) 求出

$$S = \frac{N^* \rho_c V_i^2}{f_c} \frac{1}{\left(1 + \dfrac{\pi k_c d^3 N^* \rho_c}{4M} \right) \exp \left[\dfrac{\pi d^2 \left(X - k_c d \right) N^* \rho_c}{2M} \right] - 1} \tag{8.1.8}$$

S 可由每次试验记录的撞击速度和侵彻深度来给出, 其值主要由混凝土无约束抗压强度 f_c 控制。经验地, 同一无约束抗压强度 f_c 混凝土的若干侵彻试验给出 S 的

平均值, 然后根据不同强度混凝土的一组 S 值定义 S-f_c 曲线; 由此反推, 利用公式 (8.1.6a) 和式 (8.1.6b) 预期其他混凝土靶的侵彻深度。根据大量的试验结果, 如图 8.1.2 所示, 可给出 S-f_c 关系的试验拟合曲线 (Forrestal et al, 1994, 1996; Frew et al, 1998; Li and Chen, 2003):

$$S = 82.6 f_c^{-0.544} \tag{8.1.9a}$$

$$S = 72.0 f_c^{-0.5} \tag{8.1.9b}$$

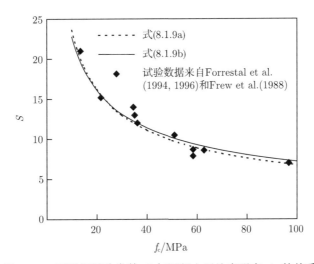

图 8.1.2 无量纲经验常数 S 与混凝土无约束强度 f_c 的关系

弹体质量有以下关系 $M \propto \rho_p d^2 L$, ρ_p 是弹材密度, L 为弹体的特征长度。因此由式 (8.1.3), 有 $\lambda \propto (\rho_p/\rho_c)(L/d)$, 表明无量纲数 λ 也代表弹靶之间相对密度关系及弹体的细长比。λ 值越大, 弹体越细长。进一步引入弹头的形状函数

$$N = \frac{\lambda}{N^*} \tag{8.1.10}$$

明显地, 较高的 N 值对应于细长且尖削的弹头, 较小 N 值则反之。

撞击函数 I 定义为撞击因子 I^* 与无量纲经验常数 S 的比值, 即

$$I = \frac{I^*}{S} \tag{8.1.11}$$

因此可推出 Forrestal et al.(1994, 1996) 模型的无量纲侵彻深度是

$$\frac{X}{d} = \sqrt{\frac{(1 + k_c\pi/4N)}{(1 + I/N)}\frac{4k_c}{\pi}I}, \quad X < k_c d \tag{8.1.12a}$$

$$\frac{X}{d} = \frac{2}{\pi} N \ln \left(\frac{1 + I/N}{1 + k_{\mathrm{c}} \pi / 4N} \right) + k_{\mathrm{c}}, \quad X/d \geqslant k_{\mathrm{c}} \tag{8.1.12b}$$

式 (8.1.12) 表明：仅两个无量纲数，即撞击函数 I 和弹头形状函数 N，控制着刚性弹侵彻混凝土靶问题。图 1.3.6 已给出 X/d 在 (I, N) 平面上的变化，它更敏感于 I 的变化。

实际应用中 $N \gg 1$，式 (8.1.12a) 和式 (8.1.12b) 可简化为

$$\frac{X}{d} = \sqrt{\frac{4k_{\mathrm{c}} I/\pi}{(1 + I/N)}}, \quad X < k_{\mathrm{c}} d \tag{8.1.13a}$$

$$\frac{X}{d} = \frac{2}{\pi} N \ln \left(+ \frac{I}{N} \right) + \frac{k_{\mathrm{c}}}{2}, \quad X/d \geqslant k_{\mathrm{c}} \tag{8.1.13b}$$

实际应用中相当多的情况对应于 $I \ll N$，式 (8.1.13a) 和式 (8.1.13b) 可进一步简化为

$$\frac{X}{d} = \sqrt{\frac{4k_{\mathrm{c}}}{\pi} I}, \quad X < k_{\mathrm{c}} d \tag{8.1.14a}$$

$$\frac{X}{d} = \frac{k_{\mathrm{c}}}{2} + \frac{2I}{\pi}, \quad X/d \geqslant k_{\mathrm{c}} \tag{8.1.14b}$$

可用单一无量纲数 I 来分析侵彻深度 X/d，这可能是多数经验公式对弹头形状因子模糊定义的缘由。须指出的是，在 $I/N \sim 1$ 或 $I/N > 1$ 情况下，两个无量纲数 I 和 N 均发挥重要作用，这时应用式 (8.1.12a) 和式 (8.1.12b) 来给出侵彻深度 X/d。Chen and Li(2001b) 证明 I 和 N 也适用于高强度混凝土靶侵彻问题。

8.2　不同侵彻和撞击深度下 I 和 N 的作用

8.2.1　深层侵彻 $(X/d > 5.0)$

图 8.2.1 给出深层侵彻 $(X/d > 5.0)$ 在不同 N 值下的系列试验数据 (Forrestal et al, 1994, 1996; Frew et al, 1998) 与分析值随 I 的变化。尽管弹头形状、靶材及初速截然不同，公式 (8.1.12b) 很好地表示了所有试验数据；因为 $I/N < 0.5$，X/d 随 I 几乎线性变化，而与 N 无关。图 8.2.2 给出截卵形弹不同 N 值下 X/d 的试验结果 (Qian et al, 2000; Chen and Li, 2001a) 与理论分析，较小 N 值显示弹头形状值得进一步优化。

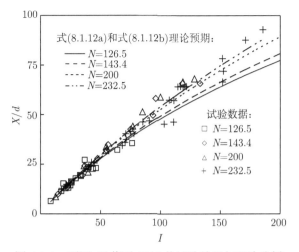

图 8.2.1 不同 N 值下 X/d 的试验结果与理论分析

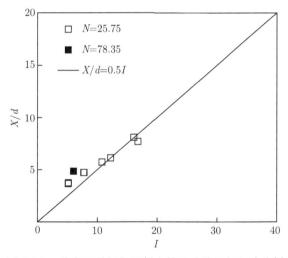

图 8.2.2 截卵形弹侵彻混凝土的试验结果与理论分析

8.2.2 浅层至中度侵彻撞击及经验公式 ($0.5 < X/d < 5$)

多数混凝土穿甲/侵彻的经验公式仅适用于浅表层至中度侵彻, 即 $X/d < 5$, 其中修正的 NDRC 公式最具代表性 (ACE 和 Barr 等与之形式接近), 在更广泛弹头形状和撞击速度范围内可给出与试验吻合的分析。使用国际单位制 [SI], 修正的 NDRC 公式给出侵彻深度

$$G\left(\frac{X}{d}\right) = \frac{3.8 \times 10^{-5} N_{\mathrm{N}} M V_{\mathrm{i}}^{1.8}}{f_{\mathrm{c}}^{0.5} d^{2.8}} \tag{8.2.1}$$

$$G\left(\frac{X}{d}\right) = \begin{cases} \left(\dfrac{X}{2d}\right)^2, & \dfrac{X}{d} < 2.0 \quad\quad (8.2.2a) \\[3mm] \left(\dfrac{X}{d}\right) - 1, & \dfrac{X}{d} \geqslant 2.0 \quad\quad (8.2.2b) \end{cases}$$

$N_{\rm N}$ 是弹头形状因子，与表 8.1.1 的 $N_{\text{修正的NDRC}}$ 相同，平头弹 $N_{\rm N}$ 是 0.72，钝头弹 $N_{\rm N}$ 是 0.84，半球形弹 $N_{\rm N}$ 是 1.0，而尖头弹 $N_{\rm N}$ 是 1.14。根据 S 的定义式 (8.1.9b)，撞击 函数改写为 $I \sim \dfrac{MV_{\rm i}^2}{d^3 f_{\rm c}^{1/2}}$，该表达式也常出现在已有经验公式中。因此，式 (8.1.14a) 和式 (8.1.14b) 可改写为 (Li and Chen，2003)

$$G\left(\frac{X}{d}\right) = \frac{2}{\pi} I = \frac{0.88 \times 10^{-5} M V_{\rm i}^2}{f_{\rm c}^{0.5} d^3} \quad\quad (8.2.3)$$

$$G\left(\frac{X}{d}\right) = \begin{cases} \left(\dfrac{X}{(\sqrt{2k_{\rm c}})d}\right)^2, & \dfrac{X}{d} < k_{\rm c} \quad\quad (8.2.4a) \\[3mm] \left(\dfrac{X}{d}\right) - \dfrac{k_{\rm c}}{2}, & \dfrac{X}{d} \geqslant k_{\rm c} \quad\quad (8.2.4b) \end{cases}$$

这与式 (8.2.1) 和式 (8.2.2a)，式 (8.2.2b) 给出的修正的 NDRC 公式非常相似。当 $k_{\rm c} = 2$ 时，式 (8.2.4a)，式 (8.2.4b) 与式 (8.2.2a)，式 (8.2.2b) 完全一致。式 (8.2.1) 和式 (8.2.3) 给出的 G 函数比值 $r_G = 4.32 N_{\rm N} (d/V_{\rm i})^{0.2}$，并且有 $3.11 (d/V_{\rm i})^{0.2} \leqslant r_G \leqslant 4.92 (d/V_{\rm i})^{0.2}$。分析表明，实际情况中 r_G 接近于 1。

在深层侵彻中，建议初始弹坑深度为 $k_{\rm c}d = 1.5 \sim 2.5\, d$ 是合适的。但对于浅表层撞击，侵彻深度与弹坑深度为同一量级，$k_{\rm c}$ 值的选取对于精确预期侵彻深度十分重要。有鉴于此，根据滑移线场理论给出弹坑深度 $k_{\rm c}$ 的近似定义。

图 8.2.3 给出平头刚性弹撞击混凝土靶的 Prandtl 滑移线场。其塑性流动区深度是 $0.707d$，因此相应的弹坑深度是 $k_{\rm c}$=0.707。对于其他弹头形状，当弹头头部侵入靶区时，假定产生的塑性失效区深度等于相应头部高度 h(图 8.2.4)。当弹体进一步侵入时，将累加平头弹的弹坑深度，因此有弹坑深度 (Li and Chen，2003)

$$k_{\rm c} = 0.707 + \frac{h}{d} \quad\quad (8.2.5)$$

该式反映了弹头形状的尖细程度的影响。特别地，平头弹 $k_{\rm c}$ =0.707，半球形弹 $k_{\rm c}$=1.207，CRH=3 尖卵形弹 $k_{\rm c}$=2.367，而 CRH=4.5 尖卵形弹 $k_{\rm c}$=2.77。

Sliter(1980) 编辑了美国和欧洲相关的试验数据以评鉴各经验公式。其文中共 145 组撞击试验数据中，103 组为实心弹，42 组是易变形的空心弹。这里我们撷取有完整侵彻信息的 82 组实心弹撞击试验数据来进行比较，其试验范围绝大多数在 $0.1< X/d <3.0$ 以内 (很少量小于 0.1，最大是 5.8)。Sliter(1980) 未给出有关弹头形

状的细节，仅假定全是平头弹，并且使用修正的 NDRC 中的 $N_N=0.72$ 去计算侵彻深度。因此我们也同样采用平头弹假定。

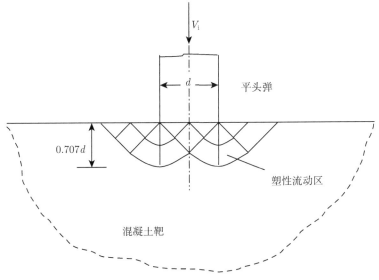

图 8.2.3 平头弹撞击混凝土靶的滑移线场

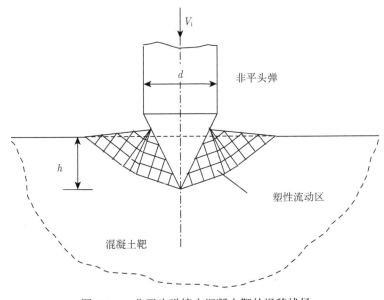

图 8.2.4 非平头弹撞击混凝土靶的滑移线场

图 8.2.5 和图 8.2.6 给出无量纲撞击函数 I 表示的试验数据，修正的 NDRC

和 Barr 公式的预期, 以及式 (8.1.12a), 式 (8.1.12b) 和 (8.1.14a), 式 (8.1.14b) 的
分析值。显然它们彼此间吻合较好。由于试验数据较散乱, 很难判断哪一公式更
合适。图 8.2.7 给出更直接的撞击深度比较。鉴于浅表层撞击深度的测量精度远小
于深层侵彻的深度测量, 而且各组试验弹头形状不确定, 我们认为式 (8.1.12a), 式
(8.1.12b) 和式 (8.1.14a), 式 (8.1.14b) 比修正的 NDRC 或 Barr 公式的物理意义更
明确, 更能准确计及弹头形状对撞击深度的影响。

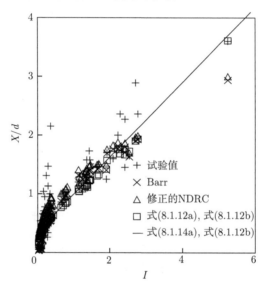

图 8.2.5　X/d 随 I 的变化 (X/d 最大至 6.0)

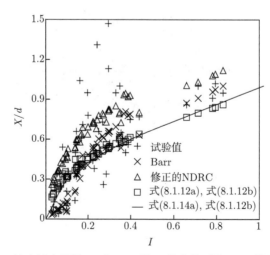

图 8.2.6　较小撞击函数 I 时 X/d 随 I 的变化 (图 8.2.5 的局部放大)

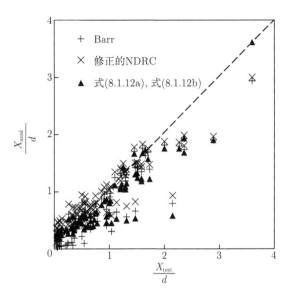

图 8.2.7　撞击深度试验值与修正的 NDRC，Barr 及式 (8.1.12a) 和式 (8.1.12b) 预期值的比较

8.2.3　表层撞击 ($X/d < 0.5$)

Sliter(1980) 注意到修正的 NDRC 和 Barr 公式对撞击深度的预期总是小于试验值。该文的图 1 并未给出全部试验数据的 X_{anal}/d 随 X_{test}/d 的变化。图 8.2.8 给出相应试验值与理论预期的比较，包括修正的 NDRC 和 Barr 公式及现在的模型。当 $X_{\mathrm{test}}/d < 0.5$ 时，平均误差显著增加。因此须对式 (8.1.14a) 和式 (8.1.14b) 作出修正。

针对图 8.2.8 所示的数据，可将曲线拟合

$$\frac{X_{\mathrm{anal}}}{X_{\mathrm{test}}} = f\left(\frac{X_{\mathrm{test}}}{d}\right) = 0.6142\left(\frac{X_{\mathrm{test}}}{d}\right)^{-0.6415}, \quad \frac{X_{\mathrm{test}}}{d} \leqslant 0.5 \qquad (8.2.6a)$$

改写为

$$\frac{X_{\mathrm{anal}}}{d} = \left(\frac{X_{\mathrm{test}}}{d}\right)f\left(\frac{X_{\mathrm{test}}}{d}\right) = 0.6142\left(\frac{X_{\mathrm{test}}}{d}\right)^{0.3585}, \quad \frac{X_{\mathrm{test}}}{d} \leqslant 0.5 \qquad (8.2.6b)$$

因此撞击深度可由下式给出：

$$\frac{X_{\mathrm{test}}}{d} = 1.628\left(\frac{X_{\mathrm{anal}}}{d}\right)^{2.789}, \quad \frac{X_{\mathrm{test}}}{d} \leqslant 0.5 \qquad (8.2.7)$$

其中 X_{anal}/d 由式 (8.1.12a)，式 (8.1.12b) 或 (8.1.14a)，式 (8.1.14b) 决定。式 (8.2.7) 与式 (8.1.12a)，式 (8.1.12b) 或 (8.1.14a)，式 (8.1.14b) 合并就给出预期 $X/d \leqslant 0.5$ 表层撞击深度的修正公式。

图 8.2.9 给出 Sliter(1980) 表层撞击的试验结果与式 (8.2.7) 预期值的比较, 其中实线对应于平头弹下限, 虚线对应于尖卵形弹 (CRH=4.5) 上限。如图所见, 如果试验数据散乱源于弹头形状的影响, 本章所建议的公式无疑将给出很好的预期。

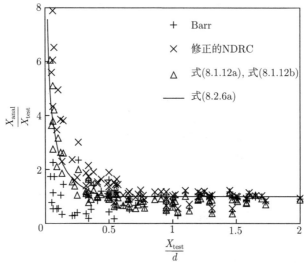

图 8.2.8   Sliter(1980) 相关数据的 $\dfrac{X_{\text{anal}}}{X_{\text{test}}}$ 与 $\dfrac{X_{\text{test}}}{d}$ 的关系

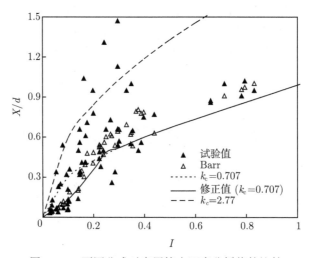

图 8.2.9   不同公式对表层撞击深度分析值的比较

8.2.4 讨论

在穿甲/侵彻动力学中, 不同的经验公式, 如修正的 NDRC、UKAEA、Ammann and Whitney、Haldar and Hamieh、Kar、Hughes、Sandia 和 ACE 公式等, 都分别

考虑了弹头形状的影响，但相应的描述和定义是不明确和容易混淆的。表 8.1.1 给出了它们的比较。各经验公式也通常仅适用于较狭窄的弹头形状范围，如截卵弹头形状通常未包括。以上分析给出的公式及一般弹头形状的定义可克服这一问题。

根据 8.1 节和 8.2 节的分析，我们给出了计算混凝土靶撞击和侵彻深度的通用公式和方法，表 8.2.1 有一简单总结。该方法适用性较广，只要弹体变形及头部侵蚀可相对忽略。它避免了在穿甲及侵彻动力学中引起较大麻烦的尺度律问题。

表 8.2.1   混凝土靶的撞击和侵彻深度的预期

	$X/d \leqslant k_\mathrm{c}^{\mathrm{a}}$	$X/d > k_\mathrm{c}$	分类
$X/d < 0.5$	式 (8.1.12a)[b] 及式 (8.2.7)，或 Barr 公式	—	表层撞击
$0.5 \leqslant X/d < 5.0$	式 (8.1.12a) 或修正的 NDRC	式 (8.1.12b)[b] 或修正的 NDRC 公式	浅层至中度撞击
$X/d \geqslant 5.0$	—	式 (8.1.14b)	深层侵彻

[a] k_c 由式 (8.2.5) 决定;

[b] 当 $N \gg 1$ 时，式 (8.1.12a)，式 (8.1.12b) 可被式 (8.1.13a)，式 (8.1.13b) 代替；当 $N \gg 1$ 及 $I/N \ll 1$ 时，由式 (8.1.14a)，式 (8.1.14b) 代替

8.1 节建议的两个无量纲数有可能将现有的各经验公式统一，更具有物理意义并且量纲无关。其定义并不局限于混凝土，也适用于金属、土壤和其他靶 (Chen and Li，2002)。另外，对于缩放比试验，试验设计和数值分析，应用 8.1 节的方法将避免重复工作。更重要的是，8.1 节建议的两个无量纲数可直接估算战斗部的战术指标和弹体形状优化是否合理。

8.3   刚性弹对素混凝土靶的斜穿甲/侵彻

8.3.1   斜穿甲/侵彻模型

根据动态空腔膨胀理论和冲塞机理，Chen(2003)，Chen and Fan(2003)，Chen et al.(2004a，b) 提出一个包括初始弹坑、孔洞扩张形成的隧道区及剪切冲塞的三阶段力学模型。对于混凝土薄靶情形，模型不考虑中间隧道区。考虑一个质量 M，弹径 d 的任意头形刚性弹以初速 V_i，初始着角 β 撞击厚度 H 的混凝土靶 (图 8.3.1)。

模型假定在初始弹坑形成阶段，因为非轴对称阻力作用而在靶体近表面发生方向角改变 δ。混凝土靶的有效厚度是 $H_\mathrm{eff} = H/\cos(\beta + \delta)$。根据动态空腔膨胀理论，当弹体头部完全进入混凝土后，仅有沿弹体轴向的阻力。按顺序地，初始弹坑形成后的撞击过程由穿甲/侵彻和剪切冲塞组成。图 8.3.1 给出撞击过程不同阶段的示意图；图 8.3.2 给出混凝土薄靶的特殊情形。对于混凝土厚靶，假定 V_* 是隧道

区结束时的速度; 对于混凝土薄靶, V_* 则是初始弹坑向剪切冲塞转变时的速度。

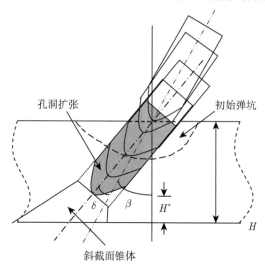

图 8.3.1　撞击过程不同阶段的示意图

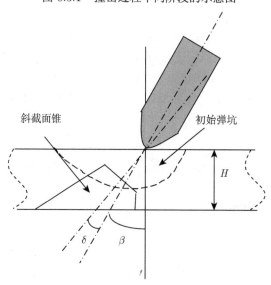

图 8.3.2　混凝土薄靶的斜穿甲 (无隧道形成)

利用垂直于弹体侵入方向的动能损耗量来计算方向角改变 δ。垂直于弹体侵入方向的撞击速度分量是

$$V_\perp = V_\mathrm{i} \sin \delta \tag{8.3.1}$$

假定方向角改变阶段的横向路径近似为圆弧, 长度是 $s_\perp$

$$s_\perp = X\delta, \quad \frac{X}{d} \leqslant k_\mathrm{c} \tag{8.3.2a}$$

$$s_\perp = k_c d\delta, \quad \frac{X}{d} > k_c \tag{8.3.2b}$$

试验结果表明在第一阶段阻力几乎随时间线性增加 (Buzaud et al, 1999)，因此我们假定平均侧向力是

$$F_{\perp\text{avg}} = \frac{1}{2} F_0 \sin\beta = \frac{1}{2} \cdot \frac{cX}{d} \cdot \sin\beta, \quad \frac{X}{d} \leqslant k_c \tag{8.3.3a}$$

$$F_{\perp\text{avg}} = \frac{1}{2} F_0 \sin\beta = \frac{1}{2} \cdot \frac{\pi d^2}{4} \left(Sf_c + N^*\rho V_i^2\right) \cdot \sin\beta, \quad \frac{X}{d} > k_c \tag{8.3.3b}$$

其中 F_0 根据式 (8.1.5a) 和式 (8.1.5b) 而来。

垂直于弹体侵入方向的动能损耗量是

$$\frac{1}{2} M V_\perp^2 = F_{\perp\text{avg}} \cdot s_\perp \tag{8.3.4}$$

式 (8.3.3a) 中侵彻深度 X/d 由后面的式 (8.3.7a) 给出，因此方向角改变 δ 可写为

$$\sin^2\delta = \delta\sin\beta \cdot \left(\frac{1}{I} + \frac{1}{N}\right) \left(1 \bigg/ \sqrt{\frac{1}{I\cos^2\delta} + \frac{1}{N}} - 1 \bigg/ \sqrt{\frac{1}{I_*} + \frac{1}{N}}\right)^2, \quad \frac{X}{d} \leqslant k_c \tag{8.3.5a}$$

$$\sin^2\delta = \delta\sin\beta \cdot \frac{k_c \pi}{4} \left(\frac{1}{I} + \frac{1}{N}\right), \quad \frac{X}{d} > k_c \tag{8.3.5b}$$

其中 $I_* = \dfrac{MV_*^2}{d^3 Sf_c}$ 的定义与 I 相近。通常情况下两个无量纲数 I 和 N 之间有关系 $N \gg I$；特别对于尖细弹体，形状函数 $N \gg 1$。因为 $I > I_*$，若方向改变角 δ 较小 ($\delta \to 0$)，进一步有

$$\delta = \sin\beta \left(1 - \sqrt{\frac{I_*}{I}}\right)^2, \quad \frac{X}{d} \leqslant k_c \tag{8.3.6a}$$

$$\delta = \frac{k_c \pi}{4} \frac{\sin\beta}{I}, \quad \frac{X}{d} > k_c \tag{8.3.6b}$$

式 (8.3.5a) 和式 (8.3.6) 定量表示了弹头形状、靶材、撞击速度及初始着角等因素的影响。易知在保证侵入稳定性前提下，撞击速度越大或弹体越尖细 (也即撞击函数 I 和形状函数 N 越大)，方向角改变 δ 越小；较小初始撞击着角 β 对应于较小的方向角改变，反之亦然。另外，当靶体足够厚至有隧道区形成时，靶体厚度不影响撞击方向角的改变。以上认识与试验观察相一致。

经历方向角改变的初始弹坑阶段，刚性弹将沿斜角 $(\beta + \delta)$ 方向侵彻并且遵守动态空腔膨胀理论，其初条件为 $V(t=0) = V_i\cos\delta$ 及 $X(t=0) = 0$。因此式 (8.1.12)～式 (8.1.14) 可分别应用于不同头形的刚性弹斜撞击混凝土靶的侵彻深度的估计，只是式中撞击函数 I 变更为 $I\cos^2\delta$。

8.3.2　混凝土靶的斜穿甲

若撞击速度足够高, 经历侵彻隧道区后, 弹体头部及混凝土背面间形成凿块 (实际为破碎块) 冲塞, 弹体随后而出。冲塞形成与剪力失效有关。正撞时冲塞可近似为锥形凿块 (半锥角是 α)。斜撞击中, 凿块近似为斜截面锥形 (图 8.3.3), 半锥角仍是 α, 但其斜截面角是 $(\beta + \delta)$。A_s 和 H^* 分别是斜截面锥形的剪切表面积和剩余厚度 (即弹体头部垂直于靶后边界的最远距离)。A_s 和 H^* 是变量 α, β 和 δ 的函数, 可由锥体的几何关系推导出 (Dancygier, 1998)。

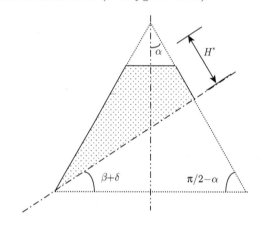

图 8.3.3　靶后斜截面锥凿块的几何示意

按 von Mises 应力, 混凝土纯剪时失效应力是 $\tau_f = f_c/\sqrt{3}$, 因此冲塞表面剪切失效的临界条件是 $F = f_c A_s \cos\alpha/\sqrt{3}$, 其中 F 由动态空腔膨胀理论给出, 右边项是总剪力沿穿甲方向的投影分量。因为混凝土是脆性材料, 一旦沿冲塞表面剪切失效满足, 凿块立即与靶体分离。因为混凝土的抗拉强度约为抗压强度的十分之一, 凿块通常碎裂为破碎块。碎裂通常是先于剪切冲塞的应力波在靶体后表面的复杂反射产生的拉伸波引起的。因此可设 V_* 是弹头穿甲后的剩余速度 V_r。

1. 剪切冲塞判据

有两种工况: 其一对应于薄靶撞击, 初始弹坑紧接剪切冲塞而无隧道区 ($X/d \leqslant k_c$, 如图 8.3.2 所示); 其二对应于完整的靶体撞击, 三阶段齐全 ($X/d > k_c$, 如图 8.3.1 所示)。

在初始弹坑和/或隧道区阶段沿斜角 $(\beta + \delta)$ 方向的无量纲侵彻深度是 $X/d = (H - H^*)\sec(\beta + \delta)/d$。针对上述不同的两种工况, 可由混凝土靶侵彻公式 (8.1.12a)

和式 (8.1.12b) 导出

$$\chi \sec(\beta+\delta)\left(1-\frac{H^*}{H}\right) = \sqrt{\frac{\dfrac{4k_c}{\pi}\left(1+\dfrac{k_c\pi}{4N}\right)}{\dfrac{1}{I\cos^2\delta}+\dfrac{1}{N}}} - \sqrt{\frac{\dfrac{4k_c}{\pi}\left(1+\dfrac{k_c\pi}{4N}\right)}{\dfrac{1}{I_*}+\dfrac{1}{N}}}, \quad \frac{X}{d}\leqslant k_c$$

(8.3.7a)

$$\chi \sec(\beta+\delta)\left(1-\frac{H^*}{H}\right) = \frac{2}{\pi}N\ln\left[\frac{N+I\cos^2\delta}{\left(1+\dfrac{k_c\pi}{4N}\right)(N+I_*)}\right] + k_c, \quad \frac{X}{d}>k_c \quad (8.3.7b)$$

其中 $\chi = H/d$ 是无量纲的混凝土靶厚。

容易知道, 冲塞表面剪切失效的临界条件是

$$F = \frac{1}{\sqrt{3}}f_c A_s \cos\alpha \qquad (8.3.8)$$

式 (8.3.8) 右边项是剪切冲塞表面的总剪力沿穿甲方向的投影分量, 左边项 F 由式 (8.1.5a) 或式 (8.1.5b) 给出, 因此有

$$\frac{f_c A_s \cos\alpha \cos(\beta+\delta)}{\sqrt{3}c\chi} = 1 - \frac{H^*}{H}, \quad \frac{X}{d}\leqslant k_c \qquad (8.3.9a)$$

$$\frac{1}{\sqrt{3}}f_c A_s \cos\alpha = \frac{\pi d^2}{4}\left(Sf_c + N^*\rho V_*^2\right), \quad \frac{X}{d}>k_c \qquad (8.3.9b)$$

利用式 (8.3.7b) 和式 (8.3.9b), 进一步可导出

$$\left(1+\frac{k_c\pi}{4N}\right)\exp\left[\frac{\pi\chi\sec(\beta+\delta)}{2N}\left(1-\frac{H^*}{H}\right)-\frac{k_c\pi}{2N}\right] = \frac{\sqrt{3}S\pi d^2}{4A_s\cos\alpha}\left(1+\frac{I\cos^2\delta}{N}\right)$$

(8.3.9c)

根据 c, δ 和 A_s 的定义, 式 (8.3.9a) 和式 (8.3.9c) 分别给出了两种工况 ($X/d\leqslant k_c$ 及 $X/d>k_c$) 下的 H^*/H 与初速 V_i 及弹靶几何的关系。明显地, 若 $N\gg I$ 且 $N\gg 1$, 式 (8.3.9a) 和式 (8.3.9c) 可变为

$$A_s\cos\alpha = \frac{\sqrt{3}\pi d^2 S\chi}{4k_c\cos(\beta+\delta)}\left(1-\frac{H^*}{H}\right), \quad \frac{X}{d}\leqslant k_c \qquad (8.3.10a)$$

$$A_s\cos\alpha = \frac{\sqrt{3}\pi d^2 S}{4}, \quad \frac{X}{d}>k_c \qquad (8.3.10b)$$

更进一步, 如果 I 足够大 (如 $I>10$), 而且弹体保持刚性假设, 对于薄混凝土靶 ($I_*/I\to 1$) 或厚混凝土靶撞击, 其方向角改变 δ 都将很小, 可视为 0。另外, A_s 和 H^*/H 将与初速 V_i 无关, 可直接由弹靶的几何关系给出。

2. 斜穿甲的终点弹道极限

当 $V_* = I_* = 0$ 时，可以得到斜穿甲的终点弹道极限。我们假定终点弹道极限是 V_{BL}，对应的撞击函数是 $I_{BL} = \dfrac{MV_{BL}^2}{d^3 S f_c}$。符号 δ_{BL}，c_{BL}，A_{sBL} 和 H_{BL}^* 分别代表 δ，c，A_s 和 H^* 在终点弹道极限时的对应值。显然，A_{sBL} 和 H_{BL}^* 必须遵守式 (8.3.10a) 和式 (8.3.10b)。

由式 (8.3.7a) 和式 (8.3.7b) 可导出

$$I_{BL} = \frac{\sec^2 \delta_{BL}}{\left[\dfrac{2c_{BL}}{f_c A_{sBL} \cos \alpha} \sqrt{\dfrac{3k}{\pi} \left(1 + \dfrac{k_c \pi}{4N} \right)} \right]^2 - \dfrac{1}{N}}, \quad \frac{X}{d} \leqslant k_c \tag{8.3.11a}$$

而对于 $\dfrac{X}{d} > k_c$,

$$I_{BL} = N \sec^2 \delta_{BL} \left\{ \left(1 + \frac{k_c \pi}{4N} \right) \exp \left[\frac{\pi \chi \sec (\beta + \delta_{BL})}{2N} \left(1 - \frac{H_{BL}^*}{H} \right) - \frac{k_c \pi}{2N} \right] - 1 \right\} \tag{8.3.11b}$$

因此刚性弹斜撞击混凝土靶的终点弹道极限是

$$V_{BL} = \sqrt{\frac{d^3 S f_c}{M} \cdot I_{BL}} \tag{8.3.12}$$

因为式 (8.3.11a) 和式 (8.3.11b) 中的 δ_{BL}，c_{BL}，A_{sBL} 及 H_{BL}^* 隐性地依赖于 V_{BL} (或 I_{BL})，故需要求解一组非线性方程以计算 V_{BL}。

当 $V_i > V_{BL}$ 时，剩余速度是

$$V_* = \sqrt{\frac{d^3 S f_c}{M} I_*} \tag{8.3.13}$$

其中 I_* 可由式 (8.3.7a) 和式 (8.3.7b) 推导

$$I_* = \left\{ \left[\sqrt{\frac{I \cos^2 \delta}{1 + I \cos^2 \delta / N}} - \left[\frac{2c}{f_c A_s \cos \alpha} \sqrt{\frac{3k_c}{\pi} \left(1 + \frac{k_c \pi}{4N} \right)} \right]^{-1} \right]^{-2} - \frac{1}{N} \right\}^{-1}, \quad \frac{X}{d} \leqslant k_c \tag{8.3.14a}$$

$$I_* = \frac{(I \cos^2 \delta + N)}{\left(1 + \dfrac{k_c \pi}{4N} \right) \exp \left[\dfrac{\pi \chi \sec (\beta + \delta)}{2N} \left(1 - \dfrac{H^*}{H} \right) - \dfrac{k_c \pi}{2N} \right]} - N, \quad \frac{X}{d} > k_c \tag{8.3.14b}$$

相似地，因为式 (8.3.14a) 和式 (8.3.14b) 中的 δ，c，A_s 及 H^* 隐性地依赖于 V_i (或 I)，故也需要求解一组非线性方程以计算 V_*。

对于细长尖头弹 ($N \gg 1$) 正/斜穿甲，这是实际应用中非常普遍的情形，可推导出更简单的终点弹道极限表达式。相关内容见 8.4 节。

8.4 细长尖头刚性弹的正/斜穿甲

8.4.1 斜穿甲情形

实际穿甲中通常选用细长尖削的弹体，如尖卵或尖锥形弹，因此常有较大值的形状函数 ($N \sim 200$) (Chen and Li, 2002；Li and Chen, 2002, 2003)。对于 $N \gg 1$ 的斜穿甲，这是实际应用中非常普遍的情形，更简单的终点弹道极限表达式推导如下。

式 (8.3.11a) 和式 (8.3.11b) 的弹道极限可简化为

$$I_{BL} = \left(\frac{A_{sBL} \cos \alpha \sec \delta_{BL}}{d^2 S} \sqrt{\frac{4k_c}{3\pi}} \right)^2, \quad \frac{X}{d} \leqslant k_c \, (\text{暗示} I_{BL} \ll N) \tag{8.4.1a}$$

$$I_{BL} = \frac{\pi \sec^2 \delta_{BL}}{2} \left[\chi \sec (\beta + \delta_{BL}) \left(1 - \frac{H_{BL}^*}{H} \right) - \frac{k_c}{2} \right], \quad \frac{X}{d} > k_c \tag{8.4.1b}$$

同时当 $\frac{X}{d} \leqslant k_c$ 时，可由式 (8.3.14a) 和式 (8.3.14b) 导出

$$I_* = \left(\sqrt{\frac{I \cos^2 \delta}{1 + \frac{I \cos^2 \delta}{N}}} - \sqrt{\frac{I_1 \cos^2 \delta}{1 + \frac{I}{N}}} \right)^2 \tag{8.4.2a}$$

而当 $\frac{X}{d} > k_c$ 时，

$$I_* = (I - I_1) \cos^2 \delta \tag{8.4.2b}$$

须注意的是，除 δ_{BL} 被由 I 决定的 δ 代替外，I_1 与式 (8.4.1a) 和式 (8.4.1b) 中的 I_{BL} 形式一样。

特殊地，若弹速小于 500m/s，撞击函数 I 通常小于或相当于 10.0，这时式 (8.4.2a) 可简化为

$$I_* = \left(\sqrt{I} - \sqrt{I_1} \right)^2 \cos^2 \delta, \quad \frac{X}{d} \leqslant k_c \tag{8.4.3}$$

另一方面，若弹体以高速撞击 ($500\text{m/s} < V_i < 1000\text{m/s}$)，$I_*$ 可仅由 I 和 N 表达，而方向角改变量 δ 近似为零。式 (8.4.2a) 和式 (8.4.2b) 则分别变为

$$I_* = \frac{\left(\sqrt{I} - \sqrt{I_1} \right)^2}{(1 + I/N)}, \quad \frac{X}{d} \leqslant k_c \tag{8.4.4a}$$

$$I_* = I - I_1, \quad \frac{X}{d} > k_c \tag{8.4.4b}$$

8.4.2　正穿甲情形

对于正穿甲情形, 有 $\beta = \delta = 0$, 其厚/薄靶两种工况分别如图 8.4.1 和图 8.4.2 所示 (Chen et al, 2004a, b)。

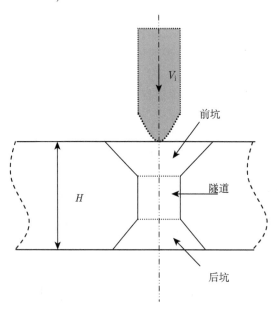

图 8.4.1　混凝土厚靶的正穿甲

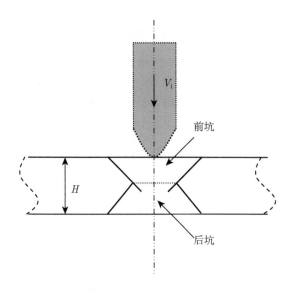

图 8.4.2　混凝土薄靶的正穿甲 (无隧道生成)

锥形冲塞剪切表面积是

$$A_{\mathrm{s}} = \frac{\chi \pi d^2}{\cos \alpha} \frac{H^*}{H} \left(1 + \chi \frac{H^*}{H} \tan \alpha \right) \tag{8.4.5}$$

A_{s} 和 H^*/H 与初速 V_{i} 无关，可由弹靶几何关系给出。

按 8.3 节分析的同样方法，正穿甲也有两种工况。其一对应于完整的靶体撞击，三阶段齐全 $(X/d > k_{\mathrm{c}}$，如图 8.4.1)；其二对应于薄靶撞击，初始弹坑紧接剪切冲塞而无隧道区 $(X/d \leqslant k_{\mathrm{c}}$，如图 8.4.2)。类似地，正穿甲的终点弹道极限和剩余速度也可相应推导，这里不再赘述。仅给出常用情形 $N \gg I$ 及 $N \gg 1$ 时，终点弹道性能如下：

$$I_{\mathrm{BL}} = \frac{\pi}{4k} \left(\chi - \frac{H_{\mathrm{BL}}^*}{d} \right)^2, \quad \frac{X}{d} \leqslant k_{\mathrm{c}} \tag{8.4.6a}$$

$$I_{\mathrm{BL}} = \frac{\pi}{2} \left[\chi \left(1 - \frac{H_{\mathrm{BL}}^*}{H} \right) - \frac{k_{\mathrm{c}}}{2} \right], \quad \frac{X}{d} > k_{\mathrm{c}} \tag{8.4.6b}$$

$$V_* = V_{\mathrm{i}} - V_{\mathrm{BL}}, \quad \frac{X}{d} \leqslant k_{\mathrm{c}} \tag{8.4.7a}$$

$$V_* = \sqrt{V_{\mathrm{i}}^2 - V_{\mathrm{BL}}^2}, \quad \frac{X}{d} > k_{\mathrm{c}} \tag{8.4.7b}$$

值得指出的是，对于不同厚度的混凝土靶体，剩余速度随撞击初速变化的理论预期是截然不同的。对于厚靶，考虑隧道区，理论预期曲线是抛物线型；对于薄靶，不考虑隧道区形成，该预期曲线是直线。

锥形冲塞高度 H_{BL}^* 由下列方程决定：

$$\frac{H_{\mathrm{BL}}^*}{H} \left(1 + \chi \frac{H_{\mathrm{BL}}^*}{H} \tan \alpha \right) = \frac{\sqrt{3} S}{4k} \left(1 - \frac{H_{\mathrm{BL}}^*}{H} \right), \quad \frac{X}{d} \leqslant k_{\mathrm{c}} \tag{8.4.8a}$$

$$\frac{H_{\mathrm{BL}}^*}{H} \left(1 + \chi \frac{H_{\mathrm{BL}}^*}{H} \tan \alpha \right) = \frac{\sqrt{3} S}{4\chi}, \quad \frac{X}{d} > k_{\mathrm{c}} \tag{8.4.8b}$$

或者

$$\frac{H_{\mathrm{BL}}^*}{d} = \frac{\sqrt{1 + \sqrt{3} S \tan \alpha \left(\dfrac{X}{k_{\mathrm{c}} d} \right)} - 1}{2 \tan \alpha}, \quad \frac{X}{d} \leqslant k_{\mathrm{c}} \tag{8.4.9a}$$

$$\frac{H_{\mathrm{BL}}^*}{d} = \frac{\sqrt{1 + \sqrt{3} S \tan \alpha} - 1}{2 \tan \alpha}, \quad \frac{X}{d} > k_{\mathrm{c}} \tag{8.4.9b}$$

混凝土的穿甲极限 (e) 定义为靶体抵挡弹体穿甲的最小厚度。换言之，对应于冲塞几近形成而弹体剩余速度恰好为 0 时的混凝土厚度。混凝土的穿甲极限 e 可

由 $e/d = X/d + H_{\rm BL}^*/d$ 获得或者有

$$\frac{e}{d} = \frac{X}{d} + \frac{\sqrt{1 + \sqrt{3}S\tan\alpha\left(\dfrac{X}{k_{\rm c}d}\right)} - 1}{2\tan\alpha}, \quad \frac{X}{d} \leqslant k_{\rm c} \tag{8.4.10a}$$

$$\frac{e}{d} = \frac{X}{d} + \frac{\sqrt{1 + \sqrt{3}S\tan\alpha} - 1}{2\tan\alpha}, \quad \frac{X}{d} > k_{\rm c} \tag{8.4.10b}$$

式中 X/d 由式 (8.1.14a) 和式 (8.1.14b) 给出。

8.5　试验分析及讨论

8.5.1　试验分析

本节将利用 8.4 节的理论预期对 Hanchak et al.(1992)，Buzaud et al.(1999) 以及新加坡南洋理工大学防护技术研究中心 (以下简称 PTRC-NTU) 的相关试验数据进行比较。一个共同的特点是，所有这些试验均采用尖卵形弹体。试验包括正斜撞击，厚薄靶体以及高、中强度混凝土等较宽试验范围。

如前所述，半锥角 α 是描述混凝土后坑凿块形状的重要参数。大量试验数据表明中等强度混凝土靶后坑凿块的半锥角通常在 $\alpha \approx \pi/3$。Dancygier(1998) 关于中、高强度混凝土靶，$\tan\alpha$ 平均值分别为 2.254 和 4.108(即 α=66.1° 或 76.3°)。有鉴于此，下面的分析对中/高强度混凝土靶分别取 $\tan\alpha$=2.254 和 $\tan\alpha$=4.108。

Hanchak et al.(1992) 正穿甲试验中，材料参数是：中强度混凝土靶，$f_{\rm c}$=48MPa 及 ρ=2440kg/m³；高强度混凝土靶，$f_{\rm c}$=140MPa 及 ρ=2520kg/m³；尖卵形弹参数是：M=0.5kg，d=25.4mm，ψ=3 (CRH)，$k_{\rm c}$=2.36，N^*=0.106，N=117.4(中强度混凝土靶) 或 N=113.7(高强度混凝土靶)；靶厚 χ=7.01，属于厚靶范围。PTRC-NTU 撞击试验的着角 β=30°，靶厚分别是 χ=5、6、8 及 11；其他相关参数是：$f_{\rm c}$=42MPa，ρ=2280kg/m³，M=3.64kg，d=50mm，ψ=3(CRH)，$k_{\rm c}$=2.05，N^*=0.106 及 N=120.0。Buzaud et al.(1999) 的试验着角 β=30°，混凝土靶厚 χ=3.75，仅稍大于 $k_{\rm c}$，属薄靶情形；其他相关参数是：$f_{\rm c}$=40MPa(NSC)，ρ=2336kg/m³，M=79.5kg，d=160mm，ψ=6 (CRH)，$k_{\rm c}$=2.69，N^*=0.054 及 N=152.7。

图 8.5.1 和图 8.5.2 分别给出 Hanchak et al.(1992) 高/中强度混凝土穿甲的剩余速度的相应分析。由于靶体较厚 (χ=7.01)，靶体后坑凿块选用不同半锥角 α 对高强度混凝土的终点弹道极限影响很小。图 8.5.3 利用各经验公式及本章模型 (式 (8.4.10a)，式 (8.4.10b) 及 $\tan\alpha$=2.254) 给出中强度混凝土穿甲极限的预期，可见式 (8.4.10a)，式 (8.4.10b) 给出的结果几乎位于各经验公式预期曲线的中央。相似地，

图 8.5.4 针对不同强度的混凝土靶，画出混凝土的穿甲极限随靶体无量纲厚度 $\chi = H/d$ 的变化。分析表明，混凝土的穿甲极限随混凝土的强度及靶体厚度而增加。

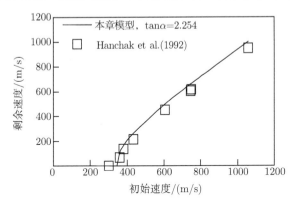

图 8.5.1 中等强度混凝土正穿甲弹道性能的试验数据及理论预期

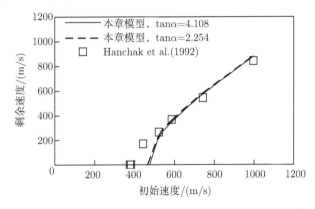

图 8.5.2 高强度混凝土正穿甲弹道性能的试验数据及理论预期

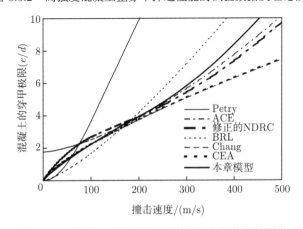

图 8.5.3 混凝土的穿甲极限随撞击速度变化的预期

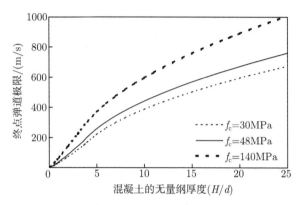

图 8.5.4　不同强度混凝土靶正撞时弹道极限随靶厚的变化

图 8.5.5 给出 PTRC-NTU 不同靶厚混凝土撞击试验的剩余速度数据及本章模型的相应预期。图 8.5.6 给出方向角改变量随初速变化的试验数据和理论预期。同样

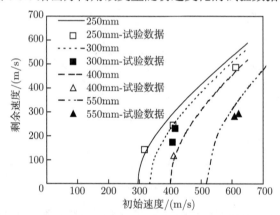

图 8.5.5　PTRC-NTU 混凝土厚靶 30° 斜撞的弹道性能的理论预期及试验数据

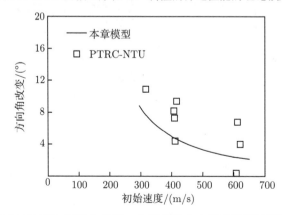

图 8.5.6　PTRC-NTU 混凝土厚靶 30° 斜撞的方向改变的理论预期及试验数据

地，图 8.5.7 和图 8.5.8 分别给出 Buzaud et al.(1999) 试验的剩余速度及方向角改变量的试验数据和理论预期。

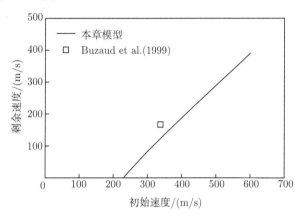

图 8.5.7 Buzaud et al.(1999) 试验混凝土薄靶 30° 斜撞的弹道性能的理论预期及试验数据

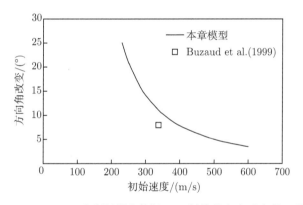

图 8.5.8 Buzaud et al.(1999) 试验混凝土薄靶 30° 斜撞的方向改变的理论预期及试验数据

值得指出的是，对于不同厚度的混凝土靶体，剩余速度随撞击初速变化的理论预期是截然不同的。对于厚靶，考虑隧道区，理论预期曲线是抛物线型，如图 8.5.1 和图 8.5.5。另一方面，对于薄靶，不考虑隧道区形成，该预期曲线是直线，如图 8.5.7。以上区别反映在不同的理论公式中，见式 (8.4.7a) 和式 (8.4.7b)。

8.5.2 讨论

以上分析表明，仅少量的无量纲数控制刚性弹正/斜穿甲混凝土靶的全过程。它们是撞击函数 I，弹头形状函数 N，靶体无量纲厚度 χ 及撞击着角 β。由此，我们分别得到相关的终点弹道性能和混凝土穿甲极限的分析表达式。另外，这些公式对试验预期与现有经验公式是相吻合的，而且其各项都有明确的物理意义。

但鉴于其假设，相关模型也存在使用的局限性。例如，该模型不能解释 "跳飞"现象。我们知道，随撞击着角增加，较之穿甲，弹体更易发生跳飞；Chen et al.(2006)进一步发展该模型讨论金属靶跳飞现象发生的临界阈值。

另外，关于 "方向角改变阶段的横向路径近似为圆弧" 的假设，仅在较小方向角改变值 δ 时成立。在保证弹头入射靶体的稳定性后，本章模型也可适用于 $\beta < \pi/3$。若撞击速度过高，如超过 1000m/s，弹头的变形及侵蚀将非常严重，刚性弹和弹道稳定的假设可能不再成立，此模型将不再适用。

特别须指出的是，该模型未考虑钢筋及卵石骨料的作用。我们已知道，中度以下钢筋含量 (即钢筋截面平均百分比 0.3%～1.5%) 和不同尺寸的卵石骨料几乎不影响混凝土靶的侵彻和穿甲。但中度以上钢筋含量 (即钢筋截面平均百分比 1.5%～3%)将明显提高穿甲阻力 (Li and Chen，2002，2003)，并严重影响弹道的稳定性。卵石骨料的特征尺寸若与弹头特征尺寸 (如弹体直径、截锥部直径等) 相当，穿甲阻力和弹道的稳定性也将明显改变。

8.6　土与混凝土组合多层靶的侵彻深度预测

土覆盖混凝土为常见地下防御工事结构，为指导实际应用，相关组合靶体防御性能研究十分必要。Chen et al.(2004a, b)，Chen(2003) 分别给出有限厚混凝土与有限厚土壤靶体正穿甲后终点弹道性能的估算公式。忽略多层靶之间的相互作用，基于已有土壤靶体与混凝土靶体侵彻的相关研究，可提出预测组合靶体 (多层土壤靶体、土覆盖混凝土组合靶体、多层混凝土靶体等) 的侵彻深度半经验预测公式。

8.6.1　组合靶体剩余速度与侵彻深度的理论预测

首先，我们忽略组合靶各靶层间的相互作用，认为它们仅与几何位置相关，则可将已有单一组成靶的研究成果应用于组合靶体的侵彻深度预测。将前一靶层的剩余速度作为下一靶层的侵彻初速度，侵彻深度为各靶层侵彻深度之和。因而问题的关键归结为计算弹体正侵彻各靶层后的剩余速度。

以土靶为例，参考 Chen(2003)，根据空腔膨胀理论，忽略摩擦力作用，可得到靶板无量纲厚度 χ 与靶层侵彻初速度 V_i、剩余速度 V_r 的关系为

$$\chi = \frac{H}{d} = \frac{2}{\pi} N_s \ln \left(\frac{1 + \dfrac{I_s}{N_s}}{1 + \dfrac{I_{rs}}{N_s}} \right) \tag{8.6.1}$$

其中，下标 s 代表土壤靶；$I_s = MV_i^2/(A_s \sigma_{ys} d^3)$ 为侵彻混凝土靶的弹头撞击函数，当 V_i 变成 V_r 时，I_s 变成 I_{rs}；$N_s = M/(B_s N^* \rho_s d^3)$ 为弹体侵彻土壤靶的弹头形状

函数，H 为靶板厚度，M 为弹体原始质量，d 为弹体直径，σ_{ys} 为靶体屈服强度，ρ_s 为靶体密度，$N^* = -\dfrac{8}{d^2} \displaystyle\int_0^h \dfrac{yy'^3}{1+y'^2} \mathrm{d}x$ 为弹头几何形状因子，A_s、B_s 为与靶体相关的材料常数，参考 Forrestal and Luk(1992)，考虑到土壤典型力学性质，可得

$$\begin{cases} A_s = \dfrac{2}{3}(1 - \ln \eta^*) & (8.6.2a) \\[3mm] B_s = (\eta^*)^{1/3} + \dfrac{3 - (\eta^*)^{1/3}(4 - \eta^*)}{2(1 - \eta^*)} & (8.6.2b) \end{cases}$$

其中，$\eta^* = 1 - \rho_s/\rho_s^*$ 为土壤自锁体应变，ρ_s^* 为产生应变自锁时对应的密度。因而由方程 (8.6.1) 可得弹体剩余速度为

$$V_r = V_i \left[\frac{1 + \dfrac{N_s}{I_s}}{\exp\left(\dfrac{\pi\chi}{2N_s}\right)} - \frac{N_s}{I_s} \right]^{1/2} = V_i \xi_1 \qquad (8.6.3)$$

其中，$\xi_1 = \left[\left(1 + \dfrac{N_s}{I_s}\right) \bigg/ \exp\left(\dfrac{\pi\chi}{2N_s}\right) - N_s/I_s \right]^{1/2}$ 为土壤对剩余速度的影响因子。

当靶层为混凝土时，可能存在两种情况：当靶板较厚时，靶体先后形成前坑、隧道区与后坑；而当靶体较薄时，靶体来不及形成隧道区，直接从前坑过渡到后坑形成阶段。这两种情形的靶体无量纲临界厚度 χ_c 为 (Chen et al, 2004a)

$$\chi_c = \frac{H_c}{d} = \frac{\sqrt{1 + \sqrt{3}S \tan \alpha_c} - 1}{2 \tan \alpha_c} + k_c \qquad (8.6.4)$$

其中，H_c 为靶体临界厚度，α_c 为后坑所成圆锥体的母线与轴心线夹角，k_c 为前坑的无量纲深度。当靶体的无量纲厚度 $\chi \leqslant \chi_c$ 时，靶体可看作薄靶；当 $\chi > \chi_c$ 时，靶体则为中厚靶。此时，它们的剩余速度 V_r 分别为 (Chen et al, 2004a)

$$V_r = V_i - V_{BL} = V_i \left(1 - \frac{V_{BL}}{V_i}\right) = V_i \xi_2, \quad \chi \leqslant \chi_c \qquad (8.6.5a)$$

$$V_r = \sqrt{V_i^2 - V_{BL}^2} = V_i \sqrt{1 - \left(\frac{V_{BL}}{V_i}\right)^2} = V_i \xi_3, \quad \chi > \chi_c \qquad (8.6.5b)$$

其中，$\xi_2 = 1 - V_{BL}/V_i$，$\xi_3 = \sqrt{1 - V_{BL}^2/V_i^2}$ 分别为薄靶与中厚靶对弹体剩余速度的影响因子。V_{BL} 为靶体弹道极限速度，定义为侵彻速度在刚好形成后坑时下降为零所对应的侵彻初速度，可表示为

$$V_{BL} = \sqrt{\frac{\pi d^3 S f_c}{4 k_c M} \left(\chi - \frac{H_{BL}^*}{d}\right)}, \quad \chi \leqslant \chi_c \qquad (8.6.6a)$$

$$V_{BL} = \sqrt{\frac{\pi d^3 S f_c}{2M}} \cdot \sqrt{\chi - \chi_c + \frac{k_c}{2}}, \quad \chi > \chi_c \tag{8.6.6b}$$

其中，f_c 为靶体无约束抗压强度。S 为与 f_c 相关的无量纲常数，可表示为 $S = 72.0 f_c^{-0.5}$，其中 f_c 的单位为 MPa (Li and Chen, 2003)。H_{BL}^* 为当侵彻速度为弹道极限速度时的后坑厚度，它的精确确定须解方程组 (Chen, 2003; Chen et al, 2004a, b)。试验发现，后坑深度一般为前坑深度的 80% 左右，工程应用中可简单取 $H_{BL}^* = 0.8 k_c d$。$N_c = M/(N^* \rho d^3)$ 为弹体侵彻混凝土靶的弹头形状函数，$I_c = MV_i^2/(S f_c d^3)$ 为弹体侵彻混凝土靶的撞击函数。

若弹体侵彻速度不足以穿透靶层，则对土壤靶层，有侵彻深度

$$X_s = \frac{2d}{\pi} N_s \ln\left(1 + \frac{I_s}{N_s}\right) \tag{8.6.7}$$

对混凝土靶层，

$$X_c = \sqrt{\frac{4k_c}{\pi} I_c}, \quad X_c \leqslant k_c d \tag{8.6.8a}$$

$$X_c = \frac{k_c}{2} + \frac{2I_c}{\pi}, \quad X_c > k_c d \tag{8.6.8b}$$

I_c 的表达式与前述相同。所涉及的混凝土侵彻深度预测公式中均采用了 $N_c \gg I_c$ 与 $N_c \gg 1$ 的假设，而一般尖卵形弹体均满足此假设；以上所有公式中的 V_i 均为对应于该层靶体的侵彻初速度，而非整个组合靶体的侵彻初速度。

综上所述，若组合靶体的层数为 ii，弹体侵彻初速度为 V_i，在侵彻第 $(j+1)$ $(j+1 \leqslant \text{ii})$ 层靶体时，弹体侵彻速度减至 0，则弹体侵彻深度可表示为

$$X = \sum_{n=1}^{j} H_n + X_{j+1} \tag{8.6.9}$$

其中，X_{j+1} 为第 $(j+1)$ 层靶体的对应侵彻深度。当第 $(j+1)$ 层为土壤时，

$$X_{j+1} = \frac{2d}{\pi} N_s \ln\left(1 + \frac{I_{s^*}}{N_s}\right) \quad \text{和} \quad I_{s^*} = \frac{MV_i^2 \prod\limits_{n=1}^{j} \xi_{m,n}^2}{A_s \sigma_{ys} d^3} \tag{8.6.10}$$

其中 $m=1, 2, 3$ 分别对应于土壤、薄混凝土与中厚混凝土。当第 $(j+1)$ 层为混凝土时，

$$X_{j+1} = \sqrt{\frac{4k_c}{\pi} I_c^*}, \quad X_{j+1} \leqslant k_c d \tag{8.6.11a}$$

$$X_{j+1} = \frac{k_c}{2} + \frac{2I_c^*}{\pi}, \quad X_{j+1} > k_c d \tag{8.6.11b}$$

其中，$I_c^* = MV_i^2 \prod\limits_{n=1}^{j} \xi_{m,n}^2/(S f_c d^3)$。由此得到土壤与混凝土组合靶的侵彻深度预测公式。

显然若第 ii 层靶体仍不能阻止弹体的侵彻运动, 穿透它时的弹体剩余速度为

$$V_{\mathrm{ii}} = V_{\mathrm{i}} \prod_{n=1}^{\mathrm{ii}} \xi_{m,n} \tag{8.6.12}$$

8.6.2 与试验结果的比较

首先比较多层土壤靶的侵彻深度预测值与试验结果, 相关弹靶参数如表 8.6.1~表 8.6.3 所示。其中工况 1~3 引自 Patterson(1969), 工况 4 引自 Forrestal and Luk(1992)。由于土壤靶自身的特点, 一般根据土壤成分、力学性质将土壤分层, 各层材料性质如表 8.6.2 和表 8.6.3 所示。其中表 8.6.2 中工况 1~3 的土壤屈服强度是所引文献强度的 10 倍, 这是因为原文献中原生土壤屈服强度均在 0.5MPa 之下, 这与常理不符。

表 8.6.1 弹体相关参数列表

	工况 1	工况 2	工况 3	工况 4
质量 M/kg	126	180	90	23.1
CRH	6	9.25	6	3
直径 d/mm	152.4	165.1	104.78	95.2

表 8.6.2 工况 1~3 的靶体相关参数列表

	层 1	层 2	层 3	层 4
自锁应变 η^*	0.38	0.4	0.12	0.011
密度 ρ/(kg/m³)	1550	1477	1934	2050
屈服强度 σ_{y}/MPa	3.1	2.07	2.07	2.07
厚度 t/m	2.4	2.4	2.4	∞

表 8.6.3 工况 4 的靶体相关参数列表

	层 1	层 2	层 3
自锁应变 η^*	0.17	0.10	0.13
密度 ρ/(kg/m³)	1860	1860	1860
剪切强度 τ/MPa	10	10	10
厚度 t/m	1.8	1.2	3.1

由方程 (8.6.9) 可得理论预测侵彻深度值, 它与试验结果的偏差罗列在表 8.6.4。其中, 工况 1~3 的剪切强度取为 $\tau_{\mathrm{s}} = \sigma_{\mathrm{s}}/3$。从表中可以看出, 大多数情况下, 预测值与试验值偏差在工程误差允许范围之内。考虑到土壤力学性质的离散性, 本章提出的侵彻深度预测已较好地预测了多层土壤靶体的侵彻深度。理论预测与试验结果比较如图 8.6.1 所示。

其他组成多层靶, 如土覆盖混凝土、多层混凝土等侵彻的试验数据匮乏, 因而不能全面检验本章提出的侵彻深度预测公式。

表 8.6.4　侵彻深度试验结果与理论预测的比较

| 侵彻速度 V_i/(m/s) | 侵彻深度 X/m | | 偏差值/% |
	试验值	预测值	
工况 1　171.6	21.96	19.37	11.79
120.6	11.94	12.75	6.76
153.6	19.71	16.98	13.84
工况 2　123	14.49	16.00	10.45
143.4	20.37	19.69	3.34
91.5	8.94	10.95	22.53
工况 3　195	29.7	32.40	9.08
183.3	25.83	30.02	16.21
工况 4　280	6.48	4.58	29.39
280	4.98	4.58	8.12
278	5.18	4.53	12.60
280	5.18	4.58	11.67
280	5.02	4.58	8.85
280	4.82	4.58	5.07

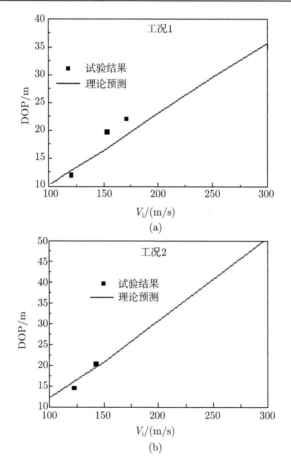

(a)

(b)

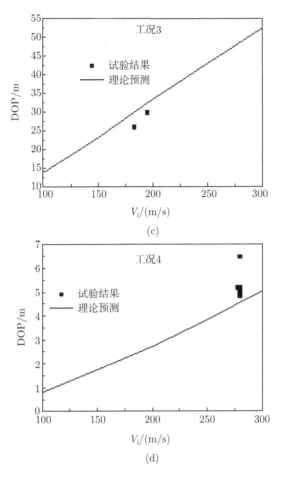

图 8.6.1 侵彻深度理论预测与试验结果的比较

从剩余速度定义可知,在弹体跨越组合靶层间界面时,弹体即将进入的靶层为有效靶层,即忽略弹体已穿透靶层对弹体的阻碍作用。故应用本章公式时,靶层厚度需至少大于弹头长度。同时,本章提出的半经验理论预测公式忽略了靶层之间的相互作用,是从简单出发所作的工程近似,此近似建立在以下分析基础之上。

若两土壤靶层相接,由土壤的类塑性力学行为可知,靶体几乎无前后坑,即此工程近似成立。靶面自由时混凝土的前后成坑现象明显,皆由压缩应力波在自由面反射为拉伸应力波,达到混凝土拉伸破坏极限所致。若土壤与混凝土层相接,土壤对混凝土靶层表面的限制作用将减小混凝土的成坑大小;若两混凝土层相接,由于材料性质相近,相互之间的限制作用对彼此的成坑影响均较大。但纵观混凝土中前后坑所占侵彻深度的比例,若混凝土层较薄,此工程近似的偏差较大;若混凝土层较厚,此工程近似即可成立。

总之，本章提出的侵彻深度预测公式预测值应较实际值大；当靶层厚度较厚时，公式预测相对较好，是对组合靶体抗侵彻性能的保守估计。而组合靶界面对侵彻深度的影响须进一步研究。

参 考 文 献

陈小伟. 2007. 混凝土靶的侵彻与穿甲理论. 解放军理工大学学报，8(5): 486-495.

陈小伟. 2009. 穿甲/侵彻问题的若干工程研究进展. 力学进展, 39(3): 316-351.

何丽灵, 陈小伟. 2010. 土与混凝土组合靶板的侵深预测. 防护工程, 32(1): 24-28.

Buzaud E, Laurensou R, Darrigade A, Belouet P, Lissayou C. 1999. Hard target defeat: an analysis of reinforced concrete perforation process. Berlin, Germany: The 9th International Symposium on Interaction of the Effects of Munitions with Structures, 283-290.

Chen X W, Fan S C, Li Q M, Wang M L. 2004a. Normal perforation of concrete panels by rigid projectiles. Cambridge, UK: International Symposium of Impact Engineering 2004 (ISIE5).

Chen X W, Fan S C, Li Q M. 2004b. Oblique and normal penetration/perforation of concrete target by rigid projectiles. Int J Impact Eng, 30(6): 617-637.

Chen X W, Fan S C. 2003. Prediction of oblique perforation of concrete target by hard projectile. Tokyo, Japan: Proceedings of the First International Conference on Design and Analysis of Protective Structures against Impact/Impulsive/Shock Loads (DAPSIL 2003).

Chen X W, Li Q M, Fan S C. 2006. Oblique perforation of thick metallic plates by rigid projectiles. ACTA Mechanic Sinica, 22: 367-376.

Chen X W, Li Q M. 2001a. Deep penetration of truncated-ogive-nose projectile into concrete target// Chiba A, Tanimura S, Hokamoto K. Impact Engineering and Applications.

Elsevier, Kumamoto, Japan: Proceedings of the 4th International Symposium on Impact Engineering (ISIE/4).

Chen X W, Li Q M. 2001b. Local impact effects on high strength concrete by a non-deformable projectile. Singapore: Proceedings of the 4th Asia-Pacific Conference on Shock and Impact Loads On Structures (SILOS/4).

Chen X W, Li Q M. 2002. Deep penetration of a non-deformable projectile with different geometrical characteristics. Int J Impact Eng, 27(6): 619-637.

Chen X W. 2003. Dynamics of metallic and reinforced concrete targets subjected to projectile impact. Nanyang Technological University. PhD Thesis.

Chen X W. 2008. On penetration/perforation of concretes struck by rigid projectiles. Sheraton New Orleans, New Orleans, LA: Proc of the 24st International Symposium on Ballistics, 2: 729-737.

Dancygier A N, Yankelevsky D Z. 1996. High strength concrete response to hard projectile impact. Int J of Impact Eng, 18(6): 583-599.

Dancygier A N. 1998. Rear face damage of normal and high-strength concrete elements caused by hard projectile impact. ACI Structural J, 95(3): 291-304.

Forrestal M J, Altman B S, Cargile J D, Hanchak S J. 1994. An empirical equation for penetration depth of ogive-nose projectiles into concrete targets. Int J Impact Eng, 15(4): 395-405.

Forrestal M J, Frew D J, Hanchak S J, Brar N S. 1996. Penetration of grout and concrete targets with ogive-nose steel projectiles. Int J Impact Eng, 18(5): 465-476.

Forrestal M J, Luk V K. 1988. Dynamic spherical cavity-expansion in a compressible elastic-plastic solid. ASME J Appl Mech, 55: 275-279.

Forrestal M J, Luk V K. 1992. Penetration into soil targets. Int J Impact Eng, 12: 427-444.

Forrestal M J. 1986. Penetration into dry porous rock. Int J Solids Struct, 22(12): 485-500.

Frew D J, Hanchak S J, Green M L, Forrestal M J. 1998. Penetration of concrete targets with ogive-nose steel rods. Int J Impact Eng, 21: 489-497.

Hanchak S J, Forrestal M J, Young E R, Ehrgott J Q. 1992. Perforation of concrete slabs with 48MPa and 140MPa unconfined compressive strength. Int J Impact Eng, 12(1): 1-7.

Jones S E, Rule W K. 2000. On the optimal nose geometry for a rigid penetrator, including the effects of pressure-dependent friction. Int J Impact Eng, 24: 403-415.

Kennedy R P. 1976. A review of procedures for the analysis and design of concrete structures to resist missile impact effects. Nucl Eng Des, 37: 183-203.

Li Q M, Chen X W. 2002. Penetration into concrete targets by a hard projectile//Jones N, Brebbia C A, Rajendran A M. Structures under shock and impact VII. Seventh International Conference on Structures under Shock and Impact(SUSI/7). Montreal, Canada, Southampton: WIT Press, 91-100.

Li Q M, Chen X W. 2003. Dimensionless formulae for penetration depth of concrete target impacted by a Non-Deformable Projectile. Int J Impact Eng, 28(1): 93-116.

Li Q M, Reid S R, Wen H M, Telford A R. 2005. Local impact effects of hard missiles on concrete targets. Int J Impact Eng, 32(2): 224-284.

Luk V K, Forrestal M J, Amos D E. 1991. Dynamics spherical cavity expansion of strain-hardening materials. ASME J Appl Mech, 58(1): 1-6.

Luk V K, Forrestal M J. 1987. Penetration into semi-finite reinforced concrete targets with spherical and ogival nose projectiles. Int J Impact Eng, 6(4): 291-301.

Patterson W J. 1969. Terradynamic results and structural performance of a 650-pound penetrator impacting at 2570 feet per second. Report No. SC-DR-69-782, Sandia Laboratories, Albuquerque, N. Mex.

Qian L, Yang Y, Liu T. 2000. A semi-analytical model for truncated-ogive-nose projectiles penetration into semi-finite concrete targets. Int J Impact Eng, 24: 947-955.

Sliter G E. 1980. Assessment of empirical concrete impact formulas. ASCE J Struct Div, 106(ST5): 1023-1045.

Williams M S. 1994. Modelling of local impact effects on plain and reinforced concrete. ACI Struct J, 91(2): 178-187.

Yankelevsky D Z. 1997. Local response of concrete slabs to low velocity missile impact. Int J Impact Eng, 19(4): 331-343.

第9章　钢筋混凝土靶穿甲和侵彻的理论建模

9.1　引　　言

钢筋混凝土广泛应用于民用建筑以及军事设施,譬如地下指挥工事、武器弹药库、油料库和机库等,是主要的抗冲击防护结构。当这些重要建筑物作为攻击目标时,如何有效摧毁目标和有效发挥防护功能成为主要关注问题。弹体侵彻素混凝土靶,在经验模型、试验研究、理论建模和数值分析方面形成了一套相对完善的设计方法 (Yankelevsky, 1997; Forrestal et al, 1994; Chen and Li, 2002; Li and Chen, 2003)。但实际的防护工程通常为钢筋混凝土结构,相对于素混凝土来说,侵彻过程中弹体所受到的阻力应该是由混凝土和钢筋共同决定的,且钢筋强度、直径、配筋间距等因素也会严重影响弹体侵彻的最终结果。

钢筋的加入使得非均匀的混凝土材料更为复杂,目前国内外对钢筋混凝土的侵彻机理认识并不完善,即便是在刚性弹正侵彻这种特殊的侵彻条件下,在侵彻阻力计算模型中如何考虑钢筋作用阻力项,也没有得到较为合理的计算方法。已有钢筋混凝土靶侵彻试验表明 (周宁 等, 2006):弹体侵彻阻力相对于素混凝土显著增加,其原因一方面是钢筋对混凝土基体起到了较好的约束作用;另一方面钢筋本身具有较高强度,当弹丸在侵彻过程中与钢筋碰撞时,钢筋的变形破坏消耗了弹丸大量能量,降低了弹体对靶体侵彻的作用。

目前国内外对钢筋混凝土介质侵彻问题的研究通常忽略钢筋或简单的等效简化钢筋作用。例如, Luk and Forrestal(1987) 给出卵形弹侵彻钢筋混凝土靶的深度公式,认为钢筋的唯一作用是阻碍混凝土径向裂纹的扩展,导致相关分析结果与试验误差超过 20%。Kennedy(1976) 及 Sliter(1980) 在预测钢筋混凝土靶侵彻阻力时,认为截面配筋率在 0.3%~1.5% 范围内,对于侵彻阻力的影响可以忽略。其他一些近似则将其等效为强度增强的均匀混凝土介质,或将其等效为混凝土和薄钢板的叠压夹层结构等,都较少涉及具体配筋对侵彻过程的影响。

值得指出的是, Amini 的弹体侵彻计算模型 (Amini and Anderson, 1993; Amini, 1997) 用于分析钢筋混凝土侵彻时,通过增加用于混凝土中钢筋延长或弯曲的能量项来模拟钢筋的影响。Riera(1989) 提出混凝土的抗拉强度对于提高侵彻阻力有明显效果,而钢筋混凝土中,钢筋主要起抗拉作用,故认为钢筋作用主要在于提高混凝土的抗拉强度值,但由于缺乏试验数据的验证而未得到进一步的研究。

随后 Barr(1990) 在计算公式中增加靶前和靶后的钢筋参数, 其主要思想在于利用钢筋性能提高钢筋混凝土靶的抗拉强度, 遗憾的是该公式基本上还是试验数据的拟合, 并未将其应用于预测侵彻阻力。Dancygier(1997) 讨论了配筋率对混凝土靶侵彻阻力的影响, 并给出了定量评价的方法, 与 Riera 类似, 采用等效抗拉强度代替钢筋的作用, 并在已有的穿甲公式中, 将配筋率作为一个变量参数。Chen et al. (2008) 在先前提出的混凝土靶穿甲三阶段模型 (Chen et al, 2004) 基础上, 将配筋率 ρ_s 和钢筋单轴拉伸强度 f_s 作为侵彻过程中的主要影响因素, 引入钢筋无量纲参数 Θ 建立了侵彻模型。与 Dancygier(1997) 类似的是, 模型中钢筋也放置在靶板后表面 (仅考虑钢筋对后坑的影响)。

综上所述, 可以看到, 尽管以上文献对钢筋混凝土侵彻问题进行了不同程度的理论建模, 但基本上都是将钢筋混凝土进行等效增强处理, 即使部分学者考虑配筋率及钢筋直接作用的影响, 但由于模型局限, 仍然尚未提出令人信服的有效、可靠的理论研究方法。对于钢筋混凝土, 钢筋将对混凝土破裂区及粉碎区产生约束并影响各区域分布, 由此显著影响侵彻阻力的积分效应, 从而影响侵彻过程中弹体的侵彻阻力。如何考虑钢筋对混凝土破裂区及粉碎区的约束及对应的空腔膨胀理论完善, 目前尚没有相关分析工作。

本章将先介绍刚性弹对钢筋混凝土的正穿甲分析模型 (Chen et al, 2008), 然后以 Forrestal and Tzou(1997) 提出的混凝土可压缩弹–塑性模型, 即弹性–粉碎区理论模型为基础, 考虑粉碎区钢筋对混凝土的环向约束作用, 给出了钢筋混凝土空腔膨胀的理论模型 (邓勇军 等, 2018; Deng et al, 2019)。

9.2　刚性弹对钢筋混凝土的正穿甲分析模型

考虑一个质量为 M, 弹径为 d 的任意凸形弹头形状的刚性弹以初速 V_i 正撞击厚度 H 的混凝土靶 (Chen et al, 2008)。撞击过程中的瞬时速度是 V。

穿甲过程有两种工况。一是对应于完整穿甲过程, 三阶段齐全, 包括初始弹坑、隧道及后坑 (图 9.2.1); 二是对应于薄靶撞击, 初始弹坑紧接剪切冲塞而无隧道区 (图 9.2.2)。

事实上, 钢筋网可以配设在混凝土靶的任意深度, 起到不同的抵抗效果。但钢筋最基本的作用就是抵抗弹丸的侵彻。因此, 本模型在计及配筋率 ρ_s 后, 考虑把钢筋配置在穿甲最后阶段, 即背面弹坑形成阶段。当失效界面 (后弹坑) 出现时, 坑内钢筋也随弹体而被拉断并变形。

钢筋混凝土靶中的侵彻过程仍沿用动态空腔膨胀理论, 而在穿甲过程中则仍视为剪切冲塞, 混凝土可形成锥形塞块。因此, 第 8 章的混凝土靶的穿甲理论模型仍然适用。

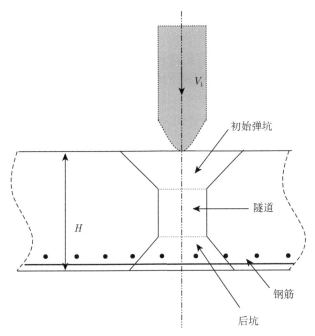

图 9.2.1 钢筋混凝土厚靶的正穿甲 (Chen et al, 2008)

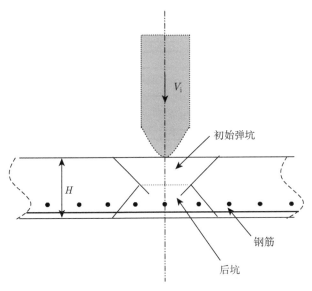

图 9.2.2 钢筋混凝土薄靶的正穿甲 (无隧道区)(Chen et al, 2008)

由前可知, 定义锥形塞块的半锥角 α 是弹体撞击方向与锥体母线之间的夹角。对素混凝土, 其值常假设为 $\alpha \approx 60°$ (Dancygier and Yankelevsky, 1996; Yankelevsky,

1997; Dancygier, 1998)。钢筋混凝土由于钢筋网的存在，锥形塞块剩余厚度减少，半锥角增加幅度也很小。本研究采用半锥角 α 的一般形式。

因为混凝土是脆性材料，一旦沿冲塞表面剪切失效满足，塞块立即与靶体分离。按 von Mises 应力，混凝土纯剪时的失效应力 (抗剪强度) $\tau_{\mathrm{f}} = f_{\mathrm{c}}/\sqrt{3}$。对于钢筋混凝土，后坑塞块与混凝土靶体的分离还包括钢筋的拉伸失效 (图 9.2.3)。因此，失效准则包括两部分，即混凝土的剪切失效和钢筋的拉伸失效。当弹头部阻力达到临界值时，就会发生剪切失效：

$$F = f_{\mathrm{c}} A_{\mathrm{s}} \cos\alpha / \sqrt{3} + 2\pi R_{\mathrm{d}} H^{*} \rho_{\mathrm{s}} f_{\mathrm{s}} \sin\alpha \qquad (9.2.1)$$

其中 A_{s} 是锥形塞块剪切表面面积，H^{*} 是该塞块剩余厚度 (即弹体头部与靶后边界的距离)。式 (9.2.1) 右边项是剪切冲塞表面的总剪力沿穿甲方向的投影分量。R_{d} 是后坑钢筋所在横截面半径，可简单表示为塞块中间截面半径。因此有

$$R_{\mathrm{d}} = \frac{d}{2} + \frac{H^{*}}{2} \tan\alpha \qquad (9.2.2)$$

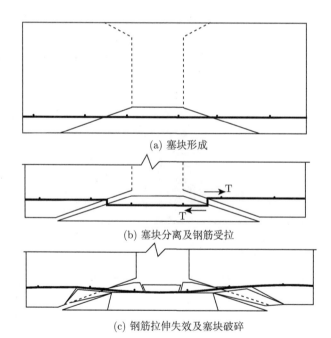

(a) 塞块形成

(b) 塞块分离及钢筋受拉

(c) 钢筋拉伸失效及塞块破碎

图 9.2.3　后靶面失效过程示意 (Dancygier, 1997)

钢筋混凝土靶穿甲过程中，除撞击函数 I，几何形状函数 N 和无量纲靶厚 χ 外，配筋率 ρ_{s} (或者面密度) 和钢筋的拉伸强度 f_{s} 也是影响穿甲的主要因素。一般地，f_{s} 表示钢筋的材料特性，ρ_{s} 表示钢筋网的几何特性，它包含了网眼尺寸、间距

和直径等的影响。因此，定义一无量纲数

$$\Theta = \sqrt{3}\chi\rho_{\mathrm{s}}\frac{f_{\mathrm{s}}}{f_{\mathrm{c}}}\sin\alpha \qquad (9.2.3)$$

后坑的失效准则 (9.2.1) 可改写为

$$F = \frac{1}{\sqrt{3}}f_{\mathrm{c}}A_{\mathrm{s}}\cos\alpha\left(1 + \Theta\frac{d}{H^{*}}\right) \qquad (9.2.4)$$

其中，$\Theta = 0$ 表示素混凝土 (Chen et al, 2004)。式 (9.2.4) 可以计算锥形塞块的剩余厚度 H^{*}。

如果 $N \gg I$ 和 $N \gg 1$，式 (9.2.4) 可进一步简化为

$$A_{\mathrm{s}}\cos\alpha\left(1 + \Theta\frac{d}{H^{*}}\right) = \frac{\sqrt{3}\pi d^{2}S\chi}{4k_{\mathrm{c}}}\left(1 - \frac{H^{*}}{H}\right), \quad \frac{X}{d} \leqslant k_{\mathrm{c}} \qquad (9.2.5\mathrm{a})$$

$$A_{\mathrm{s}}\cos\alpha\left(1 + \Theta\frac{d}{H^{*}}\right) = \frac{\sqrt{3}\pi d^{2}S}{4}, \quad \frac{X}{d} > k_{\mathrm{c}} \qquad (9.2.5\mathrm{b})$$

明显地，A_{s} 和 H^{*}/H 与初速 V_{i} 无关，可由弹靶的几何关系给出。

9.3 正穿甲终点弹道极限

事实上因为混凝土的抗拉强度约为抗压强度的十分之一，塞块通常碎裂为破碎块，破碎通常是先于剪切冲塞的应力波在靶体后表面的复杂反射产生的拉伸波引起的。因此，我们将 V_{*} 当作弹丸穿甲后的剩余速度 V_{r}。对于混凝土厚靶，假定 V_{*} 是隧道区结束时的速度，可通过动态空腔膨胀理论和冲塞模型获得。对于混凝土薄靶，V_{*} 则是初始弹坑向剪切冲塞转变时的速度。当 $V_{*} = I_{*} = 0$，可求解正穿甲的终点弹道极限。我们假定终点弹道极限是 V_{BL}，对应的撞击函数为 $I_{\mathrm{BL}} = \dfrac{MV_{\mathrm{BL}}^{2}}{d^{3}Sf_{\mathrm{c}}}$。

对于 $N \gg I$ 和 $N \gg 1$ 的正穿甲，对应于实际应用中非常普遍的情形 (Chen et al, 2004, 2008)，可推导出更为简化的终点弹道极限表达式。

$$I_{\mathrm{BL}} = \frac{4k_{\mathrm{c}}\pi}{3}\left[\frac{\chi}{S}\frac{H_{\mathrm{BL}}^{*}}{H}\left(1 + \chi\frac{H_{\mathrm{BL}}^{*}}{H}\tan\alpha\right)\right]^{2}\left(1 + \Theta\frac{d}{H_{\mathrm{BL}}^{*}}\right)^{2}, \quad \frac{X}{d} \leqslant k_{\mathrm{c}} \qquad (9.3.1\mathrm{a})$$

$$I_{\mathrm{BL}} = \frac{\pi}{2}\left[\chi\left(1 - \frac{H_{\mathrm{BL}}^{*}}{H}\right) - \frac{k_{\mathrm{c}}}{2}\right], \quad \frac{X}{d} > k_{\mathrm{c}} \qquad (9.3.1\mathrm{b})$$

锥形塞块的厚度 H_{BL}^{*} 可由求解给出

$$\frac{H_{\mathrm{BL}}^{*}}{d} = \frac{\sqrt{(1 + \Theta\tan\alpha)^{2} + \left[\sqrt{3}S\left(\dfrac{X}{k_{\mathrm{c}}d}\right) - 4\Theta\right]\tan\alpha} - (1 + \Theta\tan\alpha)}{2\tan\alpha}, \quad \frac{X}{d} \leqslant k_{\mathrm{c}} \qquad (9.3.2\mathrm{a})$$

$$\frac{H_{\mathrm{BL}}^{*}}{d} = \frac{\sqrt{(1+\Theta\tan\alpha)^2 + (\sqrt{3}S - 4\Theta)\tan\alpha} - (1+\Theta\tan\alpha)}{2\tan\alpha}, \quad \frac{X}{d} > k_{\mathrm{c}} \quad (9.3.2b)$$

根据式 (9.2.5a) 和式 (9.2.5b)，式 (9.3.2a) 还可以改写为

$$\frac{H_{\mathrm{BL}}^{*}}{d} = \frac{\sqrt{\left(1+\dfrac{\sqrt{3}S}{4k_{\mathrm{c}}}+\Theta\tan\alpha\right)^2 + \left(\dfrac{\sqrt{3}S\chi}{k_{\mathrm{c}}} - 4\Theta\right)\tan\alpha} - \left(1+\dfrac{\sqrt{3}S}{4k_{\mathrm{c}}}+\Theta\tan\alpha\right)}{2\tan\alpha},$$

$$\frac{X}{d} \leqslant k_{\mathrm{c}}$$

$$(9.3.2c)$$

式 (9.3.2c) 本质上与式 (9.3.2a) 相同。

另一方面，无量纲的混凝土靶厚应该等于最终形成的塞块厚度与初始弹坑和隧道区阶段侵彻深度的和，即

$$\chi = \frac{X}{d} + \frac{H^{*}}{d} \tag{9.3.3}$$

无论考虑还是忽略隧道区，无量纲的混凝土临界靶厚都可表示为

$$\chi_{\mathrm{c}} = \frac{H_{\mathrm{c}}}{d} = \frac{\sqrt{(1+\Theta\tan\alpha)^2 + (\sqrt{3}S - 4\Theta)\tan\alpha} - (1+\Theta\tan\alpha)}{2\tan\alpha} + k_{\mathrm{c}} \tag{9.3.4}$$

由于半锥角 α 和经验常数 S 主要受混凝土无约束抗压强度影响 (Li and Chen, 2003; Dancygier and Yankelevsky, 1996; Yankelevsky, 1997; Dancygier, 1998)，因此，χ_{c} 由混凝土强度和无量纲数 Θ 共同控制。实际上，$\dfrac{X}{d} \leqslant k_{\mathrm{c}}\left(\text{或 } I_{\mathrm{BL}} \leqslant \dfrac{k_{\mathrm{c}}\pi}{4}\right)$ 和 $\dfrac{X}{d} > k_{\mathrm{c}}\left(\text{或 } I_{\mathrm{BL}} > \dfrac{k_{\mathrm{c}}\pi}{4}\right)$ 两种临界条件，分别对应于 $\chi \leqslant \chi_{\mathrm{c}}$ 和 $\chi > \chi_{\mathrm{c}}$。χ_{c} 的引入可以用来区分混凝土薄靶和厚靶，前者的穿甲过程无隧道区。

由式 (9.3.3)，可以推导出比式 (9.3.1a) 和式 (9.3.1b) 更简化的终点弹道极限表达式

$$I_{\mathrm{BL}} = \frac{\pi}{4k_{\mathrm{c}}}\left(\frac{X}{d}\right)^2 = \frac{\pi}{4k_{\mathrm{c}}}\left(\chi - \frac{H_{\mathrm{BL}}^{*}}{d}\right)^2, \quad \chi \leqslant \chi_{\mathrm{c}} \tag{9.3.5a}$$

$$I_{\mathrm{BL}} = \frac{\pi}{2}\left(\frac{X}{d} - \frac{k_{\mathrm{c}}}{2}\right) = \frac{\pi}{2}\left(\chi - \chi_{\mathrm{c}} + \frac{k_{\mathrm{c}}}{2}\right), \quad \chi > \chi_{\mathrm{c}} \tag{9.3.5b}$$

或

$$V_{\mathrm{BL}} = \sqrt{\frac{\pi d^3 S f_{\mathrm{c}}}{4k_{\mathrm{c}} M}\left(\chi - \frac{H_{\mathrm{BL}}^{*}}{d}\right)}, \quad \chi \leqslant \chi_{\mathrm{c}} \tag{9.3.6a}$$

$$V_{\mathrm{BL}} = \sqrt{\frac{\pi d^3 S f_{\mathrm{c}}}{2M}}\sqrt{\chi - \chi_{c} + \frac{k_{\mathrm{c}}}{2}}, \quad \chi > \chi_{\mathrm{c}} \tag{9.3.6b}$$

显然, 终点弹道极限由钢筋混凝土靶的特性 (包括靶板厚度、强度及钢筋影响) 和弹丸的几何参数 (质量和直径) 共同控制。当 $\chi \leqslant \chi_c$ 时, 终点弹道极限 V_{BL} 与钢筋混凝土的无量纲靶厚 χ 存在近似线性关系。当 $\chi > \chi_c$ 时, V_{BL} 随 χ 以抛物线形式变化。

若撞击速度 $V_i > V_{BL}$, 弹丸穿甲后的剩余速度可表示为 [Chen et al.(2004)]

$$V_* = V_i - V_{BL}, \quad \chi \leqslant \chi_c \tag{9.3.7a}$$

$$V_* = \sqrt{V_i^2 - V_{BL}^2}, \quad \chi > \chi_c \tag{9.3.7b}$$

值得指出的是, 对于不同厚度的混凝土靶体, 剩余速度随撞击初速变化的理论预期是截然不同的。如式 (9.3.7a) 和式 (9.3.7b) 所示, 对于厚靶, 考虑隧道区, 理论预期曲线是抛物线型; 对于薄靶, 不考虑隧道区形成, 该预期曲线是直线。

在工程实际中, 钢筋混凝土靶的穿甲极限 e 被定义为靶体抵抗弹丸穿甲的最小厚度, 换言之, 对应于冲塞几近形成而弹体剩余速度恰好为零时的混凝土厚度。因此, 混凝土的穿甲极限 e 可由 $\dfrac{e}{d} = \dfrac{X}{d} + \dfrac{H_{BL}^*}{d}$ 获得, 或者有

$$\frac{e}{d} = \frac{X}{d} + \frac{\sqrt{(1+\Theta\tan\alpha)^2 + \left[\sqrt{3}S\left(\dfrac{X}{k_c d}\right) - 4\Theta\right]\tan\alpha} - (1+\Theta\tan\alpha)}{2\tan\alpha}, \quad \frac{X}{d} \leqslant k_c \tag{9.3.8a}$$

$$\frac{e}{d} = \frac{X}{d} + \frac{\sqrt{(1+\Theta\tan\alpha)^2 + (\sqrt{3}S - 4\Theta)\tan\alpha} - (1+\Theta\tan\alpha)}{2\tan\alpha}, \quad \frac{X}{d} > k_c \tag{9.3.8b}$$

式中 $\dfrac{X}{d}$ 为侵彻深度, 由式 (8.1.14a) 和式 (8.1.14b) 给出。

须指出的是, 如果 $\Theta = 0$, 上面所有的公式都可简化为刚性弹正穿甲素混凝土靶的情形。在工程应用中, 本节推导的弹道极限和穿甲极限, 即式 (9.3.6) 和式 (9.3.7), 比 Li and Tong(2003) 与 Chen et al.(2004) 的模型更加简洁。

9.4 试 验 分 析

Dancygier(1997) 的试验目的是比较不同配筋率的靶板对刚性弹撞击的响应。钢筋网眼为编织型和非编织型两种。50mm 和 60mm 厚的样本中, 钢筋直径分别从 0.5mm 变化到 5mm, 间距也发生变化, 钢筋配筋率从 0.12% 增加到 1.82%。混凝土单轴压缩强度 $f_c = 34\sim39$ MPa (100mm×100mm×100mm 立方体), 如表 9.4.1 所示。尖锥形弹的几何形状参数是: $M = 0.165$kg, $d = 25$mm, $h = 35$mm (头部高), $k_c = 2.107$, $N^* = 0.113$ 和 $N = 40.6$。所有靶板的无量纲厚度是 $\chi = 2$ 或 $\chi = 2.4$, 靶体属于薄靶情形。

表 9.4.1 给出了 Dancygier(1997) 相关试验数据和弹道极限的理论预测，包括贯穿和未贯穿靶板时弹丸的撞击速度 V_i 和弹道极限 V_{BL}。Dancygier(1997) 认为弹丸完全侵入靶板即为穿甲，弹道极限则为弹丸在靶板上产生穿孔的撞击初速。

表 9.4.1   弹道极限的试验值与理论预期的比较 (Dancygier, 1997)

试验编号	H/mm	ρ_s/%	f_c/MPa	f_s/MPa	V_i/(m/s) 未贯穿	V_{BL}/(m/s) 试验值	V_i/(m/s) 贯穿	V_{BL}/(m/s) 模型分析值
A4-5-R	50	0.16	35	382	140	—	158	182.5
A3-5-R	50	0.36	35	382	159	165	—	185.5
A8-5-R	50	0.49	39	316	160	—	—	192.1
A2-5-R	50	0.71	35	183	209	222	—	185.2
A7-5-R	50	0.92	39	316	171	—	—	197.0
A5-5-R	50	1.82	39	534	202	—	221	217.4
A6-5-R	50	1.82	35	473	—	—	191	209.5
A4-6-R	60	0.12	39	382	228	—	—	238.8
A3-6-R	60	0.29	35	382	208	—	224	234.4
A2-6-R	60	0.57	35	183	—	232	242	234.1
A5-6-R	60	1.46	39	534	—	—	279	266.9
A6-6-R	60	1.46	35	473	—	236	248	257.7
B11-5-R	50	0.2	35	650	—	—	147	185.2
B12-5-R	50	0.2	34	600	126	—	141	183.3
B13-5-R	50	0.2	35	450	146	—	219	183.6
B22-5-R	50	0.99	34	600	181	210	251	200.2
B51-5-R	50	0.15	34	650	157	—	158	182.4
B52-5-R	50	0.26	34	600	148	—	159	184.7
B53-5-R	50	0.61	35	450	158	—	165	190.7
B61-5-R	50	0.61	34	650	157	162	253	193.6

图 9.4.1 和图 9.4.2 分别定量给出了 50mm 和 60mm 厚混凝土靶的配筋率与穿甲速度关系，包括 Dancygier(1997) 试验数据与理论预期，修正的 NDRC，Hughes 和 Barr 公式及 9.3 节的模型分析。混凝土等效强度 $f_c = 20.7$MPa，钢筋平均屈服强度 $f_s = 500$MPa。9.3 节模型分别画出两条等效单轴强度曲线 $f_c = 35.5$MPa 和 $f_c = 20.7$MPa。从图 9.4.1 和图 9.4.2 看出，试验得到的穿甲速度比 Dancygier(1997) 理论预测值高，更接近 9.3 节模型的曲线。因此，9.3 节模型较之修正的 NDRC，Hughes 和 Barr 公式等与试验比较更一致。定量分析表明，配筋率越高，穿甲速度或穿甲阻力也越高。

图 9.4.3 表示不同配筋率下混凝土弹道极限与混凝土强度 f_c 的关系。同样表明，弹道极限随混凝土强度和配筋率的增加而增加。因此，钢筋的配筋率和混凝土强度是影响混凝土穿甲/侵彻的主要因素。

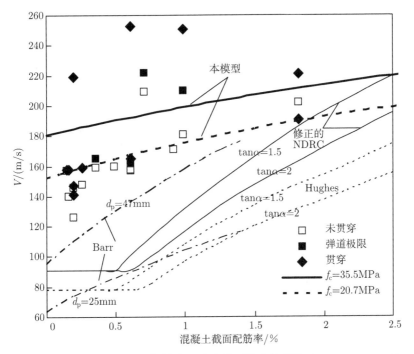

图 9.4.1　50mm 厚混凝土靶的穿甲速度随配筋率的变化 (Dancygier, 1997)

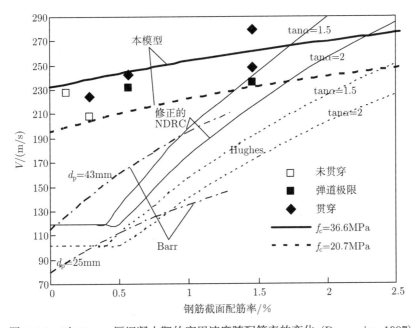

图 9.4.2　对 60mm 厚混凝土靶的穿甲速度随配筋率的变化 (Dancygier, 1997)

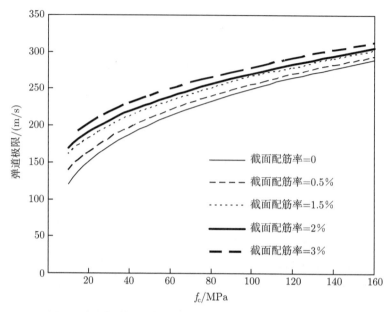

图 9.4.3　不同配筋率下弹道极限随混凝土强度 f_c 的变化

根据 9.2 节的分析, 无量纲数 Θ 与配筋率 ρ_s 和钢筋拉伸强度 f_s 都相关。一般地, Θ 可表示钢筋网的特性。图 9.4.4 给出了无量纲数 Θ 对后坑锥形塞块的无量

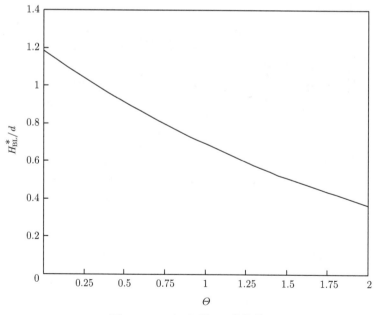

图 9.4.4　H_{BL}^*/d 随 Θ 的变化

纲厚度 H^*_{BL}/d 的影响。随 Θ 值的增加，即配筋率 ρ_{s} 或钢筋拉伸强度 f_{s} 增加，后坑锥形塞块的无量纲厚度 H^*_{BL}/d 明显下降。这说明钢筋的存在显著减小了后坑体积，可能会限制破碎区深度和混凝土碎片尺寸。

9.5 钢筋混凝土靶侵彻模型的钢筋因素

9.5.1 钢筋的简化及引入

防护工程中，钢筋通常分层布置在混凝土不同位置，这里假设钢筋混凝土靶为图 9.5.1 所示的配筋结构，在弹体沿 z 轴正侵彻情况下，建立刚性弹体侵彻钢筋混凝土的理论模型 (邓勇军 等, 2018; Deng et al, 2019)。作以下假设：

(1) 对于弹性–粉碎区模型，假设弹性区钢筋对混凝土的约束作用可以忽略，仅考虑粉碎区以内的钢筋对混凝土的约束作用，且粉碎区以内钢筋全部受拉屈服。

(2) 仅考虑钢筋的环向约束作用，不考虑径向作用。

(3) 暂不考虑弹体直接撞击钢筋的阻力作用。

9.5.2 钢筋的约束作用

设钢筋混凝土部分的尺寸为：$\tilde{V}_{\mathrm{vol}} = B \times L \times H$ (图 9.5.1)，共 m 层钢筋分层水平布置在靶体中，层间距为 H_1，各层钢筋呈网格形式布置，网格尺寸为 $a_{\mathrm{s}} \times a_{\mathrm{s}}$ (图 9.5.2)，钢筋直径为 d_{s}。

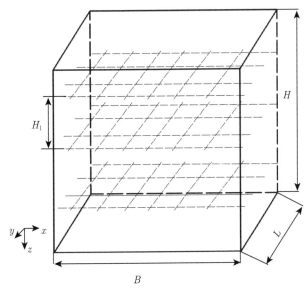

图 9.5.1　钢筋混凝土靶示意图

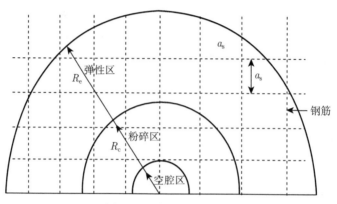

图 9.5.2　靶体钢筋布置

钢筋混凝土结构通常采用体积 (或截面) 配筋率描述钢筋配置情况, 其中体积配筋率即单位体积中的钢筋含量。根据假设, 可知体积配筋率表达式为

$$\gamma_{\text{vol}} = \cfrac{\cfrac{B \times L}{a_{\text{s}} \times a_{\text{s}}} \times \cfrac{\pi}{4} d_{\text{s}}^2 \times a_{\text{s}} \times 2 \times m}{B \times L \times H} = \frac{m\pi d_{\text{s}}^2}{2 a_{\text{s}} H} \tag{9.5.1a}$$

由于钢筋网格沿 x, y 轴方向均为等间距 $(a_{\text{s}} \times a_{\text{s}})$ 布置, 则体积配筋率与 x, y 轴方向的截面配筋率有以下关系:

$$\gamma_x = \gamma_y = \frac{1}{2}\gamma_{\text{vol}} \tag{9.5.1b}$$

弹体侵彻钢筋混凝土过程中, 粉碎区以内的钢筋受空腔膨胀作用, 变形示意如图 9.5.3 所示。由于钢筋与混凝土材料性质存在差异, 膨胀过程中混凝土向外扩张的变形量大于钢筋向外扩张的变形量, 导致钢筋对附近的混凝土产生环向约束作用, 使混凝土处于三向受压状态。根据粉碎区以内钢筋的变形示意及假设, 认为粉碎区以内每根钢筋均受拉达到屈服应力, 即有 $\sigma_{\text{s}}^{\text{p}}(\xi) = -f_{\text{s}}$; $\sigma_{\text{s}}^{\text{p}}(\xi)$ 表示粉碎区每根钢筋上的应力, 上标 p 表示塑性区 (粉碎区), f_{s} 为钢筋屈服强度, 负号表示受拉。

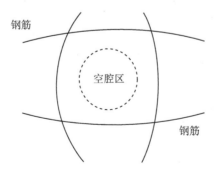

图 9.5.3　膨胀过程中钢筋变形示意图

在钢筋混凝土中选取微元体 $dB \times dL \times dH$ (图 9.5.4), 建立钢筋与混凝土在微元体上的力平衡关系, 得到粉碎区钢筋带来的混凝土等效环向应力 (以 x 方向为例):

$$dA \cdot \bar{\sigma}_{\theta s}^{p} = dA \cdot \gamma_x \sigma_s^{p}(\xi) \tag{9.5.2a}$$

$\bar{\sigma}_{\theta s}^{p}$ 表示钢筋约束作用带来的混凝土等效环向应力, dA 为微元体中 x 方向横截面面积。

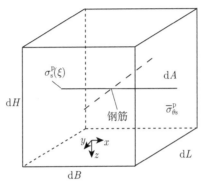

图 9.5.4 钢筋混凝土微元

由式 (9.5.1b) 及式 (9.5.2a) 可得

$$\bar{\sigma}_{\theta s}^{p} = \frac{\gamma_{vol}}{2}\sigma_s^{p}(\xi) \tag{9.5.2b}$$

9.6 钢筋混凝土靶侵彻的弹性–粉碎区理论

1997 年 Forrestal and Tzou(1997) 在球形空腔膨胀理论基础上, 给出了完整的素混凝土侵彻理论模型, 最简单的是弹性–粉碎区模型, 如图 9.6.1 所示, 其中 V_c 是空腔边界速度 (与侵彻速度相关), c 表示粉碎区–弹性区界面传播速度, c_d 是弹性区边界传播速度 (为一维应变下的弹性体波波速)。

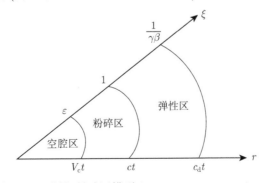

图 9.6.1 弹性–粉碎区模型 [Forrestal and Tzou(1997)]

考虑混凝土材料可压缩性时，其粉碎区采用线性压力-体应变关系和 Mohr-Coulomb 屈服准则描述，弹性区由杨氏模量 E 和泊松比 ν 确定。

$$p = K(1 - \rho_0/\rho) = K\eta \tag{9.6.1a}$$

$$p = (\sigma_r + \sigma_\theta + \sigma_\phi)/3, \quad \sigma_\theta = \sigma_\phi \tag{9.6.1b}$$

$$\sigma_r - \sigma_\theta = \lambda p + \tau, \quad \tau = [(3 - \lambda)/3]Y \tag{9.6.1c}$$

p 为静水压力；ρ_0, ρ 分别为变形前、后的材料密度；η 为体积应变；K 为体积模量，且有 $E = 3K(1 - 2\nu)$；σ_r、$\sigma_\theta(\sigma_\phi)$ 分别为径向、环向柯西应力 (压为正)；λ 和 τ 分别为压力硬化系数和内聚力；Y 为单轴抗压强度。

考虑钢筋约束作用下，如图 9.5.2 所示，在欧拉球坐标系下建立钢筋混凝土粉碎区的质量及动量守恒方程：

$$\rho \left(\frac{\partial v}{\partial r} + \frac{2v}{r} \right) = -\left(\frac{\partial \rho}{\partial t} + v \frac{\partial \rho}{\partial r} \right) \tag{9.6.2a}$$

$$\frac{\partial \sigma_r}{\partial r} + \frac{2}{r}(\sigma_r - \sigma_{\theta\mathrm{sc}}) = -\rho \left(\frac{\partial v}{\partial t} + v \frac{\partial v}{\partial r} \right) \tag{9.6.2b}$$

此时

$$\sigma_{\theta\mathrm{sc}} = \sigma_\theta + \bar{\sigma}_{\theta\mathrm{s}}^p \tag{9.6.2c}$$

其中，v 为粒子速度 (径向为正)，$\sigma_{\theta\mathrm{sc}}$ 下标 sc (steel concrete) 表示钢筋混凝土，σ_θ 为素混凝土环向应力，$\bar{\sigma}_{\theta\mathrm{s}}^p$ 为粉碎区钢筋对混凝土约束作用的等效环向应力。

对于钢筋混凝土，ρ_0 表示钢筋混凝土变形前的密度，其表达式为

$$\rho_0 = \rho_\mathrm{s} \gamma_\mathrm{vol} + \rho_\mathrm{c}(1 - \gamma_\mathrm{vol}) \tag{9.6.2d}$$

其中 γ_vol 为体积配筋率，ρ_s、ρ_c 分别为变形前钢筋和混凝土的密度。

当考虑钢筋混凝土的可压缩性时，将混凝土的材料属性 (式 (9.6.1a)～式 (9.6.1c)) 代入控制方程 (9.6.2a)～式 (9.6.2d) 中，消除 σ_θ 和 ρ，可以得到关于 σ_r 和 v 的两个方程：

$$\frac{\partial v}{\partial r} + \frac{2v}{r} = -\frac{\alpha}{2K(1 - \eta)} \left(\frac{\partial \sigma_r}{\partial t} + v \frac{\partial \sigma_r}{\partial r} \right) \tag{9.6.3a}$$

$$\frac{\partial \sigma_r}{\partial r} + \frac{\alpha\lambda\sigma_r}{r} + \frac{\alpha\tau}{r} - \frac{2}{r}\bar{\sigma}_{\theta\mathrm{s}}^p = -\frac{\rho_0}{1 - \eta} \left(\frac{\partial v}{\partial t} + v \frac{\partial v}{\partial r} \right) \tag{9.6.3b}$$

$$\alpha = \frac{6}{3 + 2\lambda}, \quad \eta = \frac{\alpha\tau}{2K} \left(\frac{\sigma_r}{\tau} - \frac{2}{3} \right) \tag{9.6.3c}$$

引入无量纲变量及相似变换：

$$S_\mathrm{f} = \sigma_r/\tau, \quad U_\mathrm{v} = v/c, \quad \varepsilon = V_\mathrm{c}/c, \quad \beta = c/c_\mathrm{p}, \quad c_\mathrm{p}^2 = K/\rho_0 \tag{9.6.4a}$$

$$\xi = r/ct \tag{9.6.4b}$$

空腔表面边界条件:

$$U_{\mathrm{v}}(\xi = \varepsilon) = \varepsilon \tag{9.6.5}$$

将控制方程化成适合 "龙格–库塔" 方法数值求解的标准形式:

$$\frac{\mathrm{d}U_{\mathrm{v}}}{\mathrm{d}\xi} = \frac{\dfrac{2U_{\mathrm{v}}}{\xi} + \dfrac{\tau\alpha^2}{2K\xi}\left(\dfrac{\xi - U_{\mathrm{v}}}{1 - \eta}\right)\left(\lambda S_{\mathrm{f}} + 1 - \dfrac{2\bar{\sigma}_{\theta\mathrm{s}}^{\mathrm{p}}}{\tau\alpha}\right)}{\dfrac{\alpha\beta^2}{2}\left(\dfrac{\xi - U_{\mathrm{v}}}{1 - \eta}\right)^2 - 1} \tag{9.6.6a}$$

$$\frac{\mathrm{d}S_{\mathrm{f}}}{\mathrm{d}\xi} = \frac{\dfrac{\alpha}{\xi} + \dfrac{\alpha\lambda S_{\mathrm{f}}}{\xi} - \dfrac{2}{\xi\tau}\bar{\sigma}_{\theta\mathrm{s}}^{\mathrm{p}} + \dfrac{2\beta^2 K U_{\mathrm{v}}}{\tau\xi}\left(\dfrac{\xi - U_{\mathrm{v}}}{1 - \eta}\right)}{\dfrac{\alpha\beta^2}{2}\left(\dfrac{\xi - U_{\mathrm{v}}}{1 - \eta}\right)^2 - 1} \tag{9.6.6b}$$

与 Forrestal and Tzou(1997) 素混凝土模型的主要区别在于: 式 (9.6.6a) 和式 (9.6.6b) 中分别多出了 $\dfrac{2\bar{\sigma}_{\theta\mathrm{s}}^{\mathrm{p}}}{\tau\alpha}$, $\dfrac{2}{\xi\tau}\bar{\sigma}_{\theta\mathrm{s}}^{\mathrm{p}}$ 两项, 且这两项与体积配筋率相关, 反映了钢筋对径向应力及速度的影响。另一方面, 式 (9.6.6a) 和式 (9.6.6b) 中涉及的材料密度也相应变为钢筋混凝土密度。

当配筋率为 0 时, 式 (9.6.6a) 和式 (9.6.6b) 回归到可压缩素混凝土控制方程。与素混凝土理论类似, 在弹性–粉碎区界面处满足 Hugoniot 跳跃条件 (Forrestal and Luk, 1988):

$$\rho_2(v_2 - c) = \rho_1(v_1 - c) \tag{9.6.7a}$$

$$\sigma_2 + \rho_2 v_2(v_2 - c) = \sigma_1 + \rho_1 v_1(v_1 - c) \tag{9.6.7b}$$

式中, 下标 1 和 2 分别代表弹性区及粉碎区。

根据式 (9.6.7a) 和式 (9.6.7b) 可知界面处径向应力和粒子速度连续:

$$U_{\mathrm{v}2} = U_{\mathrm{v}1}, \quad S_{\mathrm{f}2} = S_{\mathrm{f}1} \tag{9.6.8}$$

式中下标 1 代表弹性–粉碎区界面处 ($\xi = 1$) 位于弹性区的应力和速度; 下标 2 代表弹性–粉碎区界面处 ($\xi = 1$) 位于粉碎区的应力和速度, 且在 $\xi = 1$ 处有 $\rho_1 = \rho_2$。

弹性区不考虑钢筋对阻力的影响, 故其解仍与 Forrestal and Tzou(1997) 一致, 其中密度为钢筋混凝土未变形时的密度 ρ_0, 弹性模量仍为素混凝土弹性模量。

$$S_{\mathrm{f}1} = S_{\mathrm{f}2} = \frac{2[(1 - 2\nu)(1 + \gamma\beta) + (1 + \nu)(\gamma\beta)^2]}{3(1 - 2\nu)(1 + \gamma\beta) - 2\lambda(1 + \nu)(\gamma\beta)^2} \tag{9.6.9a}$$

$$U_{v1} = U_{v2} = \frac{3\tau(1+\nu)(1-2\nu)(1+\gamma\beta)}{E[3(1-2\nu)(1+\gamma\beta) - 2\lambda(1+\nu)(\gamma\beta)^2]} \tag{9.6.9b}$$

$$\gamma^2 = \left(\frac{c_p}{c_d}\right)^2 = \frac{1+\nu}{3(1-\nu)}, \quad c_d^2 = \frac{E(1-\nu)}{(1+\nu)(1-2\nu)\rho_0} \tag{9.6.9c}$$

式中 c_d 为一维应变下的弹性体波波速, c_p 为一维应变下的塑性体波波速, 当 $\nu = 1/3$ 时, $c_p = 0.82c_d$。

可压缩钢筋混凝土模型求解的思路为: 对于某一侵彻初速度, 首先假设一个 $\beta = c/c_p$ 的初值, 求解出 U_{v2}、S_{f2}, 然后通过控制方程逐步向空腔壁面积分, 得到无量纲的径向应力及质点速度 (对于弹性–粉碎区模型, 其积分区间从弹塑性界面 $\xi = 1$ 到空腔壁面 $\xi = \varepsilon$), 并判断质点速度是否满足边界条件 $U_v(\xi = \varepsilon) = \varepsilon$。若不满足, 更新 β 初始值, 重复前面计算过程直到边界条件满足时, 得到真实的 $\beta = c/c_p$ 值所对应的无量纲径向应力 S_f 与 V 的关系。

9.7　钢筋混凝土靶空腔膨胀径向应力分析

Forrestal and Tzou(1997) 在文中给出了素混凝土可压缩情况下, 侵彻速度与空腔表面无量纲径向应力、弹性–粉碎区界面速度的关系。本节采用该文章提供的数据进行理论模型的有效性验证。算例中弹体直径 $d = 76.2\text{mm}$, 弹头弧形半径 $s = 114.3\text{mm}$, 弹体质量 $M = 5.9\text{kg}$。混凝土相关参数: $K = 6.7\text{GPa}$, $Y = 130\text{MPa}$ (抗压强度), $E = 11.3\text{GPa}$, $\nu = 0.22$, $f = 13\text{MPa}$ (抗拉强度), $\lambda = 0.67$, $\rho_c = 2260\text{kg/m}^3$, $\tau = 100.97\text{MPa}$。须指出的是, 模量参数与实际相比偏小。钢筋参数: 直径 $d_s = 6\text{mm}$, 网眼间距 $60\text{mm} \times 60\text{mm}$, 抗拉强度 $f_s = 400\text{MPa}$, 弹性模量 $E_s = 200\text{GPa}$, 密度 $\rho_s = 7800\text{kg/m}^3$。

通过式 (9.6.6a), (9.6.6b), 求出当配筋率为 0 时, 钢筋混凝土理论模型的空腔表面无量纲径向应力和弹性–粉碎区界面速度值, 与 Forrestal and Tzou(1997) 素混凝土结果对比见图 9.7.1 和图 9.7.2。

从图可知, 当配筋率为 0 时, 分析结果与 Forrestal and Tzou(1997) 素混凝土模型计算结果吻合, 证明了本节的钢筋混凝土侵彻理论模型对 Forrestal and Tzou(1997) 素混凝土模型是包容的。

为分析钢筋约束作用对空腔壁面无量纲径向应力的影响, 在钢筋混凝土内通过改变钢筋网格的层间距以获得不同的配筋率。此处结合工程实际, 分别考虑了体积配筋率为 0 (素混凝土)、0.6%、3%、6%(分别对应于 Sliter(1980) 及 Chen(2003) 文中截面配筋率分类: 低配筋率 <0.3%, 中配筋率 0.3%~1.5%, 以及高配筋率 1.5%~3%) 的结果。

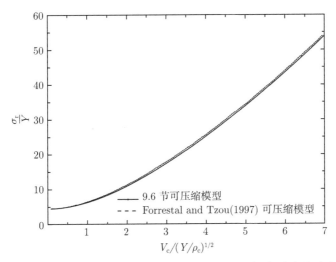

图 9.7.1 配筋率为 0 时钢筋混凝土空腔表面径向应力–空腔膨胀速度关系

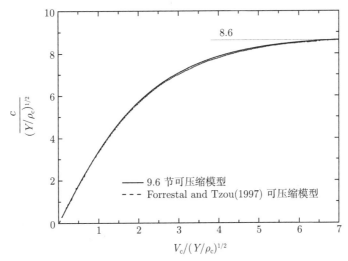

图 9.7.2 配筋率为 0 时钢筋混凝土塑性–弹性界面速度–空腔膨胀速度关系

根据空腔膨胀分区示意图 9.6.1 可知，在弹性–粉碎区模型中，c 表示弹性–粉碎区界面速度，其值可反映空腔膨胀过程中粉碎区的几何尺寸变化。图 9.7.3 给出不同配筋率下粉碎区–弹性区界面速度–空腔膨胀速度关系，从图中可以看出：对于可压缩情况，随着配筋率的增大，界面速度 c 幅值呈减小的趋势，表明受钢筋对混凝土的环向约束作用的影响，弹性–粉碎区界面速度降低，即粉碎区的尺寸相对减小，说明钢筋对混凝土粉碎区产生约束并影响了各区域分布。

图 9.7.4 给出了不同配筋率条件下无量纲径向应力与空腔膨胀速度的关系。结果表明：空腔膨胀速度一定，随着配筋率的增加，径向应力显著增大。如 600m/s

速度下，体积配筋率 3% 时，径向应力增大比例为 4.91%；当体积配筋率达到 6%
时，径向应力增大比例增加至 9.67%。同一配筋率下，空腔膨胀速度增加，径向应
力增大，幅度加大。如体积配筋率 6% 时，200m/s 速度时，径向应力增大比例为
8.07%；800m/s 速度时，径向应力增大比例达到 9.91%，说明在空腔膨胀速度较高
时，钢筋约束效应对侵彻阻力影响较为显著。从图中还可看出，体积配筋率 3%(截
面配筋率 1.5%) 及以下时，钢筋的作用较小，与 Sliter(1980) 试验给出的结论一致。

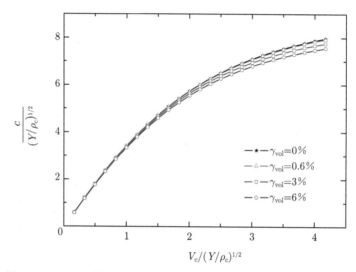

图 9.7.3　不同配筋率下粉碎区–弹性区界面速度–空腔膨胀速度关系

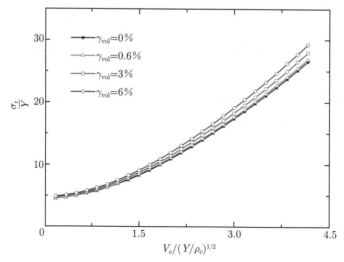

图 9.7.4　可压缩情况下不同配筋率下径向应力–空腔膨胀速度关系

为便于在工程中应用, 对于素混凝土弹–塑性模型, Forrestal and Tzou(1997) 根据理论解, 对空腔壁面的径向应力表达式采用如下公式进行简化:

$$\frac{\sigma_r}{Y} = A_0 + B_0 \frac{V_c}{(Y/\rho_c)^{1/2}} + C_0 \frac{V_c^2}{Y/\rho_c} \qquad (9.7.1)$$

相关拟合数据如下: $A_0 = 4.50$, $B_0 = 0.75$, $C_0 = 1.29$。

对于钢筋混凝土靶, 由图 9.7.4 可知, 仍然可以采用 Forrestal and Tzou(1997) 的方法, 将空腔壁面的径向应力表达式进行如下简化:

$$\frac{\sigma_r}{Y} = A(\gamma_{\mathrm{vol}}) + B(\gamma_{\mathrm{vol}}) \frac{V_c}{(Y/\rho_c)^{1/2}} + C(\gamma_{\mathrm{vol}}) \frac{V_c^2}{Y/\rho_c} \qquad (9.7.2a)$$

不同的是: 式 (9.7.2a) 中 A、B、C 为体积配筋率 γ_{vol} 的函数; 对计算的数据进行拟合, 发现 A、B、C 与体积配筋率 γ_{vol} 呈线性关系, 见图 9.7.5。根据拟合, 得到

$$A(\gamma_{\mathrm{vol}}) = A_0 + A_1\gamma_{\mathrm{vol}}, \quad B(\gamma_{\mathrm{vol}}) = B_0 + B_1\gamma_{\mathrm{vol}}, \quad C(\gamma_{\mathrm{vol}}) = C_0 + C_1\gamma_{\mathrm{vol}} \qquad (9.7.2b)$$

本次算例中: $A_1 = 1.79$, $B_1 = 4.26$, $C_1 = 0.95$。钢筋混凝土径向应力可表示为混凝土 + 钢筋应力形式:

$$\frac{\sigma_r}{Y} = A_0 + B_0 \frac{V_c}{(Y/\rho_c)^{1/2}} + C_0 \frac{V_c^2}{Y/\rho_c} + A_1\gamma_{\mathrm{vol}} + B_1\gamma_{\mathrm{vol}} \frac{V_c}{(Y/\rho_c)^{1/2}} + C_1\gamma_{\mathrm{vol}} \frac{V_c^2}{Y/\rho_c} \qquad (9.7.2c)$$

当 $\gamma_{\mathrm{vol}} = 0$ 时, 表示素混凝土。模型中未考虑弹与靶的接触摩擦阻力, 且常数 $A_0 - C_1$ 根据不同的初始参数确定。

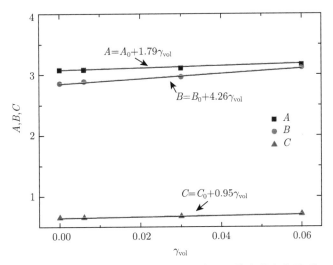

图 9.7.5　可压缩系数 A, B, C 与体积配筋率的变化关系

9.8　弹体侵彻阻力计算

由于钢筋仅对邻近混凝土有约束作用，且随与钢筋层距离增加，其约束作用或对侵彻阻力的影响减小。因此，可考虑引入衰减函数描述钢筋对混凝土的约束作用。这样，在获得钢筋混凝土侵彻阻力的表达式后，借鉴素混凝土侵彻的空腔膨胀理论，比较容易积分计算给出总侵彻阻力及侵彻深度。

实际的防护工程中，钢筋通常分层布置在混凝土中，如图 9.8.1(a) 所示的钢筋混凝土靶剖面示意图。

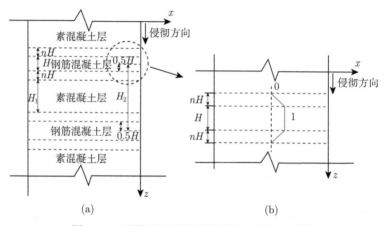

图 9.8.1　弹体侵彻多层钢筋混凝土靶分析模型

根据分析，认为图中的蓝色范围内 (即钢筋混凝土层) 的钢筋不仅对该层的混凝土有约束作用，而且对该层沿高度方向的两侧一定区域均有约束效应，且靠近蓝色范围，约束作用逐渐增强，远离该范围逐渐减弱。基于此，采用图 9.8.1(b) 所示衰减函数描述钢筋对混凝土的约束作用，即钢筋混凝土层内 (蓝色范围内) 约束效应为 1，在区域两侧 nH 范围内约束效应线性衰减直至 0。

须注意的是：若图 9.8.1 中高度 H_1 大于零，将靶板视为素混凝土和钢筋混凝土的组合结构，采用上述的衰减函数描述钢筋的影响；若 H_1 等于零，可以将该靶板全部视为均匀的钢筋混凝土，此时则不存在衰减形式的约束效应，仅需在素混凝土阻力计算基础上增加体积配筋率的影响即可。

下面讨论靶板为钢筋混凝土与素混凝土的组合结构时弹体的受力情况，侵彻过程可以分为以下几个阶段：

(1) 弹体侵入靶体时，首先进入素混凝土区域，按照素混凝土计算侵彻阻力；

(2) 弹体继续向下运动，进入钢筋起约束效应的区域时 (图中棕色边界线区域)，开始计入钢筋对空腔表面径向应力的影响，且约束作用逐渐增加，直到钢筋混凝土

层 (图中蓝色边界线区域) 处达到最大值;

(3) 弹头穿过钢筋混凝土层, 约束阻力开始逐渐减小, 直到弹头完全穿出约束区域 (图中棕色边界线区域), 约束作用力消失;

(4) 弹头再次进入素混凝土影响区域, 重复 (1)~(3) 的过程, 继续穿过下一层钢筋混凝土, 直到速度为 0, 停止运动。

9.8.1　弹体穿过一层钢筋混凝土的弹头阻力计算

根据素混凝土弹体阻力计算方法可知: 在进行弹体侵彻阻力计算时, 需要对弹体头部各点的应力进行积分。以尖卵形弹头为例 (图 9.8.2), 其中弹体直径 $d = 2a$, 弹头弧形半径 s, 弹头长度 $b = (ds - a^2)^{1/2}$, 弹体质量 M, 弹体弧形头部曲率中心的连线与 z 轴的夹角为 ϕ。

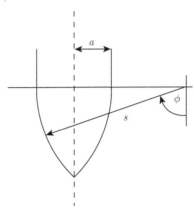

图 9.8.2　尖卵形弹头示意图

对于尖卵形弹头, 轴对称情况下, 忽略弹与靶的滑动摩擦力, 取弹体头部表面的微元, 得到其法向阻力:

$$\mathrm{d}F_z = 2\pi s^2 \sigma_r(V_z, \phi)\left[\sin\phi - \left(\frac{s-a}{s}\right)\right]\cos\phi\,\mathrm{d}\phi \qquad (9.8.1)$$

其中, $\sigma_r(V_z, \phi)$ 为弹体头部法向应力, 且 $\sigma_r(V_z, \phi) = S(V_z, \phi)\tau$。

通过对头部各点进行积分可以得到不同速度下的侵彻阻力:

$$F_z = 2\pi s^2 \int_{\phi_0}^{\pi/2} \sigma_r(V_z, \phi)\left[\sin\phi - \left(\frac{s-a}{s}\right)\right]\cos\phi\,\mathrm{d}\phi \qquad (9.8.2)$$

其中, $\phi_0 = \arcsin\left(\frac{s-a}{s}\right)$。

对于钢筋混凝土靶, 弹体穿过一层钢筋混凝土时, 由于钢筋的约束效应, 在不同位置, 弹体头部各点的径向应力是侵彻速度和弹头位置的函数, 故此时应对弹头采用分段积分的方式计算侵彻阻力。图 9.8.3 给出了弹体穿过一层钢筋混凝土时不同位置的受力情况。

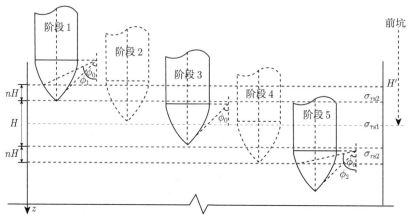

图 9.8.3　弹体穿过单层钢筋混凝土示意图

图中 $H'(H' = N \times H_2$, N 为钢筋混凝土的层数) 为钢筋混凝土层中心位置到靶体表面的距离。由于侵彻过程中混凝土带来的空腔表面径向应力一直存在,用 σ_{rc} 表示,而在钢筋混凝土层内及其约束范围内存在钢筋带来的附加径向应力,此处用 σ_{rs1} 表示位于钢筋混凝土层内 (即高度为 H 的蓝色范围内) 的附加应力,σ_{rs2} 表示位于钢筋混凝土层两侧 (即高度为 nH 的区域) 的附加应力。

钢筋混凝土靶侵彻过程中,弹头各点受到的侵彻阻力可由素混凝土阻力及钢筋附加阻力构成。

1. 素混凝土阻力

$$\sigma_{rc}(V_z, \phi) = \tau \left[A_0 + B_0 \frac{V_z \cos \phi}{(\tau/\rho_c)^{1/2}} + C_0 \frac{(V_z \cos \phi)^2}{\tau/\rho_c} \right] \tag{9.8.3}$$

式中 V_z 为弹体沿 z 轴的侵彻速度。

根据式 (9.8.2),得到混凝土带来的弹头阻力:

$$F_{zc} = 2\pi s^2 \int_{\phi_0}^{\pi/2} \sigma_{rc}(V_z, \phi) \left[\sin \phi - \left(\frac{s-a}{s} \right) \right] \cos \phi \, \mathrm{d}\phi \tag{9.8.4}$$

其中,$\phi_0 = \arcsin \left(\dfrac{s-a}{s} \right)$。

2. 钢筋的附加阻力

根据本节前面分析,在钢筋混凝土层内及约束区域,弹体受到钢筋带来的附加径向应力项可采用以下分段函数描述:

$$\sigma_{rs1}(V_z, \phi) = \gamma_{\mathrm{vol}} \tau \left[A_1 + B_1 \frac{V_z \cos \phi}{(\tau/\rho_c)^{1/2}} + C_1 \frac{(V_z \cos \phi)^2}{\tau/\rho_c} \right], \quad H' - H/2 < z < H' + H/2 \tag{9.8.5}$$

$$\sigma_{rs2}(V_z,\phi) = \begin{cases} \dfrac{z-(H'-H/2-nH)}{nH}\sigma_{rs1}, & H'-nH-H/2 < z < H'-H/2 \\[3mm] \dfrac{H'+H/2+nH-z}{nH}\sigma_{rs1}, & H'+H/2 < z < H'+H/2+nH \end{cases}$$

$$(9.8.6)$$

式中, z 表示弹头积分点位置。

通过对弹头各点的积分可以得到不同时刻靶板对弹体的侵彻阻力, 且由于弹头在某一时刻可能处于不同的区域, 那么应分别考虑弹头处于不同区域的积分阻力。结合弹体侵彻穿过单层钢筋混凝土运动过程示意为图 9.8.3, 下面给出了弹头位于三个典型位置的积分表达式, 其中 $Z(j)$ 表示弹体头部的侵彻深度 (与前面各章侵彻深度 X 相同), 其他位置采用相同的方法分区间积分即可。

阶段 1: 当 $H'-H/2-nH < Z(j) < H'-H/2$ 时, 部分弹头进入钢筋约束混凝土范围时, 对部分弹头进行积分:

$$F_{zs} = 2\pi s^2 \int_{\phi_0}^{\phi_1} \sigma_{rs2}\left[\sin\phi - \left(\frac{s-a}{s}\right)\right]\cos\phi \,\mathrm{d}\phi \qquad (9.8.7a)$$

其中,

$$\phi_0 = \mathrm{acrsin}\left(\frac{s-a}{s}\right), \quad \phi_1 = \arccos\left\{\frac{\sqrt{2as-a^2}-[Z(j)-H'+nH+H/2]}{s}\right\}$$

阶段 3: 当 $(H'-H/2)+b < Z(j) < H'+H/2$ 时, b 为弹体头部长度, 此时弹头全部处于钢筋混凝土层内, 可以得到弹头的积分表达式:

$$F_{zs} = 2\pi s^2 \int_{\phi_0}^{\pi/2} \sigma_{rs1}\left[\sin\phi - \left(\frac{s-a}{s}\right)\right]\cos\phi \,\mathrm{d}\phi \qquad (9.8.7b)$$

$$\phi_0 = \arcsin\left(\frac{s-a}{s}\right)$$

阶段 5: 当 $H'+H/2+b < Z(j) < H'+H/2+nH+b$ 时; 随着侵彻深度继续增加, 弹头顶端离开钢筋层约束范围, 但仍然有部分弹头处于约束范围内。

$$F_{zs} = 2\pi s^2 \int_{\phi_2}^{\pi/2} \sigma_{rs2}\left[\sin\phi - \left(\frac{s-a}{s}\right)\right]\cos\phi \,\mathrm{d}\phi \qquad (9.8.7c)$$

$$\phi_2 = \arccos\left\{\frac{b-[Z(j)-(H'+H/2+nH)]}{s}\right\}$$

结合牛顿第二定律得到弹体的运动方程:

$$F_z = F_{zc} + F_{zs} = -M\ddot{Z}(j)$$

M 为弹体质量, $\ddot{Z}(j)$ 为弹体头部加速度。

9.8.2　多层钢筋弹体阻力计算

对于多层钢筋混凝土靶，当弹体的初始速度足够大时，将会依次穿过若干层钢筋混凝土，且每一层的阻力计算与单层类似。

若钢筋混凝土层在混凝土靶中的间距为 H_2，根据 9.8.1 节给出的单层钢筋弹体受力情况，采用 Matlab 程序，可以计算得到穿透多层钢筋的侵彻阻力及深度，具体求解流程如图 9.8.4 所示。须指出的是，此处的侵彻深度未单独考虑初始弹坑区的侵彻深度，均统一采用隧道区侵彻阻力计算得到的深度值。

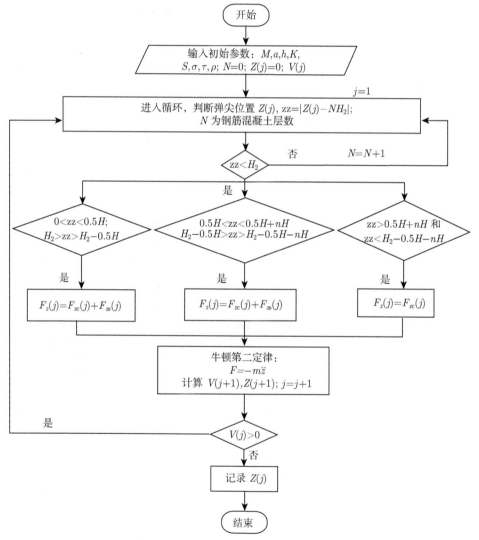

图 9.8.4　侵彻深度数值解流程 ($N = 0$ 时，zz $< H_2 - 0.5H - nH$ 阶段，阻力均为 $F_{zc}(j)$)

数值计算的简要过程如下：首先输入相关的初始参数，定义弹头初始位置变量 $Z(j)$，给定求解的初始速度 $V(j)$。当 $V(j)$ 的值大于 0 时，进入循环体，并判断此时弹头位置 $Z(j)$，根据弹头处于不同的区域，选择积分范围，从而得到瞬时的弹头阻力值。结合牛顿第二定理，计算得到加速度、速度及位移的变换，然后更新瞬时速度，返回循环体起始位置，重复前面的步骤，直到速度降至 0，退出该循环并记录弹头位置 $Z(j)$。

9.9 理论模型验证及讨论

为验证本章理论模型的正确性，结合已有的钢筋混凝土靶侵彻试验数据进行对比分析。

1. Canfield and Clator(1966) 试验

试验选择 Canfield and Clator(1966) 试验。弹体直径 $d = 76.2\text{mm}$，弹头弧形半径 $s = 114.3\text{mm}$，弹体质量 $M = 5.9\text{kg}$。混凝土材料参数：$\rho_\text{c} = 2240\text{kg/m}^3$，单轴抗压强度为 $Y = 35\text{MPa}$，抗剪强度 $\tau = 95\text{MPa}$。钢筋材料参数：$E_\text{s} = 200\text{GPa}$，$\rho_\text{s} = 7850\text{kg/m}^3$，屈服应力 $\sigma_\text{s} = 500\text{MPa}$。计算半无限钢筋混凝土靶板，配筋直径 d_s 为 6mm，网眼间距为 60mm×60mm，第一层钢筋距靶体表面为 150mm，其余各层层距 H_1 均为 200mm。该试验中由于钢筋层间距较小，根据 9.8 节的分析，可以不考虑分层的影响，将其视为均匀的钢筋混凝土进行阻力计算，体积配筋率为 0.48%。

利用图 9.8.4 计算流程，可以计算出不同情况下弹体的最终侵彻深度 (图 9.9.1)。

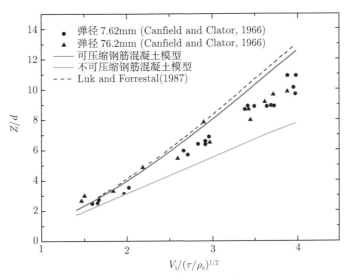

图 9.9.1 侵彻速度–侵彻深度图 I

图中 ▲ 为原型试验数据，● 为缩比 1/10 的模型试验数据；黑色虚线为 Luk and Forrestal(1987) 素混凝土理论模型结果；深色实线为本章可压缩钢筋混凝土模型的计算结果，浅色实线为不可压缩钢筋混凝土模型的计算结果。

结果表明：相对于素混凝土，考虑了钢筋对混凝土的约束作用使得模型更为完善，从图 9.9.1 中可以看出，可压缩钢筋混凝土模型的侵彻深度值与素混凝土结果相比略有降低，考虑到该试验中靶板的体积配筋率较低 (0.48%)，且该理论中未考虑钢筋对弹体的直接作用力，故其结果也在合理的范围内。未考虑混凝土的可压缩性时，计算结果对侵彻阻力的预测过大，与实际不符。

2. 周宁等(2006) 试验

靶体为配有三层钢筋的 2m×2m×2m 钢筋混凝土结构，整体的体积含筋率为 2%，钢筋直径 8mm，网眼间距 60mm×60mm，混凝土抗压强度 $Y = 35$MPa，混凝土密度 $\rho_c = 2240$kg/m^3；尖卵形弹质量为 25kg，直径 d=100mm，初始速度为 304～629 m/s，钢筋层高度 H 第一层和第三层为 200mm，第二层为 100mm，层间距 H_1 为 750mm。计算中 n 取 0.5。

从图 9.9.2 中可以发现，由于钢筋的存在，弹体侵彻深度在侵彻过程中出现台阶状的变化曲线，明显体现了配筋在侵彻过程中的作用。以可压缩曲线为例，可以看出：当弹体初始侵彻速度较小时，弹体未进入或部分进入钢筋约束范围时，弹体只须克服混凝土介质的阻力或混凝土阻力及部分的钢筋约束阻力，侵彻深度变化

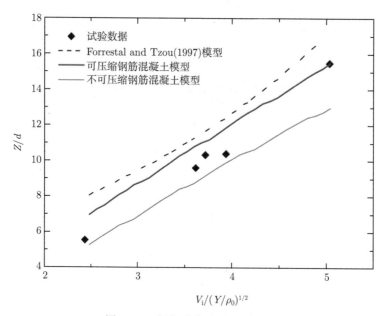

图 9.9.2 侵彻速度–侵彻深度图 II

曲线平缓；在较高的初始侵彻速度下，弹体逐渐进入第一层钢筋混凝土，此时侵彻阻力增加较为明显，侵彻深度表现为增加缓慢，且逐步形成第一个平台；更高的初始侵彻速度下，弹头完全进入第一层钢筋混凝土，此时约束阻力也达到最大值，其后穿过钢筋混凝土层，侵彻深度平台接近末尾；初始侵彻速度继续增加时，弹体穿过钢筋混凝土层，约束阻力也逐渐减小，侵彻深度出现一个明显拐点，并进入一个较强的增加段。弹体继续在混凝土介质中侵彻，又依次进入第二层、第三层钢筋混凝土范围，直至弹体侵速为零，停止侵彻。

3. 讨论

在建立钢筋混凝土动态空腔膨胀理论模型时，仅考虑了粉碎区钢筋的约束作用，体积配筋率为 6% 时，径向应力的增幅约为 14.4%(不可压缩)，10%(可压缩)；实际中，由于弹性区的区域相对较大，且该区域的钢筋对于混凝土也有一定的约束作用，这一部分钢筋对于混凝土的约束作用将会进一步地提高空腔表面的径向应力幅值。且根据素混凝土材料空腔膨胀理论，更为贴近实际的应该是弹性 - 破碎 - 粉碎区模型，本理论模型暂未考虑破碎区的影响，当有破裂区存在后，钢筋的约束作用是否会进一步提高，尚有待进一步分析。

该理论模型暂未考虑钢筋对弹体的直接作用阻力，通常情况下钢筋网格的间距小于弹体直径，弹体撞击靶板的位置也具有随机性，不同的情况下弹体所受到的阻力不尽相同，那么如何在本模型基础上考虑钢筋对弹体的直接作用阻力需要进一步分析。模型中单层钢筋对混凝土的约束范围取值、影响程度的变化函数等也需要进行进一步的讨论。

通过与素混凝土靶侵彻理论对比分析，仍可得到以下结论：

(1) 相对于素混凝土模型，钢筋对混凝土的环向约束效应提高了空腔表面的径向应力，且径向应力随配筋率的增加而增大。

(2) 钢筋对混凝土的约束作用影响了空腔膨胀过程中混凝土各区域大小的分布。

(3) 模型中通过引入配筋率因素，可以间接反映配筋间距、网格尺寸等具体的配筋情况对侵彻过程的影响。

参 考 文 献

邓勇军, 宋文杰, 陈小伟, 姚勇. 2018. 钢筋混凝土靶侵彻的可压缩弹-塑性动态空腔膨胀阻力模型. 爆炸与冲击, 38(5): 1023-1030.

周宁, 任辉启, 沈兆武, 何祥, 刘瑞朝, 吴飚. 2006. 侵彻钢筋混凝土过程中弹丸过载特性的实验研究. 实验力学, 21(5): 572-578.

Amini A, Anderson J. 1993. Modeling of projectile penetration into geologic targets based on energy tracking and momentum impulse principles. Proceedings of the 6th International Symposium on Interaction of Non-nuclear Munitions with Structures.

Amini A. 1997. Modeling of projectile penetration into reinforced concrete targets. Proceedings of the 8th International Symposium on Interaction of the Effects of Munitions with Structures.

Barr P. 1990. Guidelines for the design and assessment of concrete structures subjected to impact. HMSO, London: Report, UK Atomic Energy Authority, Safety and Reliability Directorate.

Canfield J A, Clator I G. 1966. Development of a scaling law and techniques to investigate penetration in concrete. Dahlgren, VA: NWL Report No. 2057. U.S. Naval Weapons Laboratory.

Chen X W, Fan S C, Li Q M. 2004. Oblique and normal penetration/perforation of concrete target by rigid projectiles. Int J Impact Eng, 30(6): 617-637.

Chen X W, Li Q M. 2002. Deep penetration of a non-deformable projectile with different geometrical characteristics. Int J Impact Eng, 27(6): 619-637.

Chen X W, Li X L, Huang F L, Wu H J, Chen Y Z. 2008. Normal perforation of reinforced concrete target by rigid projectile. Int J Impact Eng, 35(14): 1119-1129.

Chen X W. 2003. Dynamics of Metallic and Reinforced Concrete Targets Subjected to Projectile Impact. Singapore: Nanyang Technological University. PhD Thesis.

Dancygier A N, Yankelevsky D Z. 1996. High strength concrete response to hard projectile impact. Int J Impact Eng, 18(6): 583-599.

Dancygier A N. 1997. Effect of reinforcement ratio on the resistance of reinforced concrete to hard projectile impact. Nucl Eng Des, 172: 233-245.

Dancygier A N. 1998. Rear face damage of normal and high-strength concrete elements caused by hard projectile impact. ACI Structural J, 95(3): 291-304.

Deng Y J, Song W J, Chen X W. 2019. A spherical cavity-expansion model for the penetration of reinforced concrete targets. Acta Mecranica Sinica, https://doi. org/10.1007s-10409-018-0821-9.

Forrestal M J, Altman B S, Cargile J D, Hanchak S J. 1994. An empirical equation for penetration depth of ogive-nose projectiles into concrete targets. Int J Impact Eng, 15(4): 395-405.

Forrestal M J, Luk V K. 1988. Dynamic spherical cavity expansion in a compressible elastic-plastic solid. J Appl Mech, 55: 275-279.

Forrestal M J, Tzou D Y. 1997. A spherical cavity-expansion penetration model for concrete targets. Int J Solids Struct, 28(5): 4127-4146.

Kennedy R P. 1976. A review of procedures for the analysis and design of concrete structures to resist missile impact effects. Nucl Eng Des, 37: 183-203.

Li Q M, Chen X W. 2003. Dimensionless formulae for penetration depth of concrete target impacted by a non-deformable projectile. Int J Impact Eng, 28(1): 93-116.

Li Q M, Tong D J. 2003. Perforation thickness and ballistic limit of concrete target subjected to rigid projectile impact. ASCE J Eng Mech, 129(9): 1083-1091.

Luk V K, Forrestal M J. 1987. Penetration into semi-finite reinforced concrete targets with spherical and ogival nose projectiles. Int J Impact Eng, 6(4): 291-301.

Riera J D. 1989. Penetration, scabbing and perforation of concrete structure hit by solid missile. Nucl Eng Des, 115: 121-131.

Sliter G E. 1980. Assessment of empirical concrete impact formulas. ASCE J Struct Div, 106(ST5): 1023-1045.

Yankelevsky D Z. 1997. Local response of concrete slabs to low velocity missile impact. Int J Impact Eng, 19(4): 331-343.

上 册 索 引